AF822045

LINEARE OPTIMIERUNG

Lecture Notes Mathematik

LINEARE OPTIMIERUNG

Numerik linearer und konvexer nichtlinearer Optimierungsaufgaben

Rolf Rannacher

Institut für Angewandte Mathematik
Universität Heidelberg

HEIDELBERG
UNIVERSITY PUBLISHING

Über den Autor

Rolf Rannacher, Prof. i. R. für Numerische Mathematik an der Universität Heidelberg; Studium der Mathematik an der Universität Frankfurt am Main – Promotion 1974; Habilitation 1978 in Bonn; 1979/1980 Vis. Assoc. Prof. an der University of Michigan (Ann Arbor, USA), dann Professor in Erlangen und Saarbrücken – in Heidelberg seit 1988; Spezialgebiet „Numerik partieller Differentialgleichungen“, insbesondere „Methode der finiten Elemente“ mit Anwendungen in Natur- und Ingenieurwissenschaften; hierzu über 160 publizierte wissenschaftliche Arbeiten.

Bibliografische Information der Deutschen Nationalbibliothek
Die Deutsche Nationalbibliothek verzeichnet diese Publikation in der Deutschen Nationalbibliografie. Detaillierte bibliografische Daten sind im Internet unter http://dnb.ddb.de abrufbar.

Die Online-Version dieser Publikation ist auf den Verlagswebseiten von HEIDELBERG UNIVERSITY PUBLISHING http://heiup.uni-heidelberg.de dauerhaft frei verfügbar (open access).
urn: urn:nbn:de:bsz:16-heiup-book-417-0
doi: https://doi.org/10.17885/heiup.417

ISSN 2566-4816 (PDF)
ISSN 2512-4455 (Print)

ISBN 978-3-947732-04-3 (PDF)
ISBN 978-3-947732-05-0 (Softcover)

Inhaltsverzeichnis

Literaturverzeichnis

[1] R. Rannacher: *Numerik 0: Einführung in die Numerische Mathematik*, Lecture Notes Mathematik, Heidelberg: Heidelberg University Publishing, Heidelberg, 2017, https://doi.org/10.17885/heiup.206.281.

[2] R. Rannacher: *Numerik 1: Numerik Gewöhnlicher Differentialgleichungen*, Lecture Notes Mathematik, Heidelberg University Publishing, Heidelberg, 2017, https://doi.org/10.17885/heiup.258.342

[3] R. Rannacher: *Numerik 2: Numerik Partieller Differentialgleichungen*, Lecture Notes Mathematik, Heidelberg University Publishing, Heidelberg, 2017, https://doi.org/10.17885/heiup.281.370

[4] R. Rannacher: *Numerik 3: Probleme der Kontinuumsmechanik und ihre numerische Behandlung*, Lecture Notes Mathematik, Heidelberg University Publishing, Heidelberg, 2017, https://doi.org/10.17885/heiup.312.424

[5] R. Rannacher: *Analysis 1: Differential- und Integralrechnung für Funktionen einer reellen Veränderlichen*, Lecture Notes Mathematik, Heidelberg University Publishing, Heidelberg, 2017, https://doi.org/10.17885/heiup.317.431

[6] R. Rannacher: *Analysis 2: Differential- und Integralrechnung für Funktionen mehrerer reeller Veränderlichen*, Lecture Notes Mathematik, Heidelberg University Publishing, Heidelberg, 2018, https://doi.org/10.17885/heiup.381.542.

[7] R. Rannacher: *Analysis 3: Integralsätze, Lebesgue-Integral und Anwendungen*, Lec-ture Notes Mathematik, Heidelberg University Publishing, 2018, https://doi.org/10.17885/heiup.391

[8] R. Rannacher: *Numerical Linear Algebra*, Lecture Notes Mathematik, Heidelberg: Heidelberg University Publishing, Heidelberg, 2018, https://doi.org/10.17885/heiup.407

I) Allgemeine Literatur zur Optimierung

[9] L. Collatz, W. Wetterling: *Optimierungsaufgaben*; Springer 1971.

[10] D. G. Luenberger: *Optimization by Vector Space Methods*; Wiley 1969.

[11] D. G. Luenberger: *Introduction to Linear and Nonlinear Programming*; Eddison-Wesley, 1973.

[12] P. E. Gill, W. Murray, M. H. Wright: *Practical Optimization*; Academic Press 1981.

[13] P. Spelucci: *Numerische Verfahren der Nichtlinearen Optimierung*; Birkhäuser 1993.

[14] C. Grossmann, J. Terno: *Numerik der Optimierung*; Teubner 1997.

[15] J. Nocedal, S. J. Wright: *Numerical Optimization*; Springer 1997.

[16] C. Geiger, C. Kanzow: *Theorie und Optimierung restringierter Optimierungsaufgaben*, Springer, 2000.

[17] K. Marti, D, Gröger: *Einführung in die Lineare und Nichtlineare Optimierung*; Springer 2000.

[18] W. Alt: *Nichtlineare Optimierung*; Vieweg 2002.

[19] F. Jarre, J. Stoer: *Optimierung*; Springer 2003.

II) Spezielle Literatur zur Linearen Optimierung

[20] V. Chvatal: *Linear Programming*; W. H. Freeman, 1983.

[21] M. Padberg: *Linear Optimization and Extensions*; Springer 2010.

III) Spezielle Literatur zu Innere-Punkt-Verfahren

[22] N. Karmarkar: *A new polynomial-time algorithm for linear programming*; Combinatorica 4, 373–395 (1984).

[23] L. G. Khachian: *A polynomial algorithm in linear programming*; Soviet Math. Dokl. 29, 191–194 (1979).

[24] D. Gacs und L. Lovasz: *Khachian's algorithm for linear programming*; in Mathematical Programming Stud. 14, 61–68 (1981).

[25] R. G. Bland, D. Goldfarb, M. J. Todd: *The ellipsoid method: s survey*; Oper. Research 29, 1039–1091 (1981).

[26] S. J. Wright: *Primal-Dual Interior-Points Methods*; SIAM Publ. 1987.

0 Einleitung

Gegenstand dieses Textes sind numerische Methoden zur Lösung von Problemen der linearen Optimierung, d. h. von sog. „linearen Programmen“. Die „mathematische“ Optimierung ist ein sehr großes Gebiet mit vielfältigen, verschiedenen Problemtypen aus praktisch allen Bereichen der Wissenschaften, Technik und Wirtschaft. Zur Abgrenzung der betrachteten Problemtypen gegen andere, ebenfalls sehr interessante Aufgabenstellungen, die Gegenstand eigener Abhandlungen sind, wird im Folgenden zunächst einmal kurz angesprochen, was NICHT Gegenstand dieses Textes ist.

0.1 Allgemeine Optimierungsaufgaben und thematische Abgrenzung

In abstrakter Formulierung lautet ein Optimierungsproblem in allgemeinem Kontext wie folgt:

- gegeben: Menge möglicher Aktivitäten und ein Bewertungsmaß;
- gesucht: „optimale“ Aktivität.

Derartige Aufgabenstellungen treten typischerweise auf in den Wirtschaftswissenschaften (z. B.: Produktionsplanung, Güterverteilung, Finanzplanung, etc.), der Industrietechnik (z. B.: Prozesssteuerung, Funktionsoptimierung, etc.), dem Verkehrswesen (z. B.: Stromnetze, Flugpläne, etc.) und vielfach auch im Alltag (z. B.: Diätenplanung, Stundenplanentwurf, Bestellplanung, etc.).

Zur quantitativen Lösung solcher Probleme ist zunächst die präzise Formulierung derselben in mathematischer Sprache erforderlich. Ein erster Schritt in diese Richtung lautet wie folgt:

- gegeben: eine Vergleichsmenge M von Objekten (z. B.: Punkte des $\mathbb{R}^n$, stetige Funktionen über einem Bereich $\Omega \subset \mathbb{R}^n$, glatte Flächen im $\mathbb{R}^n$) und eine Abbildung $f : M \to \mathbb{R}$ (Bewertungsmaß);
- gesucht: ein „optimales“ Element $x^* \in M$ mit der Eigenschaft $f(x^*) \leq f(x)$ für alle $x \in M$.

Zur Abgrenzung der im Folgenden betrachten „linearen (finiten) Optimierung“ von anderen, verwandten Aufgabenstellungen der (mathematischen) Optimierung seien letztere zunächst kurz gelistet und danach näher erläutert:

- „Variationsrechnung“ (Begründer: Euler[1] 1750);
- „Approximationstheorie“ (Begründer: Bernstein[2] 1912);
- „Kontrolltheorie“ (Begründer: Pontryagin[3] 1940);
- „Spieltheorie“ (Begründer: John von Neumann[4] 1944);
- „Lineare Programmierung“ (Begründer: Dantzig[5] 1947);
- „Nichtlineare Programmierung“ (Begründer: Kuhn[6]/Tucker[7] 1951).

0.2 Variationsrechnung

In der klassischen „Variationsrechnung“ besteht die Vergleichsmenge M aus Funktionen. Wir erläutern dies anhand der Aufgabe der sog. „Brachistochrone” (griechisch: brachistos = kürzeste, chronos = Zeit), die auf Jacob Bernoulli[8] (1696) zurückgeht,

[1]Leonhard Euler (1707–1783): geb. in Basel; universeller Mathematiker und Physiker; bedeutendster und produktivster Mathematiker seiner Zeit; wirkte in Berlin und St. Petersburg; Arbeiten zu allen mathemischen Gebieten seiner Zeit.

[2]Sergei Natanovich Bernstein (1880–1968): Russischer Mathematik jüdischer Herkunft; nach Studium in Paris wirkte er in Kharkov und Leningrad; fundamentale Beiträge zur Theorie partieller Differentialgleichungen, Differentialgeometrie, Wahrscheinlichkeitstheorie und vor allem zur Approximationstheorie („Bernstein-Polynome“)

[3]Lev Semenovich Pontryagin (1908–1988): Russischer Mathematiker; durch einen Unfall mit 14 Jahren erblindet wurde er dennoch einer der bedeutensten Mathematiker des 20. Jahrhunderts; Prof. am Steklov Institut der Univ. Moskau; wichtige Beiträge u. a. zur Algebraischen Topologie und Differential Topologie sowie zur Kontrolltheorie („Pontryaginsches Maximumprinzip“ und „bang-bang“-Prinzip).

[4]John von Neumann (1903–1957): US-amerikanischer Mathematiker ungarischer Abstammung; wirkte hauptsächlich am Institute for Advanced Studies in Princeton (zus. mit A. Einstein u.a.) und gilt als mathematisches Genie; lieferte fundamentale Beiträge zu den mathematischen Grundlagen der Quantenmechanik, zur Operatortheorie, zur Spieltheorie, zur Gruppentheorie und zur Theorie der partiellen Differentialgleichungen; Pionier der Automatentheorie und theoretischen Informatik.

[5]George Bernard Dantzig (1914–2005): US-amerikanischer Mathematiker; entwickelte 1947 den Simplex-Algorithmus wärend seiner Tätigkeit in einem Forschungslabor der U.S. Air Force; s. sein Buch „Lineare Programmierung und Erweiterungen“, Springer 1966 (Übersetzung aus dem Englischen); seit 1966 Prof. an der Stanford University, USA.

[6]Harold William Kuhn (1925–2014): US-amerikanischer Mathematiker kanadischer Herkunft; bekannt insbesondere durch die Karush-Kuhn-Tucker-Bedingungen, die in einem Tagungsgsbeitrag mit A. W. Tucker präsentiert wurden: „Nonlinear programming“, Proceedings of 2nd Berkeley Symposium. Berkeley, University of California Press. pp. 481492; John von Neumann Preis 1980 mit D. Gale und A. W. Tucker.

[7]Albert William Tucker (1905–1995): Kanadischer Mathematiker; 1933–1974 Prof. an der Princeton University (NJ, USA); Beiträge zur linearen Optimierung und Spieltheorie („Karush-Kuhn-Tucker (KKT) Optimalitätsbeding“).

[8]Bernoulli: Schweizer Mathematiker Familie; Jakob Bernoulli (1655–1705) lehrte in Basel; verwendete bereits die vollständige Induktion; Entdecker der “Bernoulli-Zahlen” und Mitbegründer der Wahrscheinlichkeitsrechnung; sein jüngerer Bruder Johann Bernoulli (1667–1748) wirkte zuletzt in Basel und galt nach dem Tode seines Bruders Jakob als führender Mathematiker seiner Zeit; er leistete Beiträge über Reihen und Differentialgleichungen; sein Sohn Daniel Bernoulli (1700–1782) setzte diese Arbeiten fort; er wirkte in St. Petersburg und Basel und leistete wichtige Beiträge zur Hydromechanik und Gasdynamik.

Aufgabenstellung: *Man verbinde zwei Punkte* $A = (x_0, y_0)$, $B = (x_1, y_1)$ *in der Ebene* $\mathbb{R}^2$ *mit* $y_0 > y_1$ *durch eine Kurve, längs derer ein der Schwerkraft unterworfener (reibungslos) gleitender Massepunkt in kürzester Zeit von* A *nach* B *gelangt.*

Dabei bedeutet „Kurve" den Graph $\{(x, y(x)) \in \mathbb{R}^2,\, x_0 \le x \le x_1\}$ einer stetig differenzierbaren Funktion $y = y(x)$. Zur Lösung dieses Optimierungsproblems verwenden wir die Bezeichnungen $s = s(x)$ für die Bogenlänge und $v(s)$ für die Geschwindigkeit des Massepunkts (mit Masse m) entlang der Kurve:

$$s(x) = \int_{x_0}^{x} \sqrt{1 + y'(x)^2}\, dx, \quad \frac{ds}{dx}(x) = \sqrt{1 + y'(x)^2},$$
$$v(s) = \frac{ds}{dt}(x) = \frac{ds}{dx}\frac{dx}{dt}(x) = \sqrt{1 + y'(x)^2}\,\frac{dx}{dt}(x), \quad dt = \frac{\sqrt{1 + y'(x)^2}}{v(x)}\, dx.$$

Aus dem Energieerhaltungssatz (Newtonsches Gesetz), d. h. der Erhaltung der Gesamtenergie = potentielle Energie + kinetische Energie in der Zeit,

$$v|_{t=0} = 0, \quad mgy(x) + \frac{m}{2}v(x)^2 = mgy_0,$$

folgt dann

$$v(x) = \sqrt{2g(y_0 - y(x))}.$$

Damit lässt sich die Bestimmung der Kurve mit minimaler Fallzeit wie folgt formulieren:

$$T(y) := \int_{x_0}^{x_1} \frac{\sqrt{1 + y'(x)^2}}{\sqrt{2g(y_0 - y(x))}}\, dx \;\rightarrow\; \min! \tag{0.2.1}$$

wobei zum Vergleich alle Funktionen

$$y \in M := \{z \in C^1[x_0, x_1],\, z(x_0) = y_0,\, z(x_1) = y_1\}$$

zugelassen sind. Eine Lösung dieses nichtlinearen „Variationsproblems" kann mit Hilfe von Techniken der „Variationsrechnung" und der Theorie von Differentialgleichungen explizit angegeben werden.

Abbildung 1: *Darstellung des Brachistochronen-Problems*

0.3 Approximationstheorie

In der Approximationstheorie geht es um die „beste“ Approximation einer allgemeinen, komplizierten Funktion durch einfacher strukturierte wie z. B. Polynome, $p(x) = c_0+c_1x+c_2x^2 + \cdots + c_mx^m$, rationale Funktionen $r(x) = p(x)/q(x)$ oder auch trigonometrische Polynome $t(x) = a_0 + a_1\sin(x) + b_1\cos(x) + a_2\sin(2x) + b_2\cos(2x) + \cdots + a_m\sin(mx) + b_m\cos(mx)$. Dies ist notwendig, um mit solchen Funktionen auf Computern arbeiten zu können. Dabei kommt es sehr auf die Wahl des Qualitätsmaßes für den Grad an „Approximation“ an. Ein standard Beispiel ist gegeben durch die Taylor[9]-Entwicklung

$$f(x) \approx t_f^m(x) = f(x_0) + \frac{1}{1!}f'(x_0)(x-x_0) + \cdots + \frac{1}{m!}f^{(m)}(x_0)(x-x_0)^m$$

einer hinreichend oft differenzierbaren Funktion f, welche offenbar Lösung des folgenden Optimierungsproblems ist:

$$F(t_f^m - f) := \sum_{j=0}^{m} |t_f^{m(j)}(x_0) - f^{(j)}(x_0)| = \min_{p\in P_m} \Big\{ \sum_{j=0}^{m} |p^{(j)}(x_0) - f^{(j)}(x_0)| \Big\}. \qquad (0.3.2)$$

Allgemein sei $f \in C[a,b]$ eine gegebene stetige Funktion auf einem Intervall $I = [a,b] \subset \mathbb{R}^1$. Wir suchen nach einer „besten Approximation“ $p \in P_m$ zu f im Raum P_m der Polynome vom maximalen Grad m, so dass die Differenz $f-p$ in einem vorgeschriebenen Sinn minimal wird. Praxisrelevante Beispiele für solche Qualitätsmaße sind das der sog. „Gauß[10]-Approximation“ und der „Tschebyscheff[11]-Approximation“ sowie der einfachen „Interpolation“:

$$a) \quad F(f-p) := \Big(\int_a^b |f(x)-p(x)|^2\,dx \Big)^{1/2} \quad \text{(Gauß-Approximation)},$$

$$b) \quad F(f-p) := \max_{x\in[a,b]} |f(x)-p(x)|, \quad \text{(Tschebyscheff-Approximation)},$$

$$c) \quad F(f-p) := \sum_{i=0}^{m} |f(x_j)-p(x_j)|, \quad a \le x_0 < x_2 < \cdots < x_m \le b \quad \text{(Interpolation)}.$$

Unter Verwendung der natürlichen Monombasis $\{1, x, x^2, \dots, x^m\}$ von P_m und der allgemeinen Darstellung $p(x) = \sum_{i=0}^m \alpha_i x^i$ der gesuchten Bestapproximation lautet die Approximationsaufgabe in algebraischer Formulierung wie folgt:

$$F\Big(f - \sum\nolimits_{i=0}^{m} \alpha_i x^i\Big) \;\to\; \min! \qquad (0.3.3)$$

[9]Brook Taylor (1685–1731): Englischer Mathematiker und Schüler Newtons; die nach ihm benannte Reihenentwicklung war im Kern bereits Gregory, Newton, Leibniz und Johann Bernoulli bekannt.

[10]Carl Friedrich Gauß (1777–1855): Bedeutender deutscher Mathematiker, Astronom und Physiker; wirkte in Göttingen; fundamentale Beiträge zur Arithmetik, Algebra und Geometrie, Begründer der modernen Zahlentheorie, Bestimmung von Planetenbahnen durch „Gauß-Ausgleich“, Arbeiten zum Erdmagnetismus und Konstruktion eines elektromagnetischen Telegraphen.

[11]Pafnuty Lvovich Tschebyscheff (russ.: Chebyshev) (1821–1894): Russischer Mathematiker; Prof. in St. Petersburg; Beiträge zur Zahlentheorie, Wahrscheinlichkeitstheorie und vor allem zur Approximationstheorie; entwickelte eine allgemeine Theorie orthogonaler Polynome.

Die Gaußsche Approximationsaufgabe führt auf ein *lineares* Problem im $\mathbb{R}^m$, das mit Methoden der Numerischen Linearen Algebra gelöst werden kann, während die Tschebyscheffsche Approximationsaufgabe generisch *nichtlinear* und viel schwieriger zu lösen ist. Die Interpolationsaufgabe wiederum besitz eine eindeutige Lösung, die etwa in Langrangescher[12] Darstellung explizit angebbar ist.

0.4 Kontrolltheorie

In der Kontrolltheorie geht es um die „optimale" Steuerung der Lösung eines sog. „dynamischen Systems", z. B. einer gewöhnlichen Differential- oder Integralgleichung, zum Minimum eines gegebenen „Kostenfunktionals". Zu bestimmen ist also etwa eine „Steuerfunktion" $q = q(x)$ als Koeffizient in einer gewöhnlichen Differentialgleichung

$$u'(t) = f(t, u(t), q(t)), \quad t \in [0, T], \quad u(0) = u^0,$$

so dass z. B.

$$F(u, q) := \psi_1(u(T)) + \int_0^T \psi_2(u(x))\, dt + \int_0^T \psi_3(q(x))\, dt \ \rightarrow \ \min!$$

Lösungen derartiger oft hochgradig nichtlinearer Optimierungsaufgaben lassen sich in der Regel nur numerisch approximieren. Wir geben ein Beispiel aus den Wirtschaftswissenschaften (optimale Produktionsplanung):

Ein Industriebetrieb produziert ein Produkt P, dessen Produktion über die Zeit optimiert werden soll bei Minimierung der Produktionskosten und gleichzeitiger vollen Befriedigung der Nachfrage. Dabei bezeichne $x(t)$ den Lagerbestand, $r(t)$ die Produktionsrate und $d(t)$ die Nachfragerate. Die zeitliche Entwicklung des Lagerbestands ist dann beschrieben als Lösung der Anfagswertaufage

$$x'(t) = r(t) - d(t), \ \ t \geq 0, \quad x(0) = x^0 \text{ (gegeben)}.$$

Zu bestimmen ist nun eine stetige Funktion $r(t) \geq 0$ (optimale Produktionsrate), so dass auf dem Intervall $I = [0, T]$ gilt

$$x(t) = x(0) + \int_0^t \{r(s) - d(s)\}\, ds \geq 0,$$

und

$$F(r) := \int_0^T \{c[r(t)] + h[x(t)]\}\, dt \ \rightarrow \ \min!$$

wobei $c[r(t)]$ die Produktionskostenrate und $h[x(t)]$ die Lagerkostenrate bezeichnen.

[12] Joseph Louis de Lagrange (1736–1813): Französischer Mathematiker; 1766–1787 Direktor der mathem. Klasse der Berliner Akademie, dann Prof. in Paris; bahnbrechende Arbeiten zur Variationsrechnung, zur komplexen Funktionentheorie sowie zur Theoretischen Mechanik und Himmelsmechanik.

0.5 Spieltheorie

In der Spieltheorie geht es um die Entwicklung optimaler Strategien für die Handlungsweisen zweier oder mehrerer „Spieler“ zur Maximierung oder Minimierung der Ergebnisse der einzelnen Spieler unter Berücksichtigung „optimaler“ Aktionen der jeweils anderen Spieler. Zentrale Frage ist dabei die Existenz eines „Gleichgewichtszustands“, in dem sich alle Spieler „optimal“ verhalten. Dies soll anhand zweier Beispiele erläutert werden.

Beispiel 0.1 (aus den Politikwissenschaften: Wahlkampforganisation): Zwei Konkurrenten A und B um ein politisches Amt wollen unabhängig von einander ihre Werbeetats (Geld) so auf n verschiedene geographische Gebiete Ω_i, $i=1,\dots,n$, verteilen, dass ihre jeweiligen Erfolgschancen in der Wahl maximiert werden. Dabei sind ihnen die Stragien des anderen Kandidaten unbekannt. Es bezeichnen a_i und b_i die von Kandidaten A bzw. B für Gebiet Ω_i, $i=1,\dots,n$, aufgewendeten Werbemittel. Die Anzahl der noch unentschiedenen Wähler in Gebiet Ω_i sei u_i. Zur Modellierung des Problems sei angenommen, dass die auf A und B in Gebiet Ω_i aufgrund der Werbung entfallenden Stimmen gegeben sind durch

$$\Sigma_i(A) := \frac{a_i u_i}{a_i + b_i}, \quad \Sigma_i(B) := \frac{b_i u_i}{a_i + b_i}.$$

Dann ist die totale Stimmendifferenz als Resultat der Verteilung der Werbemittel

$$\Delta(A,B) = \sum_{i=1}^{n} \frac{a_i - b_i}{a_i + b_i} u_i. \tag{0.5.4}$$

Das Ziel von A und B ist es nun, $\Delta(A,B)$ zu maximieren bzw. zu minimieren. Die „Lösung“ dieser Aufgabe ist naturgemäß kompliziert.

Beispiel 0.2 (aus dem Alltag: Knobelspiel)): Zwei Spieler vergnügen sich mit dem Knobelspiel „Stein-Schere-Papier“. Dabei gelten die Wertigkeitsregeln

$$\text{Stein} > \text{Schere} > \text{Papier} > \text{Stein}$$

und

$$\text{gewonnen} = 1, \quad \text{unentschieden} = 0, \quad \text{verloren} = -1.$$

Dies führt auf die sog. „Auszahlungstafel“

	Stein	Schere	Papier
Stein	0	1	−1
Schere	−1	0	1
Papier	1	−1	0

Gesucht sind nun optimale Spielstrategien für beide Spieler. Wegen der Verfügbarkeit einer Auszahlungstafel wird dieses Spiel auch „Matrixspiel“ genannt.

Lösungsansätze für solche Aufgaben der „Spieltheorie“ werden in diesem Text als Anwendungen der Lösungstheorie für „Lineare Optimierungsaufgaben“ (sog. „Lineare Programme“) hergeleitet werden. Andererseits können Aufgaben der „Linearen Programmierung“ als Spezialfälle der Spieltheorie interpretiert werden.

0.6 Lineare Programmierung

„Lineares Programm“ ist die historisch bedingte Bezeichnung für lineare Optimierungsaufgaben vom folgenden Typ:

Beispiel 0.3 (Produktionsplanung): Eine Fabrik kann zwei Typen A und B eines Produkts unter folgenden Bedingungen herstellen:

Produkt	Typ A	Typ B	maximal möglich
Stück pro Tag	x_1	x_2	100 Stück
Arbeitszeit pro Stück	4	1	160 Stunden
Kosten pro Stück	20	10	1100 EURO
Gewinn pro Stück	120	40	? EURO

Wie müssen x_1 und x_2 gewählt werden, damit der Gewinn maximal wird? Dabei muss offenbar der lineare Ausdruck

$$Q(x_1, x_2) := 120x_1 + 40x_2$$

zu einem Maximum gemacht werden unter den linearen Nebenbedingungen

$$\begin{aligned} x_1 + \quad x_2 &\le 100 \\ 4x_1 + \quad x_2 &\le 160\,, \quad x_1 \ge 0\,, \quad x_2 \ge 0. \\ 20x_1 + 10x_2 &\le 1100 \end{aligned} \tag{0.6.5}$$

Dies ist ein lineares Programm in sog. “Standardform”.

Beispiel 0.4 (Transportplanung): Die Produktion von 7 Zuckerfabriken soll so auf 300 Verbrauchsorte verteilt werden, dass der Bedarf befriedigt wird und die Transportkosten minimiert werden.

Fabrik	$F_j \ (j = 1, \dots, 7)$,	Verbrauchsort	$G_k \ (k = 1, \dots, 300)$
Produktion	a_j (pro Monat),	Verbrauch	r_k (pro Monat)

transportierte Menge $F_j \to G_k : \ x_{jk}$, Kosten c_{jk} (pro Einheit).

Es sei vorausgesetzt, dass Bedarf und Produktionsmenge gleich sind:

$$\sum_{k=1}^{300} r_k = \sum_{j=1}^{7} a_j.$$

Zu minimieren sind die Gesamtkosten

$$Q(x_{1,1}, \dots, x_{7,300}) := \sum_{j=1}^{7} \sum_{k=1}^{300} c_{jk} x_{jk}$$

unter den Nebenbedingungen $x_{jk} \geq 0$ und

$$\sum_{j=1}^{7} x_{jk} = r_k \quad (k = 1, \dots, 300), \qquad \sum_{k=1}^{300} x_{jk} = a_j \quad (j = 1, \dots, 7).$$

Dies ist ein lineares Programm in sog. "kanonischer Form".

Beispiel 0.5 (Approximationstheorie): Eine Funktion $f \in C[0,1]$ soll durch ein Polynom $p(x) = \sum_{i=1}^{6} x_i t^{i-1} \in P_5$ approximiert werden, so dass

$$x_0 := \max_{k=1,\dots,10} |f(1/k) - p(1/k)|$$

minimal wird. Dies kann wie folgt als lineares Programm geschrieben werden:

$$\begin{aligned} x_0 + \sum_{i=1}^{6} x_i (1/k)^{i-1} &\geq f(1/k), \quad k = 1, \dots, 10, \\ x_0 - \sum_{i=1}^{6} x_i u(1/k)^{i-1} &\geq -f(1/k), \quad k = 1, \dots, 10. \end{aligned} \tag{0.6.6}$$

Dieses Beispiel zeigt, dass auch scheinbar *nichtlineare* Optimierungsaufgaben unter Umständen als *lineares* Programm formuliert werden können.

1 Lineare Programme und Dualitätstheorie

1.1 Lineare Programme

Für einen Vektor $x = (x_1, \dots, x_n)^T \in \mathbb{R}^n$ bedeuten im Folgenden die Schreibweisen $x \geq 0$ und $x > 0$, dass alle Komponenten $x_i \geq 0$ bzw. $x_i > 0$ sind. In diesem Sinne bedeutet dann $x \geq y$, $x > y$ oder $x \leq y$, $x < y$ für zwei Vektoren $x, y \in \mathbb{R}^n$, dass $x - y \geq 0$, $x - y > 0$ bzw. $y - x \geq 0$, $y - x > 0$ ist. Für $1 \leq m \leq n$ seien nun eine Matrix $A \in \mathbb{R}^{m \times n}$ vom Rang m sowie Vektoren $b \in \mathbb{R}^m$, $b \geq 0$, und $c \in \mathbb{R}^n$ gegeben.

Definition 1.1: *Als „lineares Programm“ (abgekürzt LP) in „Normalform“ (bzw. „kanonischer Form“) bezeichnet man die Aufgabe, unter den Nebenbedingungen*

$$Ax = b, \quad x \geq 0, \tag{1.1.1}$$

ein Minimum der „Zielfunktion“ (oder „Kostenfunktion“) $Q(x) := c^T \cdot x$ zu bestimmen. Anders ausgedrückt sucht ein solches lineares Programm im „zulässigen Bereich“

$$M := \{x \in \mathbb{R}^n |\ Ax = b,\ x \geq 0\} \tag{1.1.2}$$

ein $x^* \in M$ zu bestimmen, so dass

$$c^T \cdot x^* = \min_{x \in M} c^T \cdot x. \tag{1.1.3}$$

Ein LP in sog. „Standardform“ lautet

$$c^T \cdot x^* = \max_{x \in M} c^T \cdot x, \quad M := \{x \in \mathbb{R}^n |\ Ax \leq b,\ x \geq 0\}. \tag{1.1.4}$$

Beide Formulierungen eines LP sind äquivalent in einander überführbar.

Zur Einordnung der Beispiele in Abschnitt 0.6 in diesen Rahmen können folgende Umformungen herangezogen werden:

- Ein Ungleichung mit $\geq$ wird durch Multiplikation mit -1 in eine mit $\leq$ überführt.
- Eine Ungleichung $a_1x_1 + \ldots + a_nx_n \leq \beta$ wird durch Einführung einer sog. „Schlupfvariable“ y in eine Gleichung und eine Vorzeichenbedingung überführt:

$$a_1x_1 + \ldots + a_nx_n + y = \beta, \quad y \geq 0.$$

- Für jede Gleichung $a_1x_1 + \ldots + a_nx_n = \beta$ kann (eventuell nach Multiplikation mit -1) stets $\beta \geq 0$ vorausgesetzt werden.
- Fehlt für eine Variable, etwa für x_1, die Vorzeichenbedingung, so wird x_1 durch die Differenz $y_1 - y_2$ zweier neuer Variablen ersetzt, und man fordert $y_1 \geq 0$, $y_2 \geq 0$.

- Gleichungen, die Linearkombinationen anderer Gleichungen sind, werden weggelassen, so dass für die Matrix $A \in \mathbb{R}^{m\times n}$ stets $\operatorname{Rang} A = m$ angenommen wird.
- Wegen $\max\, c^T \cdot x = -\min\,(-c^T \cdot x)$ kann man alle linearen Programme auf die Bestimmung eines *Minimums* zurückführen.

Der zulässige Bereich M eines LP ist der Durchschnitt einer linearen Mannigfaltigkeit mit Halbräumen und folglich abgeschlossen. Weiter ist M *"konvex"*:

$$x, y \in M \;\Rightarrow\; \lambda x + (1-\lambda)\, y \in M \quad \forall\, \lambda \in [0,1].$$

Ist $M = \emptyset$, so besitzt das LP keine Lösung. Im Fall $M \neq \emptyset$ existiert immer eine Lösung, wenn M beschränkt (und damit kompakt) ist; für unbeschränktes M braucht keine Lösung zu existieren.

Neben der „kanonischen“ Form eines LP treten diese häufig auch auf in sog. „Standardform“

$$c^T \cdot x \to \max!, \quad Ax \leq b, \quad x \geq 0. \tag{1.1.5}$$

Mit Hilfe der obigen zulässigen Umformungen lassen sich alle diese Formulierungen von LPs in einander umformen.

Beispiel 1.1: In einfachen Fällen lassen sich lineare Programme grafisch lösen: Der zulässige Bereich M in Beispiel 0.3 (Standardformulierung) ist der Durchschnitt von 5 Halbebenen des $\mathbb{R}^2$, deren Begrenzungsgeraden durch die Gleichungen

$$\begin{aligned} x_1 = 0, \quad x_2 &= 0, \\ x_1 + x_2 &= 100 \\ 4x_1 + x_2 &= 160 \\ 20x_1 + 10x_2 &= 1100 \end{aligned}$$

gegeben sind:

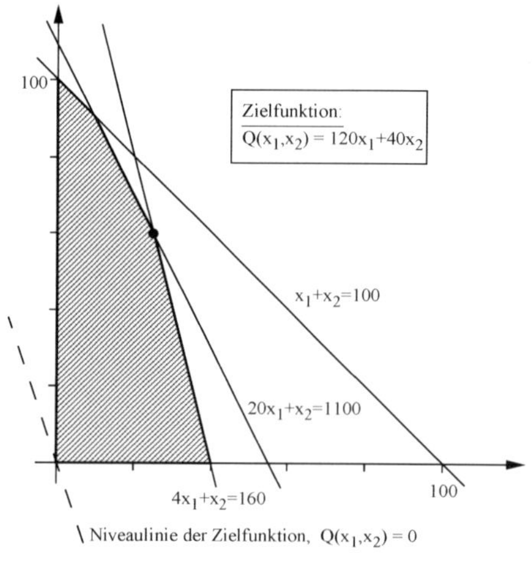

Abbildung 1.1: *Grafische Lösung eines Linearen Programms*

Parallelverschiebung der Niveaulinie bis an den Rand von M ergibt als maximalen Wert den der Niveaulinie durch den Punkt (x_1^*, x_2^*) mit

$$\left.\begin{array}{rcl} 4x_1^* + x_2^* & = & 160 \\ 20x_1^* + 10x_2^* & = & 1100 \end{array}\right\} \Rightarrow \begin{array}{rcl} x_2^* & = & 60 \\ x_1^* & = & 25 \end{array},$$

$$Q_{\max} = 120x_1^* + 40x_2^* = 5400.$$

Der optimale Punkt ist in diesem Fall eine Ecke des Polygongebiets M. Dies ist kein Zufall und wird sich als wesentlicher Punkt bei der Behandlung allgemeinerer Probleme dieses Typs erweisen. Die maximal mögliche Stückzahl von $x_1 + x_2 = 100$ wird unter dem Kriterium der Gewinnmaximierung also nicht erreicht; dafür wird die zur Verfügung stehende Arbeitszeit voll genutzt.

1.2 Dualitätstheorie

Den linearen Optimierungs- bzw. Programmierungsaufgaben in Standardform bzw. Normalform, abgekürzt benannt mit (I) und (II), ordnet man „duale“ Aufgaben (I^*) bzw. (II^*) zu:

$$\begin{array}{llll} (I) & c^T \cdot x \to \max! & (I^*) & b^T \cdot y \to \min! \\ & x \geq 0, \quad Ax \leq b. & & y \geq 0, \quad A^T y \geq c. \\[1em] (II) & c^T \cdot x \to \min! & (II^*) & b^T \cdot y \to \max! \\ & x \geq 0, \quad Ax = b. & & A^T y \leq c. \end{array}$$

Die zugehörigen zulässigen Mengen werden jeweils mit M (für (I) und (II)) sowie M^* (für (I^*) und (II^*)) bezeichnet.

Zwischen den Aufgaben (I) und (I^*) sowie (II) und (II^*) bestehen enge Beziehungen betreffend ihre Lösbarkeit und die Charakterisierung der Lösungen. Wir stellen dazu einige Hilfsmittel aus der Theorie linearer Gleichungen und Ungleichungen bereit.

Bemerkung 1.1: Ist die zulässige Menge M (bzw. M^*) einer der obigen Aufgaben nicht leer und beschränkt (und damit kompakt), so ist die Aufgabe wegen der Stetigkeit der (linearen) Zielfunktion lösbar.

Satz 1.1: *Für zwei Punkte $x \in M$, $y \in M^*$ gilt stets im Falle der Standardformulierung*

$$(I) \qquad b^T \cdot y \geq c^T \cdot x \tag{1.2.6}$$

und im Falle der Normalformulierung

$$(II) \qquad b^T \cdot y \leq c^T \cdot x. \tag{1.2.7}$$

Gilt $b^T \cdot y = c^T \cdot x$ gilt, so sind $x \in M$ und $y \in M^*$ Lösungen der Aufgaben (I) und (I^*) bzw. (II) und (II^*).

Beweis: i) In der Standardformulierung gilt für $x \in M$ und $y \in M^*$ definitionsgemäß (beachte $x, y \geq 0$):

$$b^T \cdot y \geq (Ax)^T \cdot y = x^T \cdot A^T y \geq x^T \cdot c = c^T \cdot x.$$

ii) Sei $b^T \cdot y = c^T \cdot x$. Die Annahme der Existenz eines $\tilde{x} \in M$ mit $c^T \cdot \tilde{x} > c^T \cdot x$ ergäbe nach dem gerade Gezeigten den Widerspruch

$$c^T \cdot x = b^T \cdot y \geq c^T \cdot \tilde{x},$$

d. h.: x ist Lösung von (I). Analog ergibt die Annahme der Existenz eines $\tilde{y} \in M^*$ mit $b^T \cdot \tilde{y} < b^T \cdot y$ den Widerspruch $b^T \cdot y = c^T \cdot x \leq b^T \cdot \tilde{y}$, d. h.: y ist Lösung von (I^*).

iii) Für die Normalformulierung verläuft die Argumentation analog und wird als Übungsaufgabe gestellt. Q.E.D.

Beispiel 1.2: Das Beispiel 1.1 ist in Standardform gegeben. Das zugehörige *duale* Problem lautet:

$$\begin{aligned} 100y_1 + 160y_2 + 1100y_3 &\to \min! \\ y_1 \geq 0,\ y_2 \geq 0,\ y_3 &\geq 0, \\ y_1 + 4y_2 + 20y_3 &\geq 120, \\ y_1 + y_2 + 10y_3 &\geq 40. \end{aligned} \tag{1.2.8}$$

Offenbar ist die zugehörige zulässige Menge $M^* \neq \emptyset$ und unbeschränkt. Mit der Optimallösung $(x_1^*, x_2^*)^T = (25, 60)^T$ von (I) gilt nach Satz 1.1 für jedes $(y_1, y_2, y_3)^T \in M^*$:

$$100y_1 + 160y_2 + 1100y_3 \geq 120x_1^* + 40x_2^* = 5400.$$

Mit Hilfe der skalierten Gleichung $5y_1^* + 8y_2^* + 55y_3^* = 270$ (Division durch 20) erhält man eine Optimallösung von (I^*):

$$(y_1^*, y_2^*, y_3^*)^T = (0, 20, 2)^T.$$

Lemma 1.1: *(Alternativsatz für lineare Gleichungen) Es gilt genau eine der folgenden Alternativen:*

i) $Ax = b$ *lösbar.*

ii) $A^T y = 0,\ b^T \cdot y = 1$ *lösbar.*

Beweis: Wir zeigen, dass die beiden Aufgaben in (i) und (ii) nicht gleichzeitig lösbar sein können. Die Gleichung $Ax = b$ impliziert

$$y^T \cdot Ax = y^T \cdot b = 1, \quad y^T \cdot Ax = (A^T y)^T \cdot x = 0,$$

was einen Widerspruch darstellt. Sei nun $Ax = b$ unlösbar. Dann ist $\operatorname{Rang}[A,b] = \operatorname{Rang} A + 1$ und folglich

$$\operatorname{Rang} \begin{bmatrix} A^T & 0 \\ b^T & 1 \end{bmatrix} = \operatorname{Rang} A + 1.$$

Also ist das System

$$\begin{bmatrix} A^T \\ b^T \end{bmatrix} y = \begin{bmatrix} 0 \\ 1 \end{bmatrix}$$

lösbar. Umgekehrt folgt dann aus der Lösbarkeit von (i) notwendig die Unlösbarkeit von (ii). Diese Aussagen lassen sich auch aus der allgemeinen Beziehung

$$\operatorname{Bild} A = (\operatorname{Kern} A^T)^\perp$$

für lineare Abbildungen $A : \mathbb{R}^n \to \mathbb{R}^m$ erschließen. Q.E.D.

Lemma 1.2: *(Alternativsatz für nichtnegative Lösungen linearer Gleichungen) Es gilt genau eine der beiden folgenden Alternativen:*

i) $Ax = b,\ x \ge 0$ *lösbar.*

ii) $A^T y \ge 0,\ b^T \cdot y < 0$ *lösbar.*

Beweis: Wenn beide Aufgaben lösbar wären, ergäbe sich der Widerspruch

$$0 > b^T \cdot y = (Ax)^T \cdot y = x^T \cdot A^T y \ge 0.$$

Sei nun (i) unlösbar. Dann ist b nicht in dem von den Spaltenvektoren a_i der Matrix A aufgespannten Kegel

$$C := \Big\{x \in \mathbb{R}^n \Big|\ x = \sum_{i=1}^n \lambda_i a_i,\ \lambda_i \ge 0\Big\}$$

enthalten, d. h.:

$$d := \inf_{x \in C} \|b - x\|_2 > 0.$$

Da C abgeschlossen ist, existiert eine „beste Approximation“ $s \in C$ zu b: $\|b-s\|_2 = d$. Wir wollen zeigen, dass $y := s - b$ Lösung von (ii) ist.

a) Mit $s \in C$ ist auch $ts \in C$ für $t \ge 0$. Also:

$$\begin{aligned} \|b-s\|_2^2 \le \|b-ts\|_2^2 &= \|b - s + (1-t)s\|_2^2 \\ &= \|b-s\|_2^2 + 2(1-t)(b-s,s)_2 + (1-t)^2\|s\|_2^2. \end{aligned}$$

Für $t \to 1$ folgt

$$0 \le (b-s,s)_2 = (b-s,s-b)_2 + (b-s,b)_2 = -d^2 - (y,b)_2$$

bzw.

$$(y, b)_2 + d^2 \leq 0 \quad \Rightarrow \quad b^T \cdot y < 0.$$

b) Mit $s \in C$ und $z \in C$ ist auch $s + tz \in C,\ t \geq 0$. Also:

$$\|b - s\|_2^2 \leq \|b - s - tz\|_2^2 = \|b - s\|_2^2 - 2t(b - s, z)_2 + t^2\|z\|_2^2.$$

Für $t \to 0$ folgt

$$0 \leq -(b - s, z)_2 \quad \Rightarrow \quad (y, z)_2 \geq 0, \quad z \in C.$$

Mit $z := a_i,\ i = 1, \ldots, n$, erhalten wir

$$a_i^T \cdot y \geq 0,\ i = 1, \ldots, n, \quad \Rightarrow \quad A^T y \geq 0,$$

was den Beweis vervollständigt. Q.E.D.

Lemma 1.3: *(Alternativsatz für nichtnegative Lösungen linearer Ungleichungen) Es gilt genau eine der beiden folgenden Alternativen:*

i) $Ax \leq b,\ x \geq 0$ *lösbar.*

ii) $A^T y \geq 0,\ b^T \cdot y < 0,\ y \geq 0$ *lösbar.*

Beweis: Wären beide Probleme lösbar, so folgte der Widerspruch

$$b^T \cdot y \geq (Ax)^T \cdot y = x^T \cdot A^T y \geq 0 > b^T \cdot y.$$

Sei nun wieder (i) unlösbar. Dann ist auch

$$[A, I_m] \begin{bmatrix} x \\ z \end{bmatrix} = b, \quad x \geq 0,\ z \geq 0 \ \ (z \in \mathbb{R}^m),$$

unlösbar. Nach Lemma 1.2 existiert also $y \in \mathbb{R}^m$, so dass

$$\begin{bmatrix} A^T \\ I_m \end{bmatrix} y \geq 0, \quad b^T \cdot y < 0,$$

d. h.: (ii) ist lösbar. Q.E.D.

Lemma 1.4: *(Alternativsatz für semi-positive Lösungen linearer homogener Ungleichungen) Es gilt genau eine der beiden folgenden Alternativen:*

i) $Ax \leq 0,\ x \geq 0,\ x \neq 0$ *lösbar.*

ii) $A^T y > 0,\ y \geq 0$ *lösbar.*

Beweis: Wären beide Probleme lösbar, so ergäbe sich der Widerspruch

$$0 \geq (Ax)^T \cdot y = x^T \cdot A^T y > 0.$$

Sei nun wieder (i) unlösbar. Dann ist auch

$$\begin{bmatrix} & A & \\ -1 & \dots & -1 \end{bmatrix} x \leq \begin{bmatrix} 0 \\ \vdots \\ -1 \end{bmatrix}, \quad x \geq 0,$$

unlösbar. Nach Lemma 1.3 existieren dann $y \in \mathbb{R}^m$, $\eta \in \mathbb{R}$, so dass

$$\begin{bmatrix} & -1 \\ A^T & \vdots \\ & -1 \end{bmatrix} \begin{bmatrix} y \\ \eta \end{bmatrix} \geq 0, \quad o^T \cdot y + (-1)\eta < 0, \quad \begin{pmatrix} y \\ \eta \end{pmatrix} \geq 0,$$

i. e.: Die Aufgabe

$$A^T y > 0, \quad y \geq 0,$$

ist lösbar. Q.E.D.

Satz 1.2: *(Alternativsatz für das lineare Standardproblem) Es gilt genau eine der folgenden Alternativen:*

a) Im Fall $M \neq \emptyset$, $M^* \neq \emptyset$ sind die Probleme (I) und (I^*) beide lösbar und es gilt $\max_I = \min_{I^*}$.

b) Ist $M = \emptyset$ oder $M^* = \emptyset$, so sind beide Aufgaben (I) und (I^*) unlösbar.

Beweis: a1) Aufgrund von Satz 1.1 ist nur zu zeigen, dass es Punkte $x \in M$, $y \in M^*$ gibt mit $b^T \cdot y \leq c^T \cdot x$. Angenommen, es existieren keine Punkte dieser Art. Dann besitzt die Aufgabe

$$\begin{aligned} Ax \leq b, \ \ b^T \cdot y - c^T \cdot x \leq 0, \\ -A^T y \leq -c, \ \ x \geq 0, \ y \geq 0, \end{aligned}$$

keine Lösung, d. h.: Das Ungleichungssystem

$$\begin{bmatrix} A & 0 \\ 0 & -A^T \\ -c^T & b^T \end{bmatrix} \begin{bmatrix} x \\ y \end{bmatrix} \leq \begin{bmatrix} b \\ -c \\ 0 \end{bmatrix}$$

hat keine nicht-negative Lösung $x \geq 0$, $y \geq 0$. Nach Lemma 1.3 existiert daher eine Lösung $(z, w, \theta)^T \geq 0$ der Aufgabe

$$\begin{bmatrix} A^T & 0 & -c \\ 0 & -A & b \end{bmatrix} \begin{bmatrix} z \\ w \\ \theta \end{bmatrix} \geq 0, \quad b^T \cdot z - c^T \cdot w < 0.$$

Hierfür gilt offensichtlich $A^T z \geq \theta c$ und $Aw \leq \theta b$. Zu zeigen ist nun $\theta > 0$ bzw. $\theta \neq 0$. Wäre $\theta = 0$, so ergäbe sich mit $A^T z \geq 0,\ Aw \leq 0$ auch

$$\begin{aligned} 0 &\leq x^T \cdot A^T z = (Ax)^T \cdot z \leq b^T \cdot z, \\ 0 &\geq y^T \cdot Aw = (A^T y)^T \cdot w \geq c^T \cdot w, \end{aligned}$$

d. h. der Widersprich $b^T \cdot z - c^T \cdot w \geq 0$. Also ist $\theta > 0$, und die Punkte $x^* = \theta^{-1} w \in M,\ y^* = \theta^{-1} z \in M^*$ erfüllen dann

$$b^T \cdot y^* - c^T \cdot x^* < 0$$

im Widerspruch zur obigen Widerspruchsannahme.

aii) Zu zeigen ist noch $\max_I = \min_{I^*}$. Nach Satz 1.1 gilt für Lösungen $\hat{x} \in M$ und $\hat{y} \in M^*$ von (I) bzw. (I^*) zunächst wieder

$$\min_{I^*} := \min_{y \in M^*} b^T \cdot y = b^T \cdot \hat{y} \ \geq \ c^T \cdot \hat{x} = \max_{x \in M} c^T \cdot x =: \max_I .$$

Nun gibt es nach (ai) Punkte $\bar{x} \in M$ und $\bar{y} \in M^*$ mit der Eigenschaft $b^T \cdot \bar{y} \leq c^T \cdot \bar{x}$, d. h.:

$$\min_{I^*} = \min_{y \in M^*} b^T \cdot y \leq b^T \cdot \bar{y} \leq c^T \cdot \bar{x} \leq \max_{x \in M} c^T \cdot x = \max_I .$$

Also folgt $\max_I = \min_{I^*}$.

b) Im Fall $M = \emptyset$ ist die Aufgabe $\{Ax \leq b,\ x \geq 0\}$ unlösbar. Nach Lemma 1.3 existiert dann eine Lösung $y \geq 0$ der Aufgabe $\{A^T y \geq 0,\ b^T \cdot y < 0\}$. Für $\lambda \in \mathbb{R}_+$ ist auch $A^T(\lambda x) \geq 0$. Sei nun $M^* \neq \emptyset$ und $\tilde{y} \in M^*$, d. h.: $A^T \tilde{y} \geq c,\ \tilde{y} \geq 0$. Dann ist auch

$$A^T(\tilde{y} + \lambda y) \geq c \quad \forall \lambda \in \mathbb{R}_+,$$

d. h.: $\tilde{y} + \lambda y \in M^*$ für $\lambda \in \mathbb{R}_+$. Wegen

$$(\tilde{y} + \lambda y)^T \cdot b = \tilde{y}^T \cdot b + \lambda \underbrace{y^T \cdot b}_{<0} \to -\infty \quad (\lambda \to \infty)$$

besitzt also auch (I^*) keine Lösung. Analog erschließt man im Fall $M^* = \emptyset$ die Unlösbarkeit von (I). Q.E.D.

Korollar 1.1: *Im Fall $M \neq \emptyset$ und $c \leq 0$ hat die Aufgabe (I) eine Lösung.*

Beweis: Der zulässige Bereich der dualen Aufgabe (I^*) ist

$$M^* = \{y \in \mathbb{R}^m |\ y \geq 0,\ A^T y \geq c\}.$$

Im Fall $c \leq 0$ ist offenbar $y = 0 \in M^*$. Also sind $M \neq \emptyset$ (nach Voraussetzung) und $M^* \neq \emptyset$, so dass nach Satz 1.2 beide Aufgaben (I) und (I^*) lösbar sind. Q.E.D.

Korollar 1.2: *Die Alternativaussage von Satz 1.2 für das Standardproblem gilt analog auch für das kanonische Problem.*

Beweis: Die Aussage folgt aus der Äquivalenz der beiden Problemformulierungen. Q.E.D.

Satz 1.3: *(Gleichgewichtssatz für das Standardproblem) Für zwei zulässige Punkte* $x \in M,\ y \in M^*$ *der Probleme (I) bzw. (I*) sind folgende Aussagen äquivalent:*

a) Die Punkte x *und* y *sind jeweils optimal.*

b) $x_i > 0 \ \Rightarrow\ (A^T y)_i = c_i,\ i = 1, \dots, n; \quad y_j > 0 \ \Rightarrow\ (Ax)_j = b_j,\ j = 1, \dots, m.$

Beweis: a) Sind $x \in M,\ y \in M^*$ optimal, so gilt nach Satz 1.2:

$$c^T \cdot x = b^T \cdot y \geq (Ax)^T \cdot y = x^T \cdot A^T y\,.$$

Also ist $x^T \cdot (c - A^T y) \geq 0$, d. h.:

$$\sum_{i=1}^{n} \underbrace{x_i}_{\geq 0} \underbrace{\{c_i - (A^T y)_i\}}_{\leq 0} \geq 0\,.$$

Folglich muss für $x_i > 0$ notwendig $c_i - (A^T y)_i = 0$ sein. Analog erschließt man aus

$$b^T \cdot y = c^T \cdot x \leq (A^T y)^T \cdot x = y^T \cdot Ax$$

bzw. $y^T \cdot (b - Ax) \leq 0$, dass $y_j > 0$ notwendig $b_j - (Ax)_i = 0$ bedingt.

b) Seien nun umgekehrt die Implikationen (b) gegeben. Dann gilt

$$\begin{aligned} c^T \cdot x &= \sum_{x_i > 0} x_i c_i = \sum_{x_i > 0} x_i (A^T y)_i = x^T \cdot A^T y \\ &= (Ax)^T \cdot y = \sum_{y_j > 0} (Ax)_j y_j = \sum_{y_j > 0} b_j y_j = b^T \cdot y\,, \end{aligned}$$

so dass nach Satz 1.1 die Optimalität von x und y folgt. Q.E.D.

Satz 1.4: *(Gleichgewichtssatz für das kanonische Problem) Für zwei zulässige Punkte* $x \in M,\ y \in M^*$ *der Probleme (II) bzw. (II*) sind folgende Aussagen äquivalent:*

a) Die Punkte x *und* y *sind jeweils optimal.*

b) $x_i > 0 \ \Rightarrow\ (A^T y)_i = c_i,\ i = 1, \dots, n.$

Beweis: Der Beweis ist analog zu dem für das Standardproblem. Q.E.D.

1.3 Geometrie der zulässigen Menge

Wir betrachten im Folgenden die linearen Programmierungsaufgaben stets in Normalform („kanonische" Form). Zunächst studieren wir die Struktur der Lösungsmenge eines LP:

$$(II) \qquad Q(x) := c^T \cdot x \to \min!, \quad x \geq 0, \quad Ax = b.$$

Dabei seien wieder die folgenden Konventionen vereinbart:

$$A \in \mathbb{R}^{m\times n}, \; m < n, \; \operatorname{Rang} A = m,$$
$$b \in \mathbb{R}^m, \; b \geq 0, \quad c \in \mathbb{R}^n.$$

Bemerkung 1.2: Der Fall $m \geq n$ ist nicht interessant. Die Annahme $\operatorname{Rang} A = m$ widerspricht der Bedingung $m > n$ und im Fall $m = n$ würde wegen der Regularität von A der Zulässige Bereich höchstens aus einem Punkt bestehen.

Weiter bezeichnen wir mit $a_k, k = 1, \dots, n,$ die Spaltenvektoren der Matrix A. Die zulässige Menge

$$M := \{x \in \mathbb{R}^n |\; x \geq 0, \; Ax = b\}$$

ist als Durchschnitt einer linearen Mannigfaltigkeit mit Halbräumen abgeschlossen und konvex, d. h.:

$$x^1, x^2 \in M \quad \Rightarrow \quad \lambda x^1 + (1-\lambda)x^2 \in M \quad \forall \lambda \in [0,1].$$

Im Folgenden wird generell $M \neq \emptyset$ vorausgesetzt.

Definition 1.2: *i) Ein Vektor $x \in M$ heißt „Ecke" (oder„Extremalpunkt") der zulässigen Menge M, wenn er keine Darstellung der Form*

$$x = \lambda x^1 + (1-\lambda)x^2$$

mit x^1, $x^2 \in M$, $x^1 \neq x^2$, und einem $\lambda \in (0,1)$ zulässt.

ii) Für $x \in M$ bezeichnen wir mit $I(x) := \{i \in \{1, \dots, n\} \,|\, x_i > 0\}$ die zugehörige Menge der „aktiven" Indizes.

Lemma 1.5 (Sekantensatz): *Sind für ein $x \in M$ die Spaltenvektoren in der Menge*

$$B(x) := \{a_k |\; k \in I(x)\} \tag{1.3.9}$$

linear abhängig, so besitzt x eine Darstellung

$$x = \tfrac{1}{2}\,(x^1 + y) \tag{1.3.10}$$

mit x^1, $y \in M$ und $I(x^1) \subset I(x)$, $I(x^1) \neq I(x)$. Insbesondere kann x keine Ecke von M sein.

Beweis: O.B.d.A. sei $I(x) = \{1, \ldots, k\}$, so dass

$$\sum_{i=1}^{k} x_i a_i = b.$$

Sind nun die Vektoren in $B(x)$ linear abhängig, so gibt es Zahlen d_i, $i = 1, \ldots, k$, die nicht alle Null sind, so dass

$$\sum_{i=1}^{k} d_i a_i = 0.$$

Für jedes $\lambda \in \mathbb{R}$ erfüllt der Vektor

$$x(\lambda) = (x_1 + \lambda d_1, \ldots, x_k + \lambda d_k, \underbrace{0, \ldots, 0}_{n-k})^T$$

die Gleichung $Ax(\lambda) = b$. Wegen $x_i > 0$, $i = 1, \ldots, k$, ist für hinreichend kleines $|\lambda|$ auch $x(\lambda) \geq 0$ und somit $x(\lambda) \in M$. Lässt man nun λ ausgehend von Null wachsen oder fallen, so gelangt man in einem der beiden Fälle zu einem λ^*, für das mindestens eine der Komponenten $x_i(\lambda^*)$, $i = 1, \ldots, k$, Null ist. Ferner ist $x(\lambda) \in M$ für $|\lambda| \leq |\lambda^*|$. Mit $x^1 = x(\lambda^*)$ und $y = x(-\lambda^*)$ gilt dann

$$x = \tfrac{1}{2}(x^1 + y), \qquad I(x^1) \subset I(x),\ I(x^1) \neq I(x),$$

was zu zeigen war. Q.E.D.

Lemma 1.6 (Eckensatz): *Ein Vektor $x \in M$ ist genau dann Ecke von M, wenn die Spaltenvektoren a_k in $B(x)$ linear unabhängig sind.*

Beweis: Aus Lemma 1.5 folgt, dass für eine Ecke $x \in M$ notwendig die Vektoren in $B(x)$ linear unabhängig sein müssen. Sei nun $B(x)$ linear unabhängig, aber $x \in M$ keine Ecke. Dann besitzt x eine Darstellung der Form $x = \lambda x^1 + (1-\lambda)x^2$ mit x^1, $x^2 \in M$, $x^1 \neq x^2$, $\lambda \in (0,1)$. Für Indizes $i \notin I(x)$ impliziert $x_i = 0$ also auch $x_i^1 = x_i^2 = 0$, so dass

$$\sum_{i \in I(x)} x_i^1 a_i = \sum_{i \in I(x)} x_i^2 a_i = b \quad \Rightarrow \quad \sum_{i \in I(x)} (x_i^1 - x_i^2) a_i = 0.$$

Wegen $x^1 \neq x^2$ sind also die Vektoren in $B(x)$ linear abhängig im Widerspruch zur anfänglichen Annahme. Q.E.D.

Definition 1.3: *Wegen* Rang $A = m$ *besteht $B(x)$ für eine Ecke $x \in M$ aus höchstens m Vektoren. Ist für eine Ecke $x \in M$ aber* dim $B(x) < m$, *so heißt x „entartete Ecke“; in diesem Fall kann $B(x)$ zu einer Basis $\hat{B}(x)$ aus Spaltenvektoren von A ergänzt werden. In jedem Fall heißt eine solche Basis $\hat{B}(x)$ „Basis zur (entarteten) Ecke x“.*

Durch eine Basis $B(x)$ ist die zugehörige Ecke $x \in M$ über das Gleichungssystem $Ax = b$ eindeutig bestimmt. Andererseits gibt es höchstens

$$\binom{n}{m} = \frac{n!}{m!(n-m)!}$$

Systeme von m linear unabhängigen Spaltenvektoren der Matrix A, d. h. Ecken von M.

Lemma 1.7 (Eckenlösung): *Besitzt das LP eine Lösung $x \in M$, so gibt es eine Ecke $x^* \in M$, die ebenfalls Lösung ist.*

Beweis: Ist x selbst keine Ecke, so wenden wir Lemma 1.5 an, d. h.: Das Minimum von $c^T \cdot x$ wird im Mittelpunkt $x = \frac{1}{2}(x^1 + y)$ der Verbindungsgeraden zwischen x^1 und y angenommen. Folglich ist die lineare Funktion $c^T \cdot x$ dort konstant, d. h.: x^1 ist auch Lösung, aber mit $I(x^1) \subset I(x)$, $I(x^1) \neq I(x)$. Mit diesem Argument gelangt man in endlich vielen Schritten zu einer Lösung x^*, die Ecke von M ist (im Extremfall $x^* = 0$).
Q.E.D.

Aufgrund der bisherigen Diskussion „genügt" es theoretisch zur Lösung der linearen Optimierungsaufgabe, d. h. des linearen Programms (II), alle Ecken des zugehörigen zulässigen Bereichs M zu ermitteln und die mit dem kleinsten Zielfunktionalwert $Q(x) = c^T \cdot x$ zu bestimmen. Aufgrund der i. Allg. sehr großen Anzahl von Ecken („Stirlingsche[1] Formel" $n! \approx \exp(n \log n)$) (Beispiel: $n = 2.100$, $m = 307 \Rightarrow$ #Ecken $\approx 10^{375}$) wäre dieses Vorgehen aber selbst bei nur moderat großen Problemen viel zu aufwendig. Ökonomischer ist es, ausgehend von einer bekannten Ecke (deren Bestimmung aber oft nicht einfach ist) unter den benachbarten Ecken diejenigen mit dem kleinsten Zielfunktionalwert zu bestimmen. Sukzessive Anwendung dieses Prozesses liefert dann (hoffentlich) nach endlich vielen Schritten eine optimale Ecke. Diese Idee liegt dem in Abschnitt 0.1 erwähnten „Simplex-Verfahren" nach G. B. Dantzig (1947) zugrunde.

1.4 Übungsaufgaben

Aufgabe 1.1: Man rekapituliere die folgenden Definitionen und Aussagen aus der Linearen Algebra für Matrizen $A \in \mathbb{R}^{m \times n}$:

1. Was sind der „Kern" $\operatorname{Kern} A$, das „Bild" $\operatorname{Bild} A$ und der „Rang" $\operatorname{Rang} A$?

2. Was ist die „Transponierte" A^T?

[1] James Stirling (1692–1770): Schottischer Mathematik; ab 1725 für zehn Jahre Lehrer an der Watt's Academy in Covent Garden, seit 1726 Mitglied der Royal Society, ab 1734 arbeitete er für die Scotch Mines Company in Leadhills in Lanarkshire, Schottland, seit 1746 Mitglied der Kniglich-Preuischen Akademie der Wissenschaften; Beiträge zur Theorie der Kubiken, zur Newtonschen Interpolationstheorie und zu verschiedenen Reihenentwicklungen. Nach ihm sind die Stirling-Zahlen in der Kombinatorik und die Stirling-Formel zur Approximation der Fakultät $n!$ für große n benannt, beides ist in seiner 1730 veröffentlichten Schrift „Methodus Differentialis" zu finden.

3. Was bedeutet die Beziehung $\text{Bild}\, A = (\text{Kern}\, A^T)^\perp$?

4. Was sind im Fall $m = n$ äquivalente Bedingungen für die Regularität von A ?

Aufgabe 1.2: Man bringe die folgende Optimierungsaufgabe in die kanonische Form eines linearen Programms und gebe die zugehörigen *dualen* Aufgaben an:

a)
$$\begin{aligned} Q(x) := x_1 + x_2 + x_3 &\to \min! \\ x_1 \geq 0, \quad x_2 \geq 0, \quad x_1 + 2x_2 &\leq 5, \\ x_2 + x_3 &\leq 0, \\ 3x_2 - 4x_3 &\leq 1. \end{aligned}$$

b)
$$\begin{aligned} Q(x) := |x_1| + |x_2| + |x_3| &\to \min! \\ x_1 + x_2 &\leq 1, \\ 2x_1 + x_3 &\leq 3. \end{aligned}$$

Aufgabe 1.3: Man löse die folgende Optimierungsaufgabe grafisch:

$$\begin{aligned} Q(x) := 2x_1 + x_2 &\to \min! \\ x_1 \geq 0, \quad x_2 \geq 0, \quad -2x_1 + x_2 &\leq -2, \\ x_1 - 2x_2 &\leq 2, \\ -x_1 - x_2 &\leq -5. \end{aligned}$$

Aufgabe 1.4: Ein Landwirt besitzt 100 Morgen Land und hat 200 Arbeitstage im Jahr zur Verfügung, um dieses Land zu bewirtschaften. Er entscheidet sich für den Anbau von Weizen und Gemüse, was pro Morgen einen Arbeitsaufwand von einem Tag für Weizen und vier Tagen für Gemüse erfordert. Für die Bebauung kann er höchstens 12.000 EURO Kapital aufwenden. Der Kapitalaufwand pro Morgen Weizen beträgt 100 EURO, der für Gemüse 200 EURO. Unter diesen Produktionsbedingungen möchte der Landwirt maximalen Gewinn erzielen, wobei er mit einem Gewinn von 40 EURO pro Morgen Weizen und von 120 EURO pro Morgen Gemüse rechnet. Man formuliere das Problem als lineares Programm und löse dieses grafisch.

Aufgabe 1.5: Mit einer Matrix $A \in \mathbb{R}^{m \times n}$ und Vektoren $b \in \mathbb{R}^m$, $c \in \mathbb{R}^n$ seien die folgenden zueinander „dualen“ Programmierungsaufgaben in Normalform gegeben:

$$\begin{aligned} &(II) \qquad c^T \cdot x \to \min!, \quad x \in M := \{x \in \mathbb{R}^n |\, x \geq 0,\ Ax = b\}. \\ &(II^*) \qquad b^T \cdot y \to \max!, \quad y \in M^* := \{y \in \mathbb{R}^m |\, A^T y \leq c\}. \end{aligned}$$

Man zeige:

i) Für $x \in M$, $y \in M^*$ gilt stets $b^T \cdot y \geq c^T \cdot x$.

ii) Gilt für zwei $x \in M$, $y \in M^*$ die Gleichung $b^T \cdot y = c^T \cdot x$, so sind x und y Lösungen von (II) bzw. (II^*).

(Hinweis: Man adaptiere die Argumentation im Beweis von Satz 1.1 des Textes.)

Aufgabe 1.6: Man beweise den folgenden Alternativsatz: *Für eine Matrix* $A \in \mathbb{R}^{m\times n}$ *und Vektoren* $b \in \mathbb{R}^m$, $c \in \mathbb{R}^n$ *gilt genau eine der folgenden Alternativen:*

i) Die Aufgabe $Ax = 0,\ c^T \cdot x = 1,\ x \geq 0$ *ist lösbar.*

ii) Die Aufgabe $A^T y \geq c$ *ist lösbar.*

(Hinweis: Man verwende Lemma 1.2 des Textes.)

Aufgabe 1.7: Man zeige, dass das Gleichungssystem

$$\begin{aligned} x_1 + 2x_2 - x_3 &= 1, \\ x_1 + x_2 - 2x_3 &= 2, \end{aligned}$$

keine nichtnegative Lösung besitzt.

Aufgabe 1.8: Man zeige, dass die folgende Optimierungsaufgabe unlösbar ist:

$$\begin{aligned} Q(y) := y_1 + 2y_2 - 3y_3 &\to \max! \\ y_1 \geq 0,\ \ y_2 \geq 0,\ \ y_3 &\geq 0, \\ -4y_1 + 4y_2 + 2y_3 &= 8, \\ 5y_1 - 7y_2 - y_3 &= -12. \end{aligned}$$

Aufgabe 1.9: Das Paar $(x^*, y^*) \in \mathbb{R}^b \times \mathbb{R}^m$, $x^* \geq 0$, $y^* \geq 0$, sei ein stationärer Punkt („Sattelpunkt") der zur Standardaufgabe

$$(I) \quad c^T \cdot x \to \max!, \quad x \geq 0, \quad Ax \leq b,$$

gehörenden „Lagrange-Funktion"

$$L(x, y) := c^T \cdot x - y^T \cdot (Ax - b),$$

d. h.: Es ist die „Sattelpunktbedingung" erfüllt

$$L(x, y^*) \leq L(x^*, y^*) \leq L(x^*, y), \qquad x \in \mathbb{R}^n,\ x \geq 0,\ y \in \mathbb{R}^m,\ y \geq 0.$$

Man zeige, dass dann notwendig die Ungleichungen $Ax^* \leq b$, $A^T y^* \geq c$ gelten und dass x^* und y^* Lösungen der Aufgabe (I) bzw, der dazu dualen Aufgabe (I^*) sind.

(Hinweis: Man leite aus der Sattelpunktbedingung die Nichtnegativität der Ausdrücke $(A^T y^* - c)^T \cdot (x - x^*)$ und $(b - Ax^*)^T \cdot (y - y^*)$ her.)

Aufgabe 1.10: Man löse die Optimierungsaufgaben

$$\begin{aligned} Q(y) := 2y_1 - 2y_2 - 6y_3 &\to \max! \text{ bzw. } \min! \\ y_1 \geq 0,\ \ y_2 \geq 0,\ \ y_3 &\geq 0, \\ 2y_1 - y_2 - y_3 &\leq -1, \\ -y_1 + 2y_2 - y_3 &\leq 1. \end{aligned}$$

(Hinweis: Man löse zunächst die dualen Aufgaben auf grafischem Wege und wende dann den Dualitäts- und den Gleichgewichtssatz an.)

Aufgabe 1.11: Man zeige, dass die lineare Optimierungsaufgabe

$$
\begin{aligned}
Q(x) := x_1 + x_2 + x_3 + x_4 &\to \max! \\
x_i &\geq 0, \quad i = 1, \ldots, 4, \\
x_1 + x_2 &\leq 3, \\
x_3 + x_4 &\leq 1, \\
x_2 + x_3 &\leq 1, \\
x_1 + x_3 &\leq 1, \\
x_3 + x_4 &\leq 3,
\end{aligned}
$$

die Lösung $x = (1, 1, 0, 1)^T$ hat. (Hinweis: Man konstruiere mit Hilfe des Gleichgewichtssatzes eine Lösung des zugehörigen dualen Problems.)

2 Das Simplex-Verfahren

2.1 Das Simplex-Verfahren

Im Folgenden entwickeln wir das sog. „Simplex-Verfahren“ (bzw. „Simplex-Algorithmus“) nach G. B. Dantzig (1947) zur Lösung von Linearen Programmen. Wir verwenden weiter die Bezeichnungen des vorherigen Kapitels. Sei x^0 eine Ecke der zulässigen Menge M der kanonischen Programmierungsaufgabe

$$(II) \qquad Q(x) := c^T x \to \min!, \quad x \geq 0, \quad Ax = b,$$

mit einer zugehörigen Basis $\hat{B}(x^0) = \{ a_i \,,\, i \in I^0 \}$, $I^0 \supseteq I(x^0)$. Dann gilt

$$\sum_{i \in I^0} x_i^0 \, a_i = b. \tag{2.1.1}$$

Für ein beliebiges $x \in M$ ist $Ax = b$ und folglich

$$\sum_{i \in I^0} \{x_i - x_i^0\} a_i = - \sum_{i \notin I^0} x_i a_i. \tag{2.1.2}$$

(Die Schreibweise „ $i \notin I^0$“ bedeutet $i \in \{1, \dots, n\} \setminus I^0$.) Wegen der linearen Unabhängigkeit der Vektoren in $\hat{B}(x^0)$ kann nach den Differenzen $x_i - x_i^0$ aufgelöst werden, und man erhält Gleichungen der Form

$$x_i = \sum_{k \notin I^0} \alpha_{ik} x_k + x_i^0, \quad i \in I^0. \tag{2.1.3}$$

Der zugehörige Zielfunktionswert

$$c^T \cdot x = c^T \cdot x^0 + c^T \cdot (x - x^0) = c^T \cdot x^0 + \sum_{i \in I^0} c_i (x_i - x_i^0) + \sum_{i \notin I^0} c_i x_i.$$

ergibt sich nach Substitution von $x_i - x_i^0$ $(i \in I^0)$ in der Form

$$c^T \cdot x = \sum_{k \notin I^0} \gamma_k x_k + c^T \cdot x^0 \tag{2.1.4}$$

$$\gamma_k = \sum_{i \in I^0} \alpha_{ik} c_i + c_k, \quad k \notin I^0. \tag{2.1.5}$$

Setzt man nun $z := c^T \cdot x$ und $x_{n+1} := 1$, so werden die Gleichungsbedingung $Ax = b$ und der Zielfunktionswert $c^T \cdot x$ offenbar (bzgl. der Basis in $\hat{B}(x^0)$) durch das folgende $(m+1) \times (n-m+1)$-Gleichungssystem wiedergegeben:

$$\begin{aligned} x_i &= \sum_{k \notin I^0} \alpha_{ik} x_k + x_i^0 x_{n+1}, \quad i \in I^0, \\ z &= \sum_{k \notin I^0} \gamma_k x_k + (c^T \cdot x^0) x_{n+1}. \end{aligned} \tag{2.1.6}$$

In Matrix-Notation lautet dieses System wie folgt:

$$\left[\begin{array}{c} x_i \\ (i \in I^0) \\ \hline z \end{array}\right] = \left[\begin{array}{c|c} \alpha_{ik} & x_i^0 \\ (i \in I^0,\, k \notin I^0) & (i \in I^0) \\ \hline \gamma_k \; (k \notin I^0) & c^T \cdot x^0 \end{array}\right] \left[\begin{array}{c} x_k \\ (k \notin I^0) \\ \hline x_{n+1} \end{array}\right].$$

Die Komponenten x_i, $i \in I^0$, und der zugehörige Zielfunktionswert z eines Vektors $x \in \mathbb{R}^n$ sind durch Vorgabe von $x_k \geq 0$ $(k \notin I^0)$ (und $x_{n+1} = 1$) in (2.1.6) eindeutig bestimmt. Gilt dabei auch noch $x_i \geq 0$ $(i \in I^0)$, so ist nach Konstruktion $x \in M$. Für die speziellen Werte $x_k = 0$ $(k \notin I^0)$ ergibt sich gerade die Ausgangsecke x^0.

Wir betrachten nun die umgekehrte Situation, dass die zulässige Menge M gerade aus denjenigen Vektoren $x \geq 0$ besteht, deren Komponenten einem System der Gestalt (2.1.6) genügen, mit gewissen Zahlen $x_i^0 \geq 0$ $(i \in I^0)$. Dann ist der Vektor $x^0 \in \mathbb{R}^n$ mit den Komponenten x_i^0 $(i \in I^0)$, $x_i^0 = 0$ $(i \notin I^0)$ automatisch Ecke von M, denn er erfüllt offensichtlich (2.1.6), d. h.: $Ax^0 = b$, und jede Darstellung $x^0 = \lambda x + (1-\lambda)\tilde{x}$ mit $x, \tilde{x} \in M$, $0 < \lambda < 1$, impliziert wegen $x_k^0 = 0$ $(k \notin I^0)$ zunächst notwendig $x_k = \tilde{x}_k = 0$ $(k \notin I^0)$ und damit auch $x_i = \tilde{x}_i = x_i^0$ $(i \in I^0)$.

Das System (2.1.6) charakterisiert also zu einer festen Ecke x^0 bzw. der zugehörigen Basis in $\hat{B}(x^0)$ die zulässige Menge M. Der Simplex-Algorithmus sucht nun eine (zu x^0 benachbarte) Ecke x^1 von M, wobei möglichst $c^T \cdot x^1 < c^T \cdot x^0$ gelten soll. Der zugehörige Basiswechsel in der Darstellung (2.1.6) wird mit Hilfe des sog. „Gauß-Jordan-Algorithmus“ bewerkstelligt.

2.1.1 Gauß-Jordan-Algorithmus

Der Vollständigkeit halber rekapitulieren wir im Folgenden den Gauß-Jordan[1]-Algorithmus. Dieser dient zur Lösung linearer (nicht notwendig quadratischer) Gleichungssysteme

$$Ax = y \quad \Leftrightarrow \quad \begin{bmatrix} a_{11} & \dots & a_{1n} \\ \vdots & \ddots & \vdots \\ a_{m1} & \dots & a_{mn} \end{bmatrix} \begin{bmatrix} x_1 \\ \vdots \\ x_n \end{bmatrix} = \begin{bmatrix} y_1 \\ \vdots \\ y_m \end{bmatrix}, \tag{2.1.7}$$

mit $A \in \mathbb{R}^{m \times n}$, $x \in \mathbb{R}^n$, $y \in \mathbb{R}^m$, durch sukzessiven Austausch der Komponenten von x gegen solche von y. Ist ein Matrixelement $a_{pq} \neq 0$, so kann die p-te Gleichung nach x_q aufgelöst werden:

$$x_q = -\frac{a_{p1}}{a_{pq}} x_1 - \dots - \frac{a_{p,q-1}}{a_{pq}} x_{q-1} + \frac{1}{a_{pq}} y_p - \frac{a_{p,q+1}}{a_{pq}} x_{q+1} - \dots - \frac{a_{pn}}{a_{pq}} x_n .$$

Durch Substitution von x_q in den anderen Gleichungen

$$a_{j1}x_1 + \dots + a_{j,q-1}x_{q-1} + a_{jq}\boxed{x_q} + a_{j,q+1}x_{q+1} + \dots + a_{jn}x_n = y_j$$

[1]Marie Ennemond Camille Jordan (1838–1922): Französischer Mathematiker; Prof. in Paris; Beiträge zur Algebra, Gruppentheorie, Analysis und Topologie.

erhält man für $j = 1, \dots, m,\ j \neq p$:

$$\left[a_{j1} - \frac{a_{jq}a_{p1}}{a_{pq}}\right] x_1 + \dots + \left[a_{j,q-1} - \frac{a_{jq}a_{p,q-1}}{a_{pq}}\right] x_{q-1}$$
$$+ \frac{a_{jq}}{a_{pq}} y_p + \left[a_{j,q+1} - \frac{a_{jq}a_{p,q+1}}{a_{pq}}\right] x_{q+1} + \dots + \left[a_{jn} - \frac{a_{jq}a_{pn}}{a_{pq}}\right] x_n = y_j .$$

Das Resultat ist ein zum Ausgangssystem äquivalentes System

$$A' \begin{bmatrix} x_1 \\ \vdots \\ y_p \\ \vdots \\ x_n \end{bmatrix} = \begin{bmatrix} y_1 \\ \vdots \\ x_q \\ \vdots \\ y_m \end{bmatrix}, \tag{2.1.8}$$

wobei die Elemente der Matrix $\tilde{A}$ wie folgt bestimmt sind:

- Pivotelement: $a'_{pq} = \dfrac{1}{a_{pq}}$,

- Pivotzeile: $a'_{pk} = -\dfrac{a_{pk}}{a_{pq}}, \quad k = 1, \dots, n, \quad k \neq q$,

- Pivotspalte: $a'_{jq} = \dfrac{a_{jq}}{a_{pq}}, \quad j = 1, \dots, m, \quad j \neq p$,

- Sonstige: $a'_{jk} = a_{jk} - a_{jq}\dfrac{a_{pk}}{a_{pq}}, \quad \begin{array}{ll} j = 1, \dots, m, & j \neq p \\ k = 1, \dots, n, & k \neq q. \end{array}$

Gelingt es, durch Fortsetzung des Verfahrens alle Komponenten von x durch solche von y zu ersetzen, so hat man eine explizite Darstellung der Lösung von $Ax = y$. Im Fall $m = n$ ergibt sich so auch die Inverse A^{-1}, allerdings im allgemeinen mit vertauschten Zeilen und Spalten. Bei der Festlegung des Pivotelementes empfiehlt es sich aus Stabilitätsgründen, unter allen in Frage kommenden a_{pq} jeweils eines mit möglichst großem Betrag zu wählen.

Lemma 2.1: *Im Fall* Rang $A = r$ *können im Gauß-Jordan-Algorithmus genau* r *Austauschritte durchgeführt werden. Für ein quadratisches Gleichungssystem mit regulärer Koeffizientenmatrix* A *ist also das Gauß-Jordan-Verfahren zur Berechnung von* A^{-1} *stets durchführbar.*

Beweis: Das Verfahren breche nach r Austauschschritten ab. Seien dann $x_1, \dots, x_r$ gegen $y_1, \dots, y_r$ ausgetauscht. Das resultierende System hat die Gestalt

$$\left[\begin{array}{cc|c} r & * & * \\ \hline m-r & * & 0 \\ & r & n-r \end{array}\right] \begin{bmatrix} y_1 \\ \vdots \\ y_r \\ x_{r+1} \\ \vdots \\ x_n \end{bmatrix} = \begin{bmatrix} x_1 \\ \vdots \\ x_r \\ y_{r+1} \\ \vdots \\ y_m \end{bmatrix}.$$

Wählt man nun $y_1 = \dots = y_r = 0$ und $x_{r+1} = \lambda_1, \dots, x_n = \lambda_{n-r}$ beliebig, so sind die $x_1, \dots, x_r$ dadurch eindeutig bestimmt und es folgt $y_{r+1} = \dots = y_m = 0$. Für beliebige Werte von $\lambda_1, \dots, \lambda_{n-r}$ ist also

$$A \begin{bmatrix} x_1(\lambda_1, \dots, \lambda_{n-r}) \\ \vdots \\ x_r(\lambda_1, \dots, \lambda_{n-r}) \\ \lambda_1 \\ \vdots \\ \lambda_{n-r} \end{bmatrix} = \begin{bmatrix} 0_1 \\ \vdots \\ 0_r \\ 0_{r+1} \\ \vdots \\ 0_m \end{bmatrix},$$

d. h.: Es ist $\dim(\text{Kern}\, A) \geq n - r$. Andererseits ist wegen der möglichen freien Wahl von $y_1, \dots, y_r$ offenbar $\dim(\text{Bild}\, A) \geq r$. Da bekanntlich gilt

$$\dim(\text{Bild}\, A) + \dim(\text{Kern}\, A) = n,$$

folgt $\text{Rang}\, A = \dim(\text{Bild}\, A) = r$. Q.E.D.

Beispiel 2.1 (Gauß-Jordan-Algorithmus):

$$Ax = y \quad \Leftrightarrow \quad \begin{bmatrix} 1 & 2 & 1 \\ -3 & -5 & -1 \\ -7 & -12 & -2 \end{bmatrix} \begin{bmatrix} x_1 \\ x_2 \\ x_3 \end{bmatrix} = \begin{bmatrix} y_1 \\ y_2 \\ y_3 \end{bmatrix}$$

Austauschschritte: $\boxed{\cdot}$ Pivotelement

x_1	x_2	x_3	
1	2	1	y_1
-3	-5	-1	y_2
-7	$\boxed{-12}$	-2	y_3

x_1	y_3	x_3	
$-1/6$	$-1/6$	$\boxed{2/3}$	y_1
$-1/12$	$5/12$	$-5/6$	y_2
$-7/12$	$-1/12$	$-1/6$	x_2

x_1	y_3	y_1	
$1/4$	$1/4$	$3/2$	x_3
$\boxed{-1/8}$	$3/8$	$-1/4$	y_2
$-5/8$	$-1/8$	$-1/4$	x_2

y_2	y_3	y_1	
-2	1	1	x_3
-8	3	-2	x_1
5	-2	1	x_2

$$A^{-1} = \begin{bmatrix} -2 & -8 & 3 \\ 1 & 5 & -2 \\ 1 & -2 & 1 \end{bmatrix}$$

2.1.2 Phase I und Phase II des Simplex-Algorithmus

Der Simplex-Algorithmus besteht aus zwei sog. „Phasen". In Phase I wird eine Ausgangsecke x^0 konstruiert und das zugehörige sog. „Simplex-Tableau" erstellt:

I^0	$x_k \ (k \notin I^0)$	$x_{n+1} = 1$	x_i^0/α_{iq}
x_i $(i \in I^0)$	α_{ik} $(i \in I^0,\ k \notin I^0)$	x_i^0 $(i \in I^0)$	
z	$\gamma_k \ (k \notin I^0)$	$c^T \cdot x^0$	

In Phase II werden dann unter Verwendung des Gauß-Jordan-Algorithmus Basiswechsel vollzogen, wobei der Zielfunktionswert jeweils möglichst stark verkleinert wird. Wir beginnen mit der Beschreibung dieses Basisaustausches.

Phase II (Basisaustausch)

1. Gilt $\gamma_i \geq 0 \, (i \notin I^0)$, so folgt für beliebige Vorgabe von $x_i \geq 0 \, (i \notin I^0)$, d. h.: für beliebige Punkte $x \in M$, stets

$$z = c^T \cdot x = \sum_{k \notin I^0} \gamma_k x_k + c^T \cdot x^0 \geq c^T \cdot x^0,$$

   d. h.: Die Startecke x^0 ist bereits optimal.

2. Gibt es ein $q \notin I^0$ mit $\gamma_q < 0$, so sind zwei Fälle zu unterscheiden:

(a) Im Falle $\alpha_{iq} \geq 0$ $(i \in I^0)$ erhält man durch Vorgabe von $x_q := \lambda,\ \lambda \in \mathbb{R}_+$ und $x_k = 0$ $(k \notin I^0,\ k \neq q)$ Vektoren $x \in M$,

$$x_i = \sum_{k \notin I^0} \alpha_{ik} x_k + x_i^0 = \alpha_{iq}\lambda + x_i^0 \geq 0,$$

mit Zielfunktionswert

$$z = \gamma_q \lambda + c^T \cdot x^0 \to -\infty \quad (\lambda \to \infty).$$

Die Aufgabe ist also unlösbar.

(b) Gibt es Indizes $p \in I^0$ mit $\alpha_{pq} < 0$, so wird die (inaktive) Variable x_q gegen eine noch auszuwählende (aktive) Variable x_p ausgetauscht. Die Elemente des Tableaus sind dabei gemäß dem Gauß-Jordan-Algorithmus wie folgt zu transformieren (Der Pfeil „$\to$" deutet an, dass das linke Element im Tableau durch das rechte ersetzt wird.):

Pivotelement: $\alpha_{pq} \to \alpha_{qp}^1 = \dfrac{1}{\alpha_{pq}}$

Pivotzeile: $\alpha_{pk} \to \alpha_{qk}^1 = -\dfrac{\alpha_{pk}}{\alpha_{pq}} \quad (k \notin I^0,\ k \neq q), \qquad x_p^0 \to x_q^1 = -\dfrac{x_p^0}{\alpha_{pq}}$

Pivotspalte: $\alpha_{iq} \to \alpha_{ip}^1 = \dfrac{\alpha_{iq}}{\alpha_{pq}} \quad (i \in I^0 \setminus \{p\}), \qquad \gamma_q \to \gamma_p^1 = \dfrac{\gamma_q}{\alpha_{pq}}$

Sonstige: $\alpha_{ik} \to \alpha_{ik}^1 = \alpha_{ik} - \dfrac{\alpha_{iq}\alpha_{pk}}{\alpha_{pq}}$

$$x_i^0 \to x_i^1 = x_i^0 - \frac{\alpha_{iq} x_p^0}{\alpha_{pq}}$$

$$\gamma_k \to \gamma_k^1 = \gamma_k - \frac{\gamma_q \alpha_{pk}}{\alpha_{pq}}$$

$$c^T \cdot x^0 \to c^T \cdot x^1 = c^T \cdot x^0 - \frac{\gamma_q x_p^0}{\alpha_{pq}}$$

Indexmenge: $I^1 := [I^0 \setminus \{p\}] \cup \{q\}$

Auswahlregel (R): *Der Index $p \in I^0$ wird dabei gemäß der folgenden Regel ausgewählt:*

$$\alpha_{pq} < 0\,, \quad \frac{x_p^0}{\alpha_{pq}} = \max_{i \in I^0,\, \alpha_{iq} < 0} \frac{x_i^0}{\alpha_{iq}}. \tag{2.1.9}$$

Diese Auswahl bewirkt, wie wir unten sehen werden, dass mit $x^0 \geq 0$ auch $x^1 \geq 0$ ist. Eine maximale Reduzierung des Zielfunktionalwerts wird damit in der Regel nicht erreicht. Man beachte, dass in den obigen Transformationsformeln eine etwas andere Notation als in den entsprechenden Formeln des Gauß-Jordan-Algorithmus verwendet wird:

Da hier Komponenten ein und desselben Vektors $x = (x_1, \dots, x_n)^T$ gegeneinander ausgetauscht werden, ist der Übergang der Tableauelemente z. B. als $\alpha_{pq} \to \alpha'_{qp}$ mit Indextausch geschrieben, um den Zusammenhang (Spalten- und Zeilenindex) mit den Indizes der getauschten Variablen x_q und x_p deutlich zu machen.

Unter Verwendung der obigen Transformationsformeln ergibt sich das neue Simplex-Tableau

I^1	$x_k\ (k \notin I^1)$	$x_{n+1} = 1$	x_i^1/α_{iq}^1
x_i $(i \in I^1)$	α_{ik}^1 $(i \in I^1,\ k \notin I^1)$	$x^1 1_i$ $(i \in I^1)$	
z	$\gamma_k^1\ (k \notin I^1)$	$c^T \cdot x^1$	

Dieses ist äquivalent zu dem folgenden linearen Gleichungssystem:

$$\begin{aligned} x_i &= \sum_{k \notin I^1} \alpha_{ik}^1 x_k + x_i^1 x_{n+1}, \quad i \in I^1, \\ z &= \sum_{k \notin I^1} \gamma_k^1 x_k + (c^T \cdot x^1) x_{n+1}. \end{aligned} \tag{2.1.10}$$

In diesem steckt wieder die Information $Ax = b$, so dass $x \in M$ für $x \geq 0$. Weiter gilt für $x_k = 0$, $k \notin I^1$, die Beziehung $x_i = x_1^1$, $i \in I^1$. Dann ist der Vektor $x^1 \in \mathbb{R}^n$ mit den Komponenten x_i^1 $(i \in I^1)$, $x_i^1 = 0$ $(i \notin I^1)$ im Falle, dass $x_i^1 \geq 0$, automatisch wieder Ecke von M, denn er erfüllt offensichtlich (2.1.10), d. h.: $Ax^0 = b$, und jede Darstellung $x^1 = \lambda x + (1-\lambda)\tilde{x}$ mit $x, \tilde{x} \in M$, $0 < \lambda < 1$, impliziert zunächst notwendig $x_k = \tilde{x}_k = x_k^1$ $(k \notin I^1)$ und damit auch $x_i = \tilde{x}_i = x_i^1$ $(i \in I^0)$.

Satz 2.1 (Simplex-Algorithmus): *Wird der Basisaustausch gemäß der Regel* (R) *vorgenommen, so ist der Vektor $x^1 \in \mathbb{R}^n$ mit den Komponenten $x_i^1 > 0$ $(i \in I^1 := [I^0 \setminus \{p\}] \cup \{q\})$, $x_i^1 = 0$ $(i \notin I^1)$ wieder eine Ecke von M mit der zugehörigen Basis*

$$\hat{B}(x^1) = \big[\hat{B}(x^0) \setminus \{a_p\}\big] \cup \{a_q\}, \tag{2.1.11}$$

und es gilt $c^T \cdot x^1 \leq c^T \cdot x^0$. Im Falle $x_p^0 > 0$ ist auch

$$c^T \cdot x^1 < c^T \cdot x^0. \tag{2.1.12}$$

Beweis: Wegen $\alpha_{pq} < 0$ folgt $x_q^1 = -x_p^0/\alpha_{pq} \geq 0$. Ist weiter $\alpha_{iq} \geq 0$, so folgt $x_i^1 = x_i^0 - \alpha_{iq} x_p^0/\alpha_{pq} \geq 0$. Im Falle $\alpha_{iq} < 0$ gilt ebenfalls wegen der Auswahlregel (R):

$$\frac{x_i^1}{\alpha_{iq}} = \frac{x_i^0}{\alpha_{iq}} - \frac{x_p^0}{\alpha_{pq}} \leq 0 \quad \Rightarrow \quad x_i^1 \geq 0.$$

Nach dem oben Gesagten ist x^1 also Ecke von M. Ferner folgt für $x_p^0 > 0$ die Reduktion des Zielfunktionalwerts. Q.E.D.

Der Eckenaustausch nach (2b) kann solange fortgesetzt werden, bis Fall (1) oder Fall (2a) eintritt. Eine *nicht* entartete Ecke kann dabei nie ein zweites Mal erreicht werden, da ihr Austausch je zu einer Verkleinerung des Zielfunktionswertes führt. Das Auftreten entarteter Ecken wird weiter unten diskutiert werden. Hier könnten sich (theoretisch) im Laufe des Verfahrens verschiedene Basen zu einer entarteten Ecke zyklisch wiederholen, so dass der Algorithmus nicht abbricht.

Beispiel 2.2: Beispiel 0.3 aus Abschnitt 0.6 erhält nach Einführung von Schlupfvariablen x_3, x_4, x_5 die Form

$$Q(x) := -120x_1 - 40x_2 \to \min!\,, \quad x_i \geq 0\,, \quad i = 1, \ldots, 5,$$

$$\begin{array}{rcrcccccl} x_1 & + & x_2 & + & x_3 & & & = & 100 \\ 4x_1 & + & x_2 & + & & + & x_4 & = & 160 \\ 20x_1 & + & 10x_2 & & & & + \; x_5 & = & 1100 \end{array}$$

Offensichtlich ist $x^0 = (0, 0, 100, 160, 1100)^T$ eine *nicht* entartete Ecke mit der Basis

$$B(x^0) = \{a_3, a_4, a_5\} = \left\{ \begin{pmatrix} 1 \\ 0 \\ 0 \end{pmatrix}, \begin{pmatrix} 0 \\ 1 \\ 0 \end{pmatrix}, \begin{pmatrix} 0 \\ 0 \\ 1 \end{pmatrix} \right\}.$$

Das Ausgangstableau ist also:

I^0	x_1	x_2	$x_6 = 1$	x_i^0/α_{iq}
x_3	-1	-1	100	-100
x_4	$\boxed{-4}$	-1	160	-40
x_5	-20	-10	1100	-55
z	$\boxed{-120}$	-40	0	

Fall (2b)

Wahl $q = 1$ (oder $q = 2$)

Regel (R) $\Rightarrow p = 4$.

Eckentausch (Pivotelement α_{41})

I^1	x_4	x_2	$x_6 = 1$	x_i^0/α_{iq}
x_3	$1/4$	$-3/4$	60	-80
x_1	$-1/4$	$-1/4$	40	-160
x_5	5	$\boxed{-5}$	300	-60
z	30	$\boxed{-10}$	-4800	

Fall (2b)

Wahl $q = 2$

Regel (R) $\Rightarrow p = 5$.

Eckentausch (Pivotelement α_{52})

I^2	x_4	x_5	$x_6 = 1$
x_3	$-1/2$	$-3/20$	15
x_1	$-1/2$	$1/20$	25
x_2	1	$-1/5$	60
z	20	2	-5400

Fall (1)

Eckenlösung $x^3 = (25, 60, 15, 0, 0)^T$

Extremwert $z = -5400$.

Wie wir schon gesehen haben, wird der maximale Gewinn von 5400 EURO erreicht, wenn 25 Produkte des Typs A und 60 des Typs B hergestellt werden.

Bemerkung 2.1: Zur Kontrolle der Rechnung sollten die Größen γ_k $(k \notin I^0)$ zusätzlich auch aus der folgenden Formel berechnet werden:

$$\gamma_k = \sum_{i \in I^0} \alpha_{ik} c_i + c_k. \tag{2.1.13}$$

Phase I (Konstruktion einer Startecke)

Wir diskutieren nun die Phase I des Simplex-Algorithmus, d. h. die Konstruktion einer Ausgangsecke x^0.

a) Im Falle eines in Standardform gegebenen Programms mit $b \geq 0$ ist dies, wie obiges Beispiel zeigt, sehr einfach:

$$\text{(I)} \qquad c^T \cdot x \to \max!, \quad Ax \leq b, \quad x \geq 0. \tag{2.1.14}$$

Durch Einführung von Schlupfvariablen $v \in \mathbb{R}^m$ geht (I) in die kanonische Form über:

$$(\tilde{\text{II}}) \qquad \tilde{c}^T \cdot \tilde{x} \to \min!, \quad \tilde{A}\tilde{x} = \tilde{b}, \quad \tilde{x} \geq 0, \tag{2.1.15}$$

mit

$$\tilde{A} = [A, I_m] \in \mathbb{R}^{m \times (n+m)}, \quad \tilde{b} = b, \quad \tilde{c} = (-c, 0_m)^T \in \mathbb{R}^{n+m}, \quad \tilde{x} = (x, v)^T \in \mathbb{R}^{n+m}.$$

Wegen $b \geq 0$ ist der Vektor $\tilde{x}^0 = (0_n, \tilde{b}) \in \mathbb{R}^{n+m}$ automatisch eine Ecke von $\tilde{M}$, denn die zugehörigen Spaltenvektoren von $\tilde{A}$ bilden gerade die Einheitsmatrix I_m. Die Einträge im zugehörigen Ausgangstableau können dann wie in obigem Beispiel direkt abgelesen werden.

b) Ist die Programmierungsaufgabe in kanonischer Form gestellt,

$$\text{(II)} \qquad c^T \cdot x \to \min!, \quad Ax = b, \quad x \geq 0, \tag{2.1.16}$$

oder ist in (I) $b \geq 0$ nicht erfüllt, so ist i. Allg. keine Ecke von M (oft nicht einmal ein zulässiger Vektor) ersichtlich. Zu ihrer Konstruktion betrachte man das Hilfsproblem (o.B.d.A.: $\tilde{b} \geq 0$)

$$(\tilde{\text{II}}) \qquad \tilde{c}^T \cdot \tilde{x} \to \min!, \quad \tilde{A}\tilde{x} = \tilde{b}, \quad \tilde{x} \geq 0, \tag{2.1.17}$$

mit $v \in \mathbb{R}^m$,

$$\tilde{A} = [A, I_m] \in \mathbb{R}^{m \times (n+m)}, \quad \tilde{b} = b, \quad \tilde{c} = (0_n, 1, \dots, 1)^T \in \mathbb{R}^{n+m}, \quad \tilde{x} = (x, v)^T \in \mathbb{R}^{n+m}.$$

Hier ist mit $\tilde{x}^0 = (0_n, \tilde{b})^T$ eine Ausgangsecke von $\tilde{M}$ bekannt. Die zulässige Menge des zugehörigen dualen Problems

$$\tilde{M}^* = \{y \in \mathbb{R}^m | \; \tilde{A}^T y \leq \tilde{c}\}$$

enthält offensichtlich den Nullvektor, d. h. ist nicht leer. Nach dem Alternativsatz für das kanonische Problem, Satz 1.2, ist Problem $(\tilde{II})$ also lösbar. Die optimale Eckenlösung (x^*, v^*) bestimmt man mit Hilfe des Simplex-Verfahrens. Ist $v^* = 0$, so liefern die ersten n Komponenten der Lösung $\tilde{x}^*$ eine Ausgangsecke des ursprünglichen Problems (II):

$$x_i^0 := \tilde{x}_i^*, \quad i = 1, \dots, n. \tag{2.1.18}$$

Das Ausgangstableau für die weitere Rechnung mit (II) erhält man einfach durch Streichen der zu v gehörenden Spalten. Im Fall $v_i^* > 0$ für ein i muss $M = \emptyset$ sein, d. h.: Problem (II) besitzt keine Lösung.

Bemerkung 2.2: Gemäß der vorausgehenden Diskussion kann mit dem Simplex-Verfahren auch die Frage nach der Lösbarkeit eines (LP) entschieden werden.

2.1.3 Behandlung entarteter Ecken

Nach den bisherigen Überlegungen ist der Simplex-Algorithmus (mit der Auswahlregel (R)) grundsätzlich geeignet zur Lösung linearer Optimierungsaufgaben bzw. zur Entscheidung ihrer Unlösbarkeit, vorausgesetzt, es treten keine entarteten Ecken auf. Das Erscheinen einer entarteten Ecke x^1 ist dadurch gekennzeichnet, dass im vorangehenden Austauschschritt das Kriterium (R) nicht zu einem eindeutig bestimmten Index $p \in I^0$ führt:

$$x^1 \quad \textit{nicht}\text{ entartet} \;\Rightarrow\; \begin{cases} \exists!\, p \in I^0 : \alpha_{pq} < 0, \\ \dfrac{x_p^0}{\alpha_{pq}} = \max\limits_{\alpha_{iq}<0} \dfrac{x_i^0}{\alpha_{iq}}. \end{cases}$$

Andernfalls folgte mit $x_p^0/\alpha_{pq} = x_{p'}^0/\alpha_{p'q}$

$$\left.\begin{array}{rcl} x_p^1 &=& x_p^0 - \alpha_{pq}x_p^0/\alpha_{pq} \;=\; 0 \\ x_{p'}^1 &=& x_{p'}^0 - \alpha_{p'q}x_p^0/\alpha_{pq} \;=\; 0 \end{array}\right\} \Leftrightarrow \begin{cases} x^1 \text{ hat weniger als } m \\ \text{positive Komponenten.} \end{cases}$$

Tritt im Verlaufe des Simplex-Verfahrens eine entartete Ecke x^0 auf, so kann es passieren, dass für den Index $p \in I^0$ gerade $x_p^0 = 0$ ist. Dann bewirkt der Austauschschritt offenbar keine Veränderung des Vektors x^0, insbesondere also keine Reduzierung des Zielfunktionswerts, sonderen nur den Übergang zu einer anderen Basis zur Ecke x^0. Wiederholt sich dann dieselbe Basis zyklisch, so führt das Verfahren nicht zum Ziel. Obwohl in der Praxis häufig entartete Ecken auftreten, sind derartige Zyklen noch nicht beobachtet worden (nur bei eigens zu diesem Zweck konstruierten pathologischen Beispielen). Für Belange der Praxis erscheint der Simplex-Algorithmus mit der Auswahlregel (R) als hinreichend robust. Vom theoretischen Standpunkt ist diese Situation aber unbefriedigend und man sucht nach einer Auswahlregel, mit der der Algorithmus grundsätzlich zum Ziel führt.

Definition 2.1 (Lexikographische Ordnung): *Ein Vektor $u \in \mathbb{R}^n$ heißt „lexikographisch positiv", in Symbolen $u \succ 0$, wenn $u \neq 0$ ist und die erste nicht verschwindende Komponente positiv ist. Ein Vektor $u \in \mathbb{R}^n$ heißt „lexikographisch kleiner (größer)" als ein $v \in \mathbb{R}^n$, wenn $v - u \succ 0$ $(u - v \succ 0)$. Damit ist auf dem $\mathbb{R}^n$ eine "Ordnung" erklärt.*

Das Simplex-Verfahren sei gestartet mit einer Ecke x^{start} mit der Basis $\hat{B}(x^{\text{start}}) = \{a_1, \ldots, a_m\}$ (gegebenenfalls nach Umbenennung der Variablen). Damit ist die zugehörige Indexmenge $I^{\text{start}} = \{1, \ldots, m\}$. Zur Einführung einer erweiterten Auswahlregel werden die Parameter α_{ik} und γ_k auch für $k \in I^{\text{start}}$ erklärt durch

$$\alpha_{ik} := -\delta_{ik}\,, \quad \gamma_k := 0\,, \quad i\,, k \in I^{\text{start}},$$

Lemma 2.2: *Für die durch die Darstellungen*

$$a_i = \sum_{k \in I^{\text{start}}} c_{ik} a_k\,, \quad i \in \{1, \ldots, n\} \tag{2.1.19}$$

eindeutig bestimmten Zahlen c_{ik} gilt

$$c_{ki} = -\alpha_{ik}\,, \quad k \in \{1, \ldots, n\}\,, \quad i \in I^{\text{start}}. \tag{2.1.20}$$

Beweis: Für $i, k \in I^{\text{start}}$ ist nach Definition

$$\alpha_{ik} = -\delta_{ik} = -c_{ki}.$$

Sei nun $x \in M$ beliebig. Dann gilt

$$\begin{aligned}
\sum_{i \in I^{\text{start}}} \{x_i - x_i^{\text{start}}\} a_i &= - \sum_{i \notin I^{\text{start}}} x_i a_i \\
&= - \sum_{i \notin I^{\text{start}}} x_i \Big(\sum_{k \in I^{\text{start}}} c_{ik} a_k \Big) = - \sum_{i \in I^{\text{start}}} \Big(\sum_{k \notin I^{\text{start}}} c_{ki} x_k \Big) a_i
\end{aligned}$$

und folglich wegen der linearen Unabhängigkeit der Vektoren in $\hat{B}(x^{\text{start}})$

$$x_i - x_i^{\text{start}} = - \sum_{k \notin I^{\text{start}}} c_{ki} x_k\,, \quad i \in I^{\text{start}}.$$

Da die α_{ik} in der Darstellung (2.1.3),

$$x_i = \sum_{k \notin I^{\text{start}}} \alpha_{ik} x_k + x_i^{\text{start}}, \quad i \in I^0,$$

eindeutig bestimmt sind, ergibt sich notwendig $c_{ki} = -\alpha_{ik}$ $(k \in I^{\text{start}})$. Q.E.D.

Sei nun x^0 eine im Verlaufe des Verfahrens erreichte Ecke und $q \in I^0$ der Austauschindex. Zur Bestimmung des Index $p \in I^0$ bilde man für alle $r \in I^0$ mit

$$\frac{x_r^0}{\alpha_{rq}} = \max_{\alpha_{jq} < 0} \frac{x_j^0}{\alpha_{jq}}\,, \quad \alpha_{rq} < 0, \tag{2.1.21}$$

die Vektoren

$$u^r = \left(\frac{x_r^0}{\alpha_{rq}}, -\frac{\alpha_{r1}}{\alpha_{rq}}, \ldots, -\frac{\alpha_{rm}}{\alpha_{rq}} \right)^T \in \mathbb{R}^{1+m}.$$

Die Auswahlregel lautet dann wie folgt:

Auswahlregel ($\tilde{\mathrm{R}}$): *Der Index $p \in I^0$ wird dann als derjenige mit der Eigenschaft (2.1.21) gewählt, so dass u^p der lexikographisch größte unter den u^r ist.*

Im Falle, dass der „maximale" Index in (2.1.21) eindeutig bestimmt ist, stimmt die Auswahlregel ($\tilde{\mathrm{R}}$) offenbar mit (R) überein. Ansonsten ist durch ($\tilde{\mathrm{R}}$) eindeutig ein $p \in I^0$ festgelegt; denn gäbe es keines, so wären für zwei $p, p' \in I^0$ die Vektoren u^p, $u^{p'}$ identisch. Dies bedeutete aber, dass die quadratische Matrix $(\alpha_{ik})_{i\in I^0,k=1,\dots,m}$ zwei zueinander proportionale Zeilen hätte und somit singulär wäre. Nach Lemma 2.2 wäre dann auch $(c_{ik})_{i=1,\dots,m,k\in I^0}$ singulär im Widerspruch zur linearen Unabhängigkeit der Vektoren in $\hat{B}(x^0)$ und $\hat{B}(x^{\text{start}})$. Der Ecke x^0 ordnen wir nun den folgenden Vektor zu:

$$v^0 = (c^T \cdot x^0, c_1 - \gamma_1, \dots, c_m - \gamma_m)^T \in \mathbb{R}^{1+m}.$$

Lemma 2.3 (Reduktionssatz): *Beim Eckenaustausch $x^0 \to x^1$ unter Verwendung der Auswahlregel ($\tilde{\mathrm{R}}$) wird der Vektor v^0 durch einen lexikographisch kleineren Vektor v^1 ersetzt.*

Beweis: Die Indexmenge I^0 wird ersetzt durch $I^1 = (I^0\backslash\{p\}) \cup \{q\}$. Die γ_i werden nach den folgenden Regeln transformiert:

$$\begin{aligned}
k \notin I^0,\ \ k \neq q &: \quad \gamma_k \to \gamma_k - \gamma_q\, \alpha_{pk}/\alpha_{pq} \quad \text{(Transformationsformel)}\\
k = q &: \quad \gamma_q \to \gamma_q - \gamma_q\, \alpha_{pq}/\alpha_{pq} = 0\\
k \in I^0,\ \ k \neq p &: \quad \gamma_k \to 0 \quad \text{(gemäß obiger Setzung)}\\
k = p &: \quad \gamma_p \to \gamma_p - \gamma_q\, \alpha_{pp}/\alpha_{pq} = \gamma_q/\alpha_{pq} \quad (\text{wegen } \gamma_p = 0,\ \alpha_{pp} = -1).
\end{aligned}$$

Ferner gilt: $\quad c^T \cdot x^0 \to c^T \cdot x^0 - \gamma_q\, x_p^0/\alpha_{pq}\,.$

Für den zur neuen Ecke x^1 gehörenden Vektor $v^1 \in \mathbb{R}^{1+m}$ gilt also:

$$v^1 = v^0 - \gamma_q \begin{bmatrix} x_p^0/\alpha_{pq} \\ -\alpha_{p1}/\alpha_{pq} \\ \vdots \\ -\alpha_{pm}/\alpha_{pq} \end{bmatrix} = v^0 - \gamma_q u^p.$$

Da $\gamma_q < 0$ und $\alpha_{pq} < 0$, bleibt zu zeigen, dass der Vektor $w^p = (x_p^0, -\alpha_{p1}, \dots, -\alpha_{pm})^T \in \mathbb{R}^{1+m}$ lexikographisch positiv ist. Dies geschieht wie folgt durch Induktion bzgl. der Zahl der durchgeführten Verfahrensschritte:

i) Die zur Ausgangsecke x^{start} gehörenden Vektoren w^k $(k = 1, \dots, m)$ sind trivialerweise lexikographisch positiv, denn es ist $x_k^0 \geq 0$ und $-\alpha_{ki} = \delta_{ki}$ $(i = 1, \dots, m)$.

ii) Sei x^0 eine im Verlaufe des Verfahrens auftretende Ecke, und alle zu x^0 gebildeten Vektoren w^k $(k \in I^0)$ seien lexikographisch positiv. Beim Übergang von x^0 zur Ecke x^1 ergeben sich die zugehörigen Vektoren $\tilde{w}^k$ $(k \in I^1)$ wie folgt:

$$\begin{aligned} k \in I^1, \quad k \neq q: \qquad \tilde{w}^k &= \Big(x_k^0 - \frac{\alpha_{kq} x_p^0}{\alpha_{pq}}, -\alpha_{k1} + \frac{\alpha_{kq}\alpha_{p1}}{\alpha_{pq}}, \dots, -\alpha_{km} + \frac{\alpha_{kq}\alpha_{pm}}{\alpha_{pq}} \Big)^T \\ &= w^k - \frac{\alpha_{kq}}{\alpha_{pq}} w^p \\ k = q: \qquad \tilde{w}^q &= \Big(-\frac{x_p^0}{\alpha_{pq}}, \frac{\alpha_{p1}}{\alpha_{pq}}, \dots, \frac{\alpha_{pm}}{\alpha_{pq}} \Big)^T = -\frac{1}{\alpha_{pq}} w^p . \end{aligned}$$

Hieraus entnehmen wir mit der Induktionsannahme, dass

$$\begin{aligned} k \in I^1, \quad k \neq q: \quad & \text{a)} \quad \alpha_{kq} \geq 0 \Rightarrow \tilde{w}^k = w^k + \left| \frac{\alpha_{kq}}{\alpha_{pq}} \right| w^p \succ 0 , \\ & \text{b)} \quad \alpha_{kq} < 0 \Rightarrow \text{Auswahlregel } (\tilde{R}) \, : \, u^p \succ u^k \\ & \qquad \Rightarrow \tilde{w}^k = \alpha_{kq} u^k - \frac{\alpha_{kq}}{\alpha_{pq}} \alpha_{pq} u^p \succ 0 , \\ k = q: \quad & \qquad \tilde{w}^q = \left| \frac{1}{\alpha_{pq}} \right| w^p \succ 0 . \end{aligned}$$

Dies vervollständigt den Beweis. Q.E.D.

Wir fassen die Ergebnisse der bisherigen Überlegungen in nachfolgendem Satz zusammen.

Satz 2.2 (Erweitertes Simplex-Verfahren): *Unter der obigen Voraussetzung an die Ausgangsecke liefert der Simplex-Algorithmus mit der Auswahlvorschrift* ($\tilde{\mathrm{R}}$) *in endlich vielen Schritten eine Lösung des kanonischen Problems* (II) *oder die Bestätigung seiner Unlösbarkeit.*

Beweis: Nach Lemma 2.2 kann aufgrund der Auswahlregel ($\tilde{\mathrm{R}}$) keine Basis von Spaltenvektoren von A zweimal auftreten, denn durch die Ecke x^0 und eine zugehörige Basis $\hat{B}(x^0)$ ist der Vektor v^0 eindeutig bestimmt. Zyklen werden also vermieden. Q.E.D.

2.2 Varianten des Simplex-Verfahrens

2.2.1 Lösung des dualen Programms

Wir betrachten wieder das kanonische Problem

$$(II) \qquad c^T \cdot x \to \min!, \quad Ax = b, \;\; x \geq 0,$$

und das zugehörige duale Problem

$$(II^*) \qquad b^T \cdot y \to \max!, \quad A^T y \leq c.$$

Ist (II) lösbar, so kann eine Lösung grundsätzlich mit dem Simplex-Verfahren bestimmt werden. Oft ist man aber gleichzeitig auch an einer Lösung von (II^*) interessiert. Wir wollen zeigen, wie eine solche ohne besonderen Mehraufwand mitberechnet werden kann.

Satz 2.3 (Lösung der dualen Aufgabe): *Sei x^0 eine vom Simplex-Verfahren gelieferte Lösung von (II), d. h.: Im Simplex-Tableau gilt $\gamma_k \geq 0$ $(k \notin I^0)$. Mit $A_0 := [a_i,\, i \in I^0] \in \mathbb{R}^{m \times m}$ und $c^0 := (c_i)_{i \in I^0} \in \mathbb{R}^m$ ist dann durch*

$$y^0 := (A_0^T)^{-1} c^0$$

eine Lösung des dualen Problems (II^*) gegeben.

Beweis: Das duale Problem lautet

$$(II^*) \qquad b^T \cdot y \to \max!, \quad A^T y \leq c.$$

Wir wollen die Zulässigkeit von y^0 zeigen. Dabei werden die folgenden Beziehungen verwendet (Lemma 2.2 und Identität (2.1.5)):

$$a_i = \sum_{l \in I^0} (-\alpha_{li}) a_l, \quad \gamma_i = \sum_{l \in I^0} \alpha_{li} c_l + c_i \ \ (i \notin I^0).$$

Es wird eine Fallunterscheidung gemacht:

i) Fall $i \in I^0$:

$$(A^T y^0)_i = \sum_{k \in I^0}^{m} a_{ki} y_k^0 = (A_0^T y^0)_i = c_i$$

ii) Fall $i \notin I^0$: Wegen $\gamma_i \geq 0$ folgt

$$\begin{aligned}(A^T y^0)_i &= \sum_{k \in I^0}^{m} a_{ki} y_k^0 = \sum_{k \in I^0}^{m} \Big(\sum_{l \in I^0} (-\alpha_{li}) a_{kl} \Big) y_k^0 \\ &= \sum_{l \in I^0} (-\alpha_{li}) \Big(\sum_{k \in I^0}^{m} a_{kl} y_k^0 \Big) = \sum_{l \in I^0} (-\alpha_{li}) c_l \\ &= c_i - \gamma_i \leq c_i\,.\end{aligned}$$

Also ist $y^0 \in M^*$ und darüberhinaus gilt $(A^T y^0)_i = c_i$ für $i \in I^0$, d. h.: insbesondere für die Indizes i mit $x_i > 0$. Nach dem Gleichgewichtssatz (Satz 1.4) für das kanonische Problem ist dann y^0 optimal für (II^*). Q.E.D.

2.2.2 Lösung von Ungleichungssystemen

Für eine Matrix $A \in \mathbb{R}^{m \times n}$ und einen Vektor $b \in \mathbb{R}^m$ sei ein $x \in \mathbb{R}^n$ gesucht, welches Lösung der Ungleichung

$$Ax \leq b \tag{2.2.22}$$

ist. Zur Konstruktion von x wird das folgende kanonische Programm betrachtet:

$$(II) \qquad y \in \mathbb{R}^m,\ \eta \in \mathbb{R}: \quad \eta \to \min!, \quad y \geq 0,\ \eta \geq 0, \ \ A^T y = 0, \ \ \eta - b^T \cdot y = 1.$$

Satz 2.4 (Ungleichungssysteme): *Die Aufgabe (II) besitzt eine Lösung* $\hat{y} \in \mathbb{R}^m$, $\hat{\eta} \in \mathbb{R}$. *Genau, wenn* $\hat{\eta} > 0$ *ist, hat die Ungleichung (2.2.22) eine Lösung, welche mit der Lösung* $z \in \mathbb{R}^n$, $\xi \in \mathbb{R}$ *der zu (II) dualen Aufgabe* (II^*) *durch*

$$\hat{x} := \frac{1}{\xi} z \tag{2.2.23}$$

gegeben ist.

Beweis: Übungsaufgabe. Q.E.D.

2.2.3 Lösung großer, dünn besetzter Programme

Wir diskutieren eine Variante des Simplex-Verfahrens, welche besonders für den Fall großer, dünn besetzter Programme mit $n \gg m$, d. h. mit wesentlich mehr Optimierungsvariablen als Nebenbedingungen geeignet ist.

Sei x^0 wieder eine Ecke des zulässigen Bereichs der kanonischen Aufgabe und $\hat{B}(x^0) = \{a_i,\, i \in I^0\}$ eine zugehörige Basis von Spaltenvektoren. Die Beziehungen

$$a_k = \sum_{i \in I^0} c_{ki} a_i, \qquad k \notin I^0,$$

lassen sich in der kompakten Form

$$A_1 = A_0 C_1^T \quad \text{bzw.} \quad C_1^T = A_0^{-1} A_1$$

schreiben mit den Matrizen

$$A_0 := [a_i,\, i \in I^0], \qquad A_1 := [a_k,\, k \notin I^0], \qquad C_1 := (c_{ki})_{k \notin I^0, i \in I^0}.$$

Nach Lemma 2.2 ist die Matrix $\mathcal{A}_1 := (\alpha_{ik})_{i \in I^0, k \notin I^0}$ der (wesentlichen) Tableauelemente also gegeben durch

$$\mathcal{A}_1 = -C_1^T = -A_0^{-1} A_1.$$

Weiter genügt der Vektor $x^0 = (x_i^0)_{i \in I^0}$ der (wesentlichen) Komponenten der Ecke x^0 der Beziehung

$$x^0 = A_0^{-1} b,$$

und der Vektor $\gamma^1 = (\gamma_k)_{k \notin I^0}$ ist wegen

$$\gamma_k = \sum_{i \in I^0} \alpha_{ik} c_i + c_k, \qquad k \notin I^0,$$

gegeben durch

$$\gamma^1 = (c^{0T} \cdot \mathcal{A}_1)^T + c^1 = -(c^{0T} \cdot A_0^{-1} A_1)^T + c^1$$

mit $c^0 = (c_i)_{i \in I^0}$ und $c^1 = (c_i)_{i \notin I^0}$.

Das sog. „revidierte Simplex-Verfahren“ arbeitet nun wie folgt: Es sei eine Ecke x^0 mit Basis $\hat{B}(x^0) = \{a_i,\, i \in I^0\}$ erreicht und die zugehörige Inverse A_0^{-1} bekannt. Diese kann z. B. mit dem Gaußschen Eliminationsverfahren in $n^3 + \mathcal{O}(n^2)$ a. Op. berechnet werden.

1. Der Vektor γ^1 wird aus

$$\lambda^T := c^{0T} \cdot A_0^{-1}, \quad \gamma^1 = c^1 - \lambda^T \cdot A_1$$

bestimmt. Zur Berecnung von λ^1 mit dem Gaußschen Eliminationsverfahren sind $\frac{1}{3}n^3 + \mathcal{O}(n^2)$ a. Op. erforderlich.

Existiert ein $q \notin I^0$ mit $\gamma_q < 0$, so wird ein Austauschschritt vorgenommen; andernfalls war x^0 bereits optimal.

2. Die q-te Spalte (Pivotspalte) von $\mathcal{A}_1$ wird aus

$$\alpha_q = -A_0^{-1} a_q \quad \Leftrightarrow \quad A_0 \alpha_q = -a_q$$

bestimmt. Gemäß der Auswahlregel (R) wird ein $p \in I^0$ ausgewählt; im Fall dass $\alpha_{iq} \geq 0$ $(i \in I^0)$ ist die Aufgabe unlösbar.

3. Zur neuen Indexmenge

$$\tilde{I}^0 := (I^0 \setminus \{p\}) \cup \{q\}$$

wird die Matrix $\tilde{A}_0^{-1}$ berechnet und damit der wesentliche Teil

$$\tilde{x}^0 = \tilde{A}_0^{-1} b$$

der neuen Ecke bestimmt.

Dieses Vorgehen ist im Vergleich zur ursprünglichen Form des Simplex-Verfahrens sparsamer hinsichtlich Rechenaufwand und Speicherplatzbedarf, da im Austauschschritt nicht die gesamte Matrix $\mathcal{A}_1$ neu berechnet wird. Die neue Inverse $\tilde{A}_0^{-1}$ erhält man aus A_0^{-1} durch einen „Austauschschritt" in $\mathcal{O}(m^2)$ a. Op.:

$$A_0^{-1} = (\sigma_{ik})_{i \in I^0, k \notin I^0}, \quad \tilde{A}_0^{-1} = (\tilde{\sigma}_{ik})_{i \in \tilde{I}^0. k \notin \tilde{I}^0}.$$

Lemma 2.4: *Die Elemente der Inversen* $\tilde{A}_0^{-1} = (\tilde{\sigma}_{ik})_{i \in \tilde{I}^0, k \notin \tilde{I}^0}$ *haben die Form*

$$\begin{aligned} i = q: \quad & \tilde{\sigma}_{qk} = -\frac{\sigma_{pk}}{\alpha_{pq}}, \quad k \notin \tilde{I}^0, \\ i \in \tilde{I}^0 \setminus \{q\}: \quad & \tilde{\sigma}_{ik} = \sigma_{ik} - \frac{\alpha_{iq}\sigma_{pk}}{\alpha_{pq}}, \quad k \notin \tilde{I}^0. \end{aligned} \tag{2.2.24}$$

Beweis: Übungsaufgabe. Q.E.D.

Die direkte Berechnung von $\tilde{A}_0^{-1}$ mit Hilfe der Formeln (2.2.24) und die Matrix-Vektor-Multiplikation $\tilde{A}_0^{-1} y$ ist deutlich billiger als die andernfalls erforderliche Lösung von Gleichungssystemen mit der Koeffizientenmatrix $\tilde{A}_0$, was i. Allg. jeweils $\frac{1}{3}m^3 + \mathcal{O}(n^2)$ a. Op. kostet.

2.3 Anwendungen

Im Folgenden verwenden wir die bisher diskutierten Methoden zur Analyse und Lösung linearer Programme für zwei Klassen von Anwendungsproblemen.

2.3.1 Approximationstheorie

Wir betrachten eine Aufgabe der diskreten, linearen Tschebyscheff-Approximation:

- Gegeben: auf einem kompakten Intervall $[a,b] \subset \mathbb{R}$ Funktionen $f \in C[a,b]$, $f_i \in C[a,b]$, $i=1,\dots,m$, und Punkte $t_k \in [a,b]$, $k=1,\dots,n$, mit $n > m$.
- Gesucht: Linearkombination $s = \sum_{i=1}^m x_i f_i$, mit der Eigenschaft

$$Q(x_1,\dots,x_m) := \max_{k=1,\dots,n} |s(t_k) - f(t_k)| \to \min! \tag{2.3.25}$$

Die zugehörige „Interpolationsaufgabe" $Q(x_1,\dots,x_m) = 0$ sei nicht lösbar.

In algebraischer Formulierung ist ein Koeffizientenvektor $x = (x_i)_{i=1}^m$ gesucht, als Lösung des Optimierungsproblems (ohne Vorzeichenrestriktion)

$$Q(x) := \|b - A^T x\|_\infty = \max_{k=1,\dots,n} \Big| b_k - \sum_{i=1}^m a_{ik} x_i \Big| \to \min! \tag{2.3.26}$$

mit

$$b = (b_k)_{k=1}^n, \quad b_k := f(t_k), \qquad A = (a_{ik})_{i,k=1}^{m,n}, \quad a_{ik} := f_i(t_k).$$

Diese Aufgabe kann wie folgt in ein äquivalentes lineares Programm umgeformt werden:

$$\begin{aligned}(A) \qquad x \in \mathbb{R}^{m+1}: \quad & x_{m+1} \to \min! \quad x_{m+1} \ge 0,\\ x_{m+1} + \sum_{i=1}^m a_{ik} x_i &\ge b_k, \quad k = 1,\dots,n,\\ x_{m+1} - \sum_{i=1}^m a_{ik} x_i &\ge -b_k, \quad k = 1,\dots,n.\end{aligned}$$

Lemma 2.5: *Das lineare Programm (A) ist lösbar.*

Beweis: Die zugehörige zulässige Menge M ist nicht leer, da alle $x \in \mathbb{R}^{m+1}$ mit x_{m+1} hinreichend groß in ihr enthalten sind. In Standardform lautet die Aufgabe (A) wie folgt (nach Einführung von Hilfsvariablen u_i, v_i, $i = 1, \ldots, m$, zur Erzeugung von Vorzeichenbedingungen):

$$\begin{aligned} -x_{m+1} &\to \max! \\ x_{m+1} \geq 0, \ u_i, v_i &\geq 0 \ (i = 1, \ldots, m), \\ -x_{m+1} - \sum_{i=1}^{m} a_{ik}(u_i - v_i) &\leq -b_k, \quad k = 1, \ldots, n, \\ -x_{m+1} + \sum_{i=1}^{m} a_{ik}(u_i - v_i) &\leq b_k, \quad k = 1, \ldots, n. \end{aligned}$$

Nach Korollar 1.1 hat diese Aufgabe eine Lösung. Q.E.D.

Wegen $b \notin \text{Bild}A^T$ (Unlösbarkeit der zugehörigen Interpolationsaufgabe) gilt im Optimalpunkt stets $x_{m+1} > 0$. Mit Hilfe der Transformation

$$y_{m+1} := \frac{1}{x_{m+1}}, \quad y_i := -\frac{x_i}{x_{m+1}}, \quad i = 1, \ldots, m,$$

geht die Aufgabe (A) über in ($a_{m+1,k} := b_k$):

$$(\tilde{A}^*) \qquad y \in \mathbb{R}^{m+1}: \quad \begin{aligned} & y_{m+1} \to \max! \\ & \sum_{i=1}^{m+1} a_{ik} y_i \leq 1, \quad k = 1, \ldots, n, \\ - & \sum_{i=1}^{m+1} a_{ik} y_i \leq 1, \quad k = 1, \ldots, n. \end{aligned}$$

In Matrixschreibweise lautet diese Aufgabe

$$(\tilde{A}^*) \qquad y \in \mathbb{R}^{m+1}: \quad \begin{aligned} & (0_m, 1)^T \cdot y \to \max! \\ & [A, -A]^T y \leq (1_m), \quad A := (a_{ik})_{i,k=1}^{m+1,n}. \end{aligned}$$

Sie ist dual zu der folgenden Optimierungsaufgabe für Variable $z^+, z^- \in \mathbb{R}^n$:

$$(\tilde{A}) \qquad z^+, z^- \in \mathbb{R}^n: \quad \begin{aligned} & (1_m)^T \cdot (z^+, z^-) \to \min!, \\ & z^+ \geq 0, \ z^- \geq 0, \\ & [A, -A](z_k^+, z_k^-) = (0_m, 1), \end{aligned}$$

bzw. in ausgeschriebener Form:

$$(\tilde{A}) \qquad z_k^+, z_k^- \in \mathbb{R}^n: \quad \begin{aligned} & \sum_{k=1}^{n} (z_k^+ + z_k^-) \to \min!, \\ & z_k^+ \geq 0, \ z_k^- \geq 0, \ k = 1, \ldots, n, \\ & \sum_{k=1}^{n} a_{ki}(z_k^+ - z_k^-) = 0, \quad i = 1, \ldots, m, \\ & \sum_{k=1}^{n} a_{k,m+1}(z_k^+ - z_k^-) = 1. \end{aligned}$$

Diese Aufgabe hat nach Satz 1.2 ebenfalls eine Lösung $(\hat{z^+}, \hat{z^-}) \in \mathbb{R}^{2n}$. Dabei ist stets $\hat{z}_k^+ = 0$ oder $\hat{z}_k^- = 0$, denn im Fall $\delta := \min\{\hat{z}_k^+, \hat{z}_k^-\} > 0$ für ein k wären auch $\hat{z}_k^+ - \delta$, $\hat{z}_k^- - \delta$ zulässig und für die Zielfunktion gälte

$$\sum_{k=1}^n (\hat{z}_k^+ - \delta + \hat{z}_k^- - \delta) = \sum_{k=1}^n (\hat{z}_k^+ + \hat{z}_k^-) - 2n\delta < \sum_{k=1}^n (\hat{z}_k^+ + \hat{z}_k^-),$$

im Widerspruch zur Optimalität von $(\hat{z}_k^+, \hat{z}_k^-)$. Bei Berücksichtigung der Nebenbedingungen

$$\hat{z}_k^+ \hat{z}_k^- = 0, \quad k = 1, \dots, n,$$

geht Aufgabe $(\tilde{A})$ also über in die folgende dazu äquivalente Optimierungsaufgabe für die Variablen $z_k := z_k^+ - z_k^-$, $k = 1, \dots, n$ (wegen $z_k^+ + z_k^- = |z_k|$):

$$(\tilde{\tilde{A}}) \qquad z \in \mathbb{R}^n: \qquad \sum_{k=1}^n |z_k| \to \min!$$

$$\sum_{k=1}^n a_{ki} z_k = 0, \quad i = 1, \dots, m,$$

$$\sum_{k=1}^n a_{k,m+1} z_k = 1.$$

Für das Folgende formulieren wir die sog. „Haarsche[2] Bedingung“ für die Approximationsaufgabe:

(H) *Jede* $(m \times m)$*-Teilmatrix von* A *ist regulär.*

Lemma 2.6: *Unter der Haarschen Bedingung (H) ist keine der Ecken des zulässigen Bereichs der Optimierungsaufgabe* $(\tilde{A})$ *entartet.*

Beweis: Angenommen, es existiert ein zulässiger Vektor mit weniger als $m+1$ von Null verschiedenen Komponenten. Dann gilt mit einer Indexmenge $I = \{i_1, \dots, i_m\} \subset \{1, \dots, n\}$:

$$\sum_{k \in I} a_{ki}(z_k^+ - z_k^-) = 0, \quad i = 1, \dots, m.$$

Da nach der Bedingung (H) je m Zeilenvektoren von A linear unabhängig sein sollen, folgt notwendig

$$z_k^+ - z_k^- = 0, \quad k = 1, \dots, n.$$

Dies widerspricht aber der anderen Nebenbedingung

$$\sum_{k=1}^n a_{a,m+1}(z_k^+ - z_k^-) = 1.$$

Da es genau $m+1$ Nebenbedingungen gibt, sind also alle Ecken nicht entartet. Q.E.D.

[2]Alfréd Haar (1885–1933): Ungarischer Mathematiker; Prof. in Kolozsvár (Cluj), Budapest und Szeged; viele wichtige Beiträge zur Approximationstheorie ("Haarsche Bedingung") und Analysis auf Gruppen ("Haar measure").

Satz 2.5: *Ist die Haarsche Bedingung (H) erfüllt, so sind für eine Lösung der Optimierungsaufgabe (A) mindestens $m+1$ der Nebenbedingungen mit dem Gleichheitszeichen erfüllt.*

Beweis: Da bei jedem zulässigen Punkt von Aufgabe $(\tilde{A})$ mindestens $m+1$ Komponenten positiv sind, sind für jede Lösung der dazu dualen Aufgabe $(\tilde{A}^*)$ nach dem Gleichgewichtssatz für das kanonische Problem (Satz 1.4) mindestens $m+1$ der Nebenbedingungen mit dem Gleichheitszeichen erfüllt. Wegen der Äquivalenz von $(\tilde{A}^*)$ und (A) folgt somit die Behauptung. Q.E.D.

Die Aussage von Satz 2.5 ist das *diskrete* Analogon zum sog. „Alternantensatz" der *kontinuierlichen* Tschebyscheff-Approximation.

Zusammenhang mit der „kontinuierlichen" Tschebyscheff-Approximation

Die sog. (kontinuierliche) "Tschebyscheffsche Approximationsaufgabe" bestimmt zu einer gegebenen Funktion $f \in C[a,b]$ eine bzgl. der Maximumnorm $\|f\|_\infty := \max_{[a,b]} |f|$ beste Approximation aus einem endlich dimensionalen Unterraum $S \subset C[a,b]$:

$$s \in S: \qquad \|f-s\|_\infty = \min_{\varphi \in S} \|f-\varphi\|_\infty. \tag{2.3.27}$$

Approximationsaufgaben vom Typ der Tschebyscheff-Approximation sind auch in sehr allgemeinem Rahmen lösbar.

Satz 2.6 (Allgemeine Tschebyscheff-Approximation): *Sei E ein normierter Vektorraum mit Norm $\|\cdot\|$ und $S \subset E$ ein endlich dimensionaler Teilraum. Dann gibt es zu jedem $f \in E$ eine beste Approximation $s \in S$:*

$$\|f-s\| = \min_{\varphi \in S} \|f-\varphi\|. \tag{2.3.28}$$

Beweis: Ein $s_0 \in S$ mit $\|s_0\| > 2\|f\|$ kann keine beste Approximation sein, da

$$\|f-s_0\| \geq \|s_0\| - \|f\| > \|f\| = \|f-0\| \geq \inf_{\varphi \in S} \|f-\varphi\|.$$

Die beste Approximation ist also in der beschränkten Teilmenge

$$S_0 := \{\varphi \in S : \|\varphi\| \leq 2\|f\|\} \subset S$$

zu suchen. Sie ist abgeschlossen und, da S endlich dimensional ist, kompakt (Satz von Bolzano/Weierstraß). Die auf S stetige Funktion $F(\varphi) := \|f-\varphi\|$ nimmt dann auf S_0 ein Minimum g an, d. h.:

$$\|f-s\| = \min_{\varphi \in S_0} \|f-\varphi\| = \min_{\varphi \in S} \|f-\varphi\|.$$

Q.E.D.

Beispiel 2.3: Das Beispiel belegt neben der Existenz auch die mögliche Mehrdeutigkeit der "besten" Tschebyscheff-Approximation.

$$
\begin{aligned}
&[a,b]=[0,1]\,, \quad f(x)\equiv 1\\
&S=\{\,s|\,s(x)=\alpha x\,,\ \alpha\in\mathbb{R}\,\}\,, \quad \dim S=1\\
&\|f-g\|_\infty\ge 1 \quad \forall g\in S\\
&\|f-g\|_\infty=1 \quad \forall g=\alpha x\,, \quad 0\le\alpha\le 2
\end{aligned}
$$

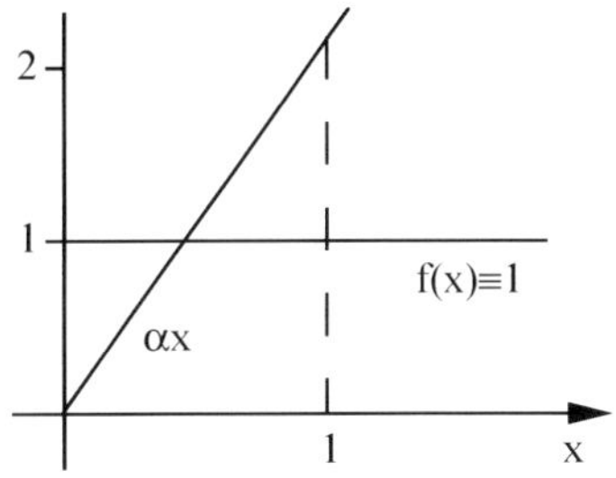

Die Eindeutigkeit der Tschebyscheff-Approximation wird durch die sog. "Haarsche Bedingung" (H) an den Ansatzraum $S\subset C[a,b]$ mit $\dim S=n$ garantiert: Diese besagt, dass die Lagrangesche Interpolationsaufgabe $s(x_i)=y_i\,,\ i=1,\dots,n$ mit beliebigen Stützstellen $a\le x_1<x_2<\ldots<x_n\le b$ und Werten $y_1,\dots,y_n\in\mathbb{R}$ stets durch ein $s\in S$ lösbar ist. Sei $\{s_1,\dots,s_n\}$ eine Basis von S. Die Existenz eines interpolierenden $s=\sum a_i\,s_i\in S$ ist äquivalent zur Lösbarkeit des linearen Gleichungssystems

$$\sum_{i=1}^{n} a_i s_i(x_j)=y_j\,, \quad j=1,\dots,n, \tag{2.3.29}$$

für den Koeffizientenvektor $(a_i,\dots,a_n)^T$. Die Haarsche Bedingung ist also äquivalent zur Regularität der Matrix $(s_i(x_j))_{i,j=1,\dots,n}$ für beliebige Sätze von n Stützstellen $a\le x_1<x_2<\ldots<x_n\le b$.

Beispiel 2.4: *Beispiele von Systemen S mit und ohnen Erfüllung der Haarschen Bedingung (H) sind:*

1. *Die Polynomräume P_n erfüllen die Haarsche Bedingung auf jedem Intervall $[a,b]$.*
2. *Der Raum $S=\operatorname{Span}\{x,\dots,x^n\}$ erfüllt im Falle $0\in[a,b]$ die Haarsche Bedingung nicht:*
$$x_1=0\ \Rightarrow\ x_1^k=0\,, \quad k=1,\dots,n \quad \Rightarrow \quad \det(x_i^j)_{i,j=1,\dots,n}=0.$$

Satz 2.7 (Tschebyscheffscher Alternantensatz): *Für den Teilraum $S\subset C[a,b]$ mit $\dim S=n$ sei die Haarsche Bedingung (H) erfüllt. Dann ist die Tschebyscheff-Approximation $s\in S$, einer Funktion $f\in C[a,b]$ durch folgende Eigenschaft charakterisiert:*

(A) Es existieren $m\ge n+1$ Stellen $a\le x_0<\ldots<x_m\le b$ (sog. "Alternante"), so dass für die Fehlerfunktion $e(x)=f(x)-s(x)$ gilt:

$$|e(x_i)|=\|e\|_\infty\,, \quad e\,(x_i)=-e\,(x_{i+1})\,; \quad i=1,\dots,n. \tag{2.3.30}$$

Insbesondere ist die beste Approximation eindeutig bestimmt.

Beweis: Für den nicht trivialen Beweis der Alternantenaussage verweisen wir auf die Literatur, z. B.: G. Hämmerlin und K.-H. Hoffmann: Numerische Mathematik, 2. Auflage, Springer 1992. Q.E.D.

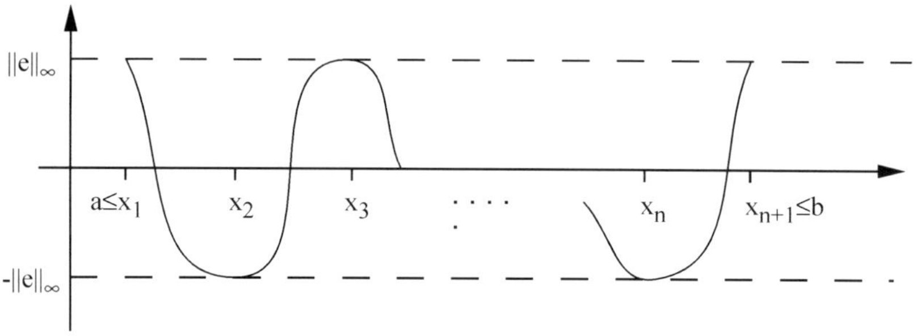

Abbildung 2.1: *Schema der Alternantenregel*

Korollar 2.1: *Der Alternantensatzes impliziert, dass die beste Approximation für den Spezialfall* $S = P_{n-1}$ *eindeutig bestimmt ist.*

Beweis: Seien s_1, s_2 zwei beste Approximationen mit $e_1 = f - s_1$, $e_2 = f - s_2$. Für $\lambda \in (0,1)$ ist dann $\|\lambda e_2\|_\infty < \|e_1\|_\infty$, so dass der Graph von $\lambda e_2(x)$ den von $e_1(x)$ mindestens n-mal schneidet (siehe Abbildung 2.1). Jede der Funktionen $\varphi_\lambda(x) = e_1(x) - \lambda e_2(x)$ hat also mindestens n Nullstellen. Durch Grenzübergang $\lambda \to 1$ folgt, dass $\varphi_1(x) = e_1(x) - e_2(x) = s_2(x) - s_1(x)$ mindestens n (ihrer Vielfachheit entsprechend oft gezählte) Nullstellen besitzt. Wegen $s_2 - s_1 \in P_{n-1}$ ergibt sich zwangsläufig $s_1 \equiv s_2$. Q.E.D.

Bemerkung 2.3: Der Alternantensatz ist die Grundlage des sog. "Remez[3]-Algorithmus" zur Konstruktion der Tschebyscheff-Approximation. Wäre eine Alternante $\{x_1, \ldots, x_{n+1}\}$ bekannt, so könnte man bei gegebener Basis $\{s_1, \ldots, s_n\}$ von S die beste Approximation

$$s = \sum_{i=1}^{n} \alpha_i s_i$$

sowie die Größe $\alpha_{n+1} := \sigma \|f - s\|_\infty$, $\sigma \in \{-1, 1\}$, aus dem linearen Gleichungssystem

$$\sum_{i=1}^{n} \alpha_i s_i(x_k) + (-1)^k \alpha_{n+1} = f(x_k) , \quad k = 1, \ldots, n+1,$$

[3]Evgeny Yakovlevich Remez (1896–1975): Russischer Mathematiker; Prof. an der Universität Kiew (1935); Beiträge zur konstruktiven Approximationstheorie ("Remez-Algorithmus") und zur numerischen Lösung von Differentialgleichungen.

berechnen. Der Remez-Algorithmus besteht aus der systematischen iterativen Suche nach der Alternante $\{x_1, \dots, x_{n+1}\}$. In jedem Schritt wird mit der Näherung $\{x_i^{(t)}, \dots, x_{n+1}^{(t)}\}$ das Gleichungssystem für $\alpha_1^{(t)}, \dots, \alpha_n^{(t)}$ und $\alpha_{n+1}^{(t)}$ gelöst und für

$$s(t) = \sum_{i=1}^{n} \alpha_i^{(t)} s_i$$

das Optimalitätskriterium

$$\|f - s^{(t)}\|_\infty = |\alpha_{n+1}^{(t)}|$$

abgefragt. I. Allg. konvergiert $\{x_1^{(t)}, \dots, x_{n+1}^{(t)}\}$ gegen $\{x_1, \dots, x_{n+1}\}$, allerdings nicht in endlich vielen Schritten. Im Gegensatz dazu haben wir oben gesehen, dass sich die *diskrete* Tschebyscheffsche Approximationsaufgabe in endlich vielen Schritten mit Hilfe des Simplex-Verfahrens lösen lässt.

2.3.2 Spieltheorie

Wir wollen im Folgenden die Ergebnisse der vorausgehenden Abschnitte auf Probleme der Spieltheorie anwenden. Zunächst rekapitulieren wir Beispiel 0.2 (Knobelspiel) aus Abschnitt 0.5.

Beispiel 2.5 (Knobel-Spiel)): Das Knobel-Spiel „Stein-Schere-Papier" mit den Wertigkeitsregeln

$$\text{Stein} > \text{Schere} > \text{Papier} > \text{Stein}$$

und

$$\text{gewonnen} = 1, \quad \text{unentschieden} = 0, \quad \text{verloren} = -1$$

führt als sog. „Matrixspiel" auf die folge Tabelle (sog „Auszahlungstafel" oder „Auszahlungsmatrix" für Spieler P_1):

$P_1 \backslash P_2$	Stein	Schere	Papier
Stein	0	1	−1
Schere	−1	0	1
Papier	1	−1	0

Gesucht sind optimale Spielstrategien für beide Spieler.

Ein anderes Spiel ähnlicher Art ist das sog. „Skin-Spiel":

Beispiel 2.6 (Skin-Spiel): Zwei Spielder P_1 und P_2 haben je drei Karten auf der Hand, und zwar P_1 die Karten Karo-Ass (♢), Pik-Ass (♠), Karo-Zwei (♢♢) und P_2 die Karten Karo-Ass (♢), Pik-Ass (♠), Pik-Zwei (♠♠). Beide Spieler legen jeweils zugleich eine ihrer Karten auf den Tisch. Spieler P_1 gewinnt, wenn die hingelegten Karten die gleiche Farbe haben, andernfalls Spieler P_2. Ein Ass hat den Wert 1, eine Zwei den

Wert 2. Die Höhe des Gewinns ist gleich dem Wert derjenigen Karte, die der Gewinner hingelegt hat. Das Resultat eines Spiels ist also durch die folgende Auszahlungstafel beschrieben:

$P_1 \backslash P_2$	$\diamondsuit$	$\spadesuit$	$\spadesuit\spadesuit$
$\diamondsuit$	1	-1	-2
$\spadesuit$	-1	1	1
$\diamondsuit\diamondsuit$	2	-1	-2

Wir nennen zunächst etwas unpräzise ein Spiel „fair", wenn beide Spieler die gleichen Chancen haben, sonst „unfair". Offensichtlich ist das Knobel-Spiel fair. Dagegen erscheint das Skin-Spiel unfair, da die Gewinnregeln nicht ausgeglichen sind. Dies gibt Anlass zur Formulierung der folgenden Zusatzregel: *Wenn beide Spieler die Zwei hinlegen, so gilt das Spiel unentschieden.*

Definition 2.2: *Ein „Matrixspiel" ist ein Spiel mit zwei Spielern P_1, P_2 mit (endlichen Aktionsmengen) $\Sigma_1 = \{\sigma_i^1, i = 1, \dots, m\}$, $\Sigma_2 = \{\sigma_k^2, k = 1, \dots, n\}$, dessen Verlauf durch eine „Auszahlungsmatrix" $A = (a_{ik})_{i,k=1}^{m,n}$ bestimmt ist:*

$P_1 \backslash P_2$	σ_1^2	$\cdots$	σ_n^2
σ_1^1	a_{11}	$\cdots$	a_{1n}
$\vdots$	$\vdots$		$\vdots$
σ_m^1	a_{m1}	$\cdots$	a_{mn}

Die „Spielregeln" besagen, dass bei (gleichzeitiger) Ausübung der Aktionen σ_i^1 und σ_k^2 der Spieler P_2 an den Spieler P_1 den Betrag a_{ik} zahlen muss. Gegeben ist also die „Gewinntabelle" für P_1. Da die entsprechende Gewinntabelle für P_2 mit der Matrix $-A$ gegeben wäre, nennt man Matrixspiele auch „(endliche) Zwei-Personen-Nullsummenspiele". Das Spiel werde mehrfach wiederholt, wobei der Spieler P_1 die Aktion σ_i^1 mit der relativen Häufigkeit x_i verwendet:

$$0 \le x_i \le 1, \quad \sum_{i=1}^{m} x_i = 1.$$

Definition 2.3: *Der Vektor $x = (x_i)_{i=1}^m$ der relativen Häufigkeiten von Aktionen heißt „Strategie" des Spielers P_1. Ist eine Komponente von x gleich Eins und sind alle anderen gleich Null, so spricht man von einer „reinen" Strategie.*

Verwenden die Spieler P_1, P_2 die jeweiligen Strategien $x \in \mathbb{R}^m$, $y \in \mathbb{R}^n$, so ist der „Erwartungswert" (durchschnittliche Wert) des „Gewinns" von P_1 gegeben durch:

$$W_A := \sum_{i,k=1}^{m,n} a_{ik} x_i y_k = x^T \cdot Ay. \qquad (2.3.31)$$

Lemma 2.7: *Es gilt stets*

$$\min_{i=1,\dots,m,\,k=1,\dots,n} a_{ik} \le W_A \le \max_{i=1,\dots,m,\,k=1,\dots,n} a_{ik}. \qquad (2.3.32)$$

Beweis: Bei Beachtung von $0 \le x_i, y_k \le 1$ und $\|x\|_1 = \|y\|_1 = 1$ folgt

$$W_A = \sum_{i,k=1}^{m,n} a_{ik} x_i y_k \le \max_{i=1,\dots,m,k=1,\dots,n} |a_{ik}| \sum_{i=1,\dots,m} \sum_{k=1,\dots,n} x_i y_k \le \max_{i=1,\dots,m,k=1,\dots,n} |a_{ik}|.$$

Die Abschätzung nach unten folgt analog. Q.E.D.

Bei Matrixspielen stellt sich die Frage nach sicherem, maximalem *Gewinn* für Spieler P_1 und entsprechend sicherem, minimalem *Verlust* für Spieler P_2.

Definition 2.4: *Ein Matrixspiel heißt „lösbar", wenn es ein Skalar $\mu_A \in \mathbb{R}$ und Strategien $\hat{x} \in \mathbb{R}^m$, $\hat{y} \in \mathbb{R}^n$ gibt, so dass*

$$x^T \cdot A\hat{y} \le \mu_A \le \hat{x}^T \cdot Ay \qquad (2.3.33)$$

für alle möglichen Strategien $x \in \mathbb{R}^m$, $y \in \mathbb{R}^n$. Dabei heißen $\hat{x}, \hat{y}$ „optimale Strategien" für die Spieler P_1, P_2 und μ_A der „Wert" des Spiels. Im Fall $\mu_A = 0$ ist das Spiel „fair", sonst „unfair" mit Vorteil für Spieler P_1 im Fall $\mu_A > 0$.

Der folgende fundamentale Satz der Spieltheorie geht auf J. v. Neumann (1944) zurück.

Satz 2.8 (Matrixspiele): *Jedes Matrixspiel ist lösbar.*

Beweis: Mit den Mengen

$$D_1 = \{x \in \mathbb{R}^m |\ x \ge 0,\ 1_m^T \cdot x = 1\}, \quad D_2 = \{y \in \mathbb{R}^n |\ y \ge 0,\ 1_n^T \cdot y = 1\}$$

der möglichen Strategien der Spieler P_1, P_2 setzen wir

$$g(y) := \max_{x \in D_1} x^T \cdot Ay, \qquad h(x) := \min_{y \in D_2} x^T \cdot Ay.$$

Die Funktionen $g : \mathbb{R}^n \to \mathbb{R}$, $h(x) : \mathbb{R}^m \to \mathbb{R}$ sind wohl definiert, da die Mengen D_1, D_2 kompakt sind. Die Ecken der zulässigen Bereiche D_1 und D_2 sind gerade die Punkte $x \ge 0$ und $y \ge 0$ der Form $x = (0,\dots,0,1,0,\dots,0) \in \mathbb{R}^m$ bzw. $y = (0,\dots,0,1,0,\dots,0) \in \mathbb{R}^n$, was anschaulich klar ist. Der Fundamentalsatz des Simplex-Verfahrens (Lemma 1.7) besagt, dass für festes y das Maximum in $g(y)$ in einer Ecke von D_1, d. h. für eine „reine" Strategie, angenommen wird. Also ist

$$g(y) = \max_{x \in D_1} x^T \cdot Ay = \max_{i=1,\dots,m} \sum_{k=1}^{n} a_{ik} y_k,$$

und analog

$$h(x) = \min_{y \in D_2} x^T \cdot Ay = \min_{k=1,\dots,n} \sum_{i=1}^{m} x_i a_{ik}.$$

Die Funktionen g und h sind stetig und nehmen daher auf den kompakten Mengen D_2 bzw. D_1 ihre Extremwerte an. Es gibt also $\hat{x} \in D_1$ und $\hat{y} \in D_2$, so dass

$$g(\hat{y}) = \min_{y \in D_2} g(y) = \min_{y \in D_2} \max_{x \in D_1} x^T \cdot Ay =: \mu_2,$$
$$h(\hat{x}) = \max_{x \in D_1} h(x) = \max_{x \in D_1} \min_{y \in D_2} x^T \cdot Ay =: \mu_1.$$

Wir wollen zeigen, dass $\mu_1 = \mu_2$ ist. Dazu schreiben wir die obigen Gleichungen als lineare Optimierungsaufgaben:

$$(P) \qquad x_0 \in \mathbb{R},\ x \in \mathbb{R}^m : \qquad x_0 \to \max!, \quad x \geq 0,$$
$$\sum_{i=1}^{m} x_i = 1, \quad \sum_{i=1}^{m} x_i a_{ik} \geq x_0 \quad (k = 1, \dots, n);$$

$$(P^*) \qquad y_0 \in \mathbb{R},\ y \in \mathbb{R}^n : \qquad y_0 \to \min!, \quad y \geq 0,$$
$$\sum_{k=1}^{n} y_k = 1, \quad \sum_{k=1}^{n} a_{ik} y_k \leq y_0 \quad (i = 1, \dots, m).$$

Offenbar sind $(\mu_1, \hat{x})$ und $(\mu_2, \hat{y})$ Lösungen von (P^*) bzw. (P), und jede solche Lösung hat die Eigenschaften von $\hat{x}$ bzw. $\hat{y}$. Wir schreiben Aufgabe (P) in kanonischer Form:

$$(\tilde{P}) \qquad x_0^+, x_0^- \in \mathbb{R},\ x \in \mathbb{R}^m, u \in \mathbb{R}^n : \qquad -x_0^+ + x_0^- \to \min!$$
$$x_0^+ \geq 0,\ x_0^- \geq 0,\ x \geq 0,\ u \geq 0,$$
$$\sum_{i=1}^{m} x_i = 1,$$
$$\sum_{i=1}^{m} x_i a_{ik} - x_0^+ + x_0^- - u_k = 0 \quad (k = 1, \dots, n).$$

bzw. in abstrakter Schreibweise:

$$(\tilde{P}) \quad \tilde{x} \in \mathbb{R}^{2+m+n} : \quad c^T \cdot \tilde{x} \to \min!, \quad \tilde{A}\tilde{x} = b, \quad \tilde{x} \geq 0,$$

mit

$$c := (-1, 1, 0, \dots, 0)^T \in \mathbb{R}^{2+m+n}, \quad b := (1, 0, \dots, 0)^T \in \mathbb{R}^{1+n},$$

und

$$\tilde{A} := \left[\begin{array}{cc|c|c} 0 & 0 & 1_m & 0_n \\ \hline -1 & 1 & & \\ \vdots & \vdots & a_{ik} & -I_n \\ -1 & 1 & & \end{array}\right] \in \mathbb{R}^{(1+n)\times(2+m+n)}.$$

Die dazu duale Aufgabe hat die Form

$$(\tilde{P}^*) \quad \tilde{y} \in \mathbb{R}^{1+n}: \quad b^T \cdot \tilde{y} \to \max!, \quad \tilde{A}^T \tilde{y} \le c,$$

bzw. in unserem speziellen Fall:

$$(\tilde{P}^*) \qquad y_0 \in \mathbb{R}, y \in \mathbb{R}^n: \qquad y_0 \to \max!$$

$$-\sum_{k=1}^{n} y_k \le -1, \quad \sum_{k=1}^{n} y_k \le 1, \quad -y_k \le 0 \ \ (k = 1, \dots, n)$$

$$y_0 + \sum_{k=1}^{n} a_{ik} y_k \le 0 \ \ (i = 1, \dots, m).$$

Wenn wir in $(\tilde{P}^*)$ die Variable y_0 durch $-y_0$ ersetzen, erhalten wir gerade die ursprüngliche Aufgabe (P^*). Der Alternativsatz für das kanonische Problem (Korollar 1.2) ergibt also die Gleichheit der Extremwerte von $(\tilde{P})$ und $(\tilde{P}^*)$ bzw. der von (P) und (P^*), d. h.:

$$\mu_1 = \mu_2 =: \mu_A.$$

Durch $\hat{x} \in D_1$ und $\hat{y} \in D_2$ sind dann auch optimale Strategien für die Spieler P_1 und P_2 gegeben. Für diese gilt wie verlangt:

$$\max_{x \in D_1} x^T \cdot A\hat{y} = \mu_A = \min_{y \in D_2} \hat{x}^T \cdot Ay.$$

Q.E.D.

Jedem Matrixspiel ist aufgrund von Satz 2.8 eindeutig ein Wert μ_A zugeordnet, an Hand dessen sich entscheiden lässt, ob das Spiel fair ist, bzw. welcher Spieler benachteiligt ist. Zugehörige optimale Strategien erhält man ebenfalls durch Lösung der zueinander dualen Programme (P) und (P^*). Wir wollen dies anhand der obigen Beispiele demonstrieren.

Beispiel 2.5 (Knobel-Spiel): Das Knobel-Spiel ist offenbar anti-symmetrisch (d. h.: $A = -A^T$) und folglich fair (Übungsaufgabe). Durch $x_0 = 0$, $x = (1/3, 1/3, 1/3)^T$ und $y_0 = 0$, $y = (1/3, 1/3, 1/3)^T$ sind zulässige Punkte der Aufgaben (P) und (P^*) gegeben. Wegen der Gleichheit der zugehörigen Zielfunktionalwerte sind dies auch Lösungen. Der Vektor $(1/3, 1/3, 1/3)^T$ ist also optimale Strategie beider Spieler P_1 und P_2.

Beispiel 2.6 (Skin-Spiel): Das Skin-Spiel mit der obigen Zusatzregel hat die Auszahlungsmatrix

$$A = \begin{bmatrix} 1 & -1 & -2 \\ -1 & 1 & 1 \\ 2 & -1 & 0 \end{bmatrix}.$$

Wir nehmen an, dass der Wert $\mu_A > 0$ ist, und gehen in (P) und (P^*) über zu den neuen Variablen $\bar{x} := x/x_0$, $\bar{y} := y/y_0$:

$$(\bar{P}) \qquad \bar{x} \in \mathbb{R}^m: \qquad -\sum_{i=1}^{m} \bar{x}_i \to \max!, \quad \bar{x} \ge 0, \quad A^T \bar{x} \ge 1_n;$$

$$(\bar{P}^*) \qquad \bar{y} \in \mathbb{R}^n : \qquad -\sum_{k=1}^{n} \bar{y}_k \to \min!, \quad \bar{y} \geq 0, \quad A\bar{y} \leq 1_m.$$

Bemerkung 2.4: Die Voraussetzung $\mu_A > 0$ ist keine Einschränkung der Allgemeinheit. Durch Addition einer hinreichend großen Konstante zu den Elementen der Auszahlungsmatrix erhält man eine neue Matrix

$$\tilde{A} = A + cE > 0.$$

Das zugehörige Matrixspiel hat dann sicher einen Wert $\mu_{\tilde{A}} > 0$ und ist „strategisch äquivalent“ zum ursprünglichen Spiel, d. h.: Jede optimale Strategie des einen Spiels ist auch optimale Strategie des anderen.

Nach Einführung von Schlupfvariablen y_4, y_5, y_6 liefert der Simplex-Algorithmus angewendet auf die Aufgabe $(\bar{P}^*)$ die folgenden Tableaus:

	y_1	y_2	y_3	
y_4	-1	1	-2	1
y_5	1	$\boxed{-1}$	-1	1
y_6	-2	1	0	1
	-1	$\boxed{-1}$	-1	0

	y_1	y_5	y_3	
y_4	0	-1	1	2
y_2	1	-1	-1	1
y_6	$\boxed{-1}$	-1	-1	2
	$\boxed{-2}$	1	0	-1

	y_6	y_5	y_3	
y_4	0	-1	1	2
y_2	-1	-2	-2	3
y_1	-1	-1	-1	2
	2	3	2	-5

Lösung $\hat{y} = (2, 3, 0)^T$,

Extremwert $Q(\hat{y}) = -5$.

Hieraus entnehmen wir den Wert des Spiels als

$$\mu_A = -\frac{1}{\min} = \frac{1}{5}$$

und die optimale Strategie für Spieler P_2 als

$$\hat{y} = \frac{1}{5}\,(2, 3, 0)^T.$$

Wegen $\mu_A > 0$ ist das Skin-Spiel nicht „fair“; Spieler P_1 ist im Vorteil.

Da die Matrix $\tilde{A} = [A, e_1, e_2, e_3] \in \mathbb{R}^{3\times 6}$ der kanonischen Formulierung von $(\bar{P}^*)$ die Einheitsvektoren des $\mathbb{R}^3$ enthält, lässt sich eine Lösung des dazu dualen Problems

$$z \in \mathbb{R}^3 : \qquad \sum_{i=1}^{3} z_i \to \max!, \quad A^T z \leq -1_3, \quad z_i \leq 0 \; (i = 1, 2, 3),$$

direkt aus dem Endtableau ablesen (Übungsaufgabe):

$$z_1 = -(0, 3, 2)^T.$$

Durch $\hat{x} = \frac{1}{5}(0, 3, 2)^T$ ist also eine optimale Strategie für Spieler P_1 gegeben.

Bemerkung 2.5: Als Übung bestimme man den Wert des ursprünglichen Skin-Spiels ohne die obige Zusatzregel. Ist dieses Spiel wirklich unfair?

Bemerkung 2.6: Die lineare Optimierung kann als Spezialfall der Spieltheorie aufgefasst werden, denn die beiden dualen Standardprobleme (I), (I^*) sind in gewissem Sinne äquivalent zu einem Matrixspiel mit der Auszahlungsmatrix

$$\mathcal{A} = \begin{bmatrix} 0 & A & -b \\ -A^T & 0 & c \\ b^T & -c^T & 0 \end{bmatrix}.$$

2.4 Übungsaufgaben

Aufgabe 2.1: Seien $A \in \mathbb{R}^{m \times n}$ und $b \in \mathbb{R}^m$ gegeben. Zur Lösung des Ungleichungssystems

$$(U) \qquad Ax \le b$$

wird die folgende kanonische Optimierungsaufgabe betrachtet

$$(II) \qquad y \in \mathbb{R}^m,\ \eta \in \mathbb{R}: \qquad \eta \to \min!, \quad y \ge 0,\ \eta \ge 0, \quad A^T y = 0, \quad \eta - b^T \cdot y = 1.$$

Man zeige:

a) Problem (II) hat eine Lösung $\hat{y} \in \mathbb{R}^m$, $\hat{\eta} \in \mathbb{R}$.

b) Ist (U) lösbar so folgt für jede Lösung $(\hat{y}, \hat{\eta})$ von (II) notwendigerweise $\hat{\eta} = 1$.

c) Ist $\hat{\eta} > 0$ und ist $\hat{z} \in \mathbb{R}^n$, $\hat{\xi} \in \mathbb{R}$ eine Lösung des zu (II) dualen Problems (II^*), so wird (U) durch $\hat{x} := \hat{z}/\hat{\xi}$ gelöst.

Aufgabe 2.2: a) Man wende den Gauß-Jordan-Algorithmus auf die folgende 3×3-Matrix an:

$$A = \begin{pmatrix} 1 & 0 & -1 \\ 2 & 2 & 0 \\ 1 & 2 & 1 \end{pmatrix}.$$

Mit Hilfe des Ergebnisses bestimme man alle $y \in \mathbb{R}^3$, für die das Gleichungssystem $Ax = y$ eine Lösung besitzt, sowie die jeweilige Lösungsmenge.

b) Man implementiere den Gauß-Jordan-Algorithmus für allgemeine $m \times n$-Matrizen in einer Programmiersprache eigener Wahl und verifiziere damit die gefundene Lösung zu Teil (a).

Aufgabe 2.3: Man berechne mit Hilfe des Simplex-Verfahrens eine nicht-negative Lösung des Gleichungssystems

$$\begin{aligned} 5x_1 + x_2 + 6x_3 - 5x_5 &= 2, \\ 7x_1 + x_2 + 2x_3 - x_4 - 2x_5 &= 5. \end{aligned}$$

Aufgabe 2.4: Man löse die lineare Optimierungsaufgabe

$$\begin{aligned} Q(x) := x_1 + 3x_2 + x_3 &\to \max! \\ x_i \geq 0, \quad i = 1, \ldots, 5, \\ 5x_1 + 3x_2 &\leq 3, \\ x_1 + 2x_2 + 4x_3 &\leq 4, \end{aligned}$$

mit Hilfe des Simplex-Verfahrens. (Hinweis: Man überführe das System durch Einführung von „Schlupfvarablen" in Normalform und rate eine Startecke.)

Aufgabe 2.5: Man löse die lineare Optimierungsaufgabe

$$\begin{aligned} Q(x) := 4x_1 + x_2 + x_3 &\to \min! \\ x_i \geq 0, \quad i = 1, \ldots, 3, \\ 2x_1 + x_2 + 2x_3 &= 4, \\ 3x_1 + 3x_2 + x_3 &= 3, \end{aligned}$$

mit Hilfe des Simplex-Verfahrens. Eine Startecke verschaffe man sich durch die Vorlaufrechnung (Phase I).

Aufgabe 2.6: Man berechne eine Lösung der *dualen Programmierungsaufgabe* zu dem oben betrachteten linearen Programm

$$\begin{aligned} Q(x) := x_1 + 3x_2 + x_3 &\to \max! \\ x_i \geq 0, \quad i = 1, \ldots, 5, \\ 5x_1 + 3x_2 &\leq 3, \\ x_1 + 2x_2 + 4x_3 &\leq 4. \end{aligned}$$

Aufgabe 2.7: Man löse das lineare Programm

$$\begin{aligned} Q(x) := \tfrac{3}{4}x_1 - 20x_2 + \tfrac{1}{2}x_3 - 6x_4 &\to \max!, \\ x_i \geq 0, \quad i = 1, \ldots, 4, \\ \tfrac{1}{4}x_1 - 8x_2 - x_3 + 9x_4 &\leq 0, \\ \tfrac{1}{2}x_1 - 12x_2 - \tfrac{1}{3}x_3 + 3x_4 &\leq 0, \\ x_3 &\leq 1, \end{aligned}$$

mit Hilfe des Simplex-Verfahrens unter Verwendung

a) der Auswahlregel (R), ergänzt um die Vorschrift, dass kleinste mögliche $p \in I^0$ zu wählen;

b) der Auswahlregel $(\tilde{R})$.

In beiden Fällen sei $q \notin I^0$ so bestimmt, dass $\gamma_q = \min\{\gamma_k | \ \gamma_k < 0,\ k \notin I^0\}$, und dass q der kleinste dieser Indizes ist.

c) Man implementiere Phase II des Simplex-Algorithmus für lineare Programme in Normalform für den Fall einer bekannten Startecke $x^{(0)} \in M$ und eines Ausgangstableaus. Man verifiziere damit die unter (a) bzw. (b) gefundene Optimallösung.

Aufgabe 2.8: Eine Ölgesellschaft habe die Ölquellen $Q_1, \ldots, Q_m$ mit den wöchentlichen Förderkapazitäten von $q_1, \ldots, q_m$ Barrel und betreibe gleichzeitig die Raffinerien $R_1, \ldots, R_n$ mit einem wöchentlichen Mindestbedarf von $r_1, \ldots, n_n$ Barrel. Die Kosten für die Förderung und den Versand von Q_i nach R_j seien k_{ij} pro Barrel.

a) Die Gesellschaft will Förderung und Verteilung kostenminimal gestalten:

i) Wie sieht das zu lösende lineare Programm aus?

ii) Man gebe eine Relation zwischen den q_i und den b_j an, welche die Existenz von zulässigen Vektoren sichert.

b) Eine Reederei macht der Ölfirma folgendes Angebot: Sie kauft die gesamte Produktion zum Preis von u_i pro Barrel an den Quellen Q_i auf und liefert den Raffinerien R_j die benötigten Mengen zum Preis von v_j pro Barrel. Das Angebot erscheint wegen $v_j - u_i \leq k_{ij}$ günstig für die Ölfirma, und sie willigt in das Geschäft ein. Natürlich hat die Reederei die Preise so kalkuliert, dass ihr Gewinn maximal wird.

i) Welches lineare Programm musste die Reederei lösen?

ii) Macht die Ölfirma bei diesem Geschäft einen Gewinn?

Aufgabe 2.9: Man beweise die folgende Spezialisierung des Satzes aus dem Text über die Konstruktion einer Lösung des dualen Problems (II^*): *Sei $x^0 \in \mathbb{R}^n$ eine vom Simplex-Algorithmus gelieferte Lösung der kanonischen Aufgabe*

$$(II) \qquad c^T \cdot x \to \min!. \quad Ax = b, \quad x \geq 0,$$

d. h.: im Simplextableau gilt $\gamma_k \geq 0$ $(k \notin I^0)$. Sind unter den Spaltenvektoren der Matrix $A \in \mathbb{R}^{m \times n}$ die m Einheitsvektoren des $\mathbb{R}^m$, also z. B. $a_i = e_i$ $(i = 1, \ldots, m)$, so erhält man direkt aus dem Simplextableau durch

$$y_i^0 := -\gamma_i + c_i \quad (i = 1, \ldots, m),$$

eine Lösung $y^0 \in \mathbb{R}^m$ der zugehörigen dualen Aufgabe

$$(II^*) \qquad b^T \cdot y \to \max!, \quad A^T y \leq c.$$

Hierbei sei $\gamma_k = 0$ für $k \in I^0$ gesetzt.

Aufgabe 2.10: Man beweise Lemma 2.4 des Textes betreffend den Übergang von A_0^{-1} nach $\tilde{A}_0^{-1}$ beim Indexwechsel $\tilde{I}^0 := (I^0 \setminus \{p\}) \cup \{q\}$ im revidierten Simplex-Algorithmus: *Die Elemente der Inversen* $\tilde{A}_0^{-1} = (\tilde{\sigma}_{ik})_{i\in\tilde{I}^0, k\notin\tilde{I}^0}$ *haben die Form*

$$
\begin{aligned}
i = q: &\quad \tilde{\sigma}_{qk} = -\frac{\sigma_{pk}}{\alpha_{pq}}, \quad k \notin \tilde{I}^0,\\
i \in \tilde{I}^0 \setminus \{q\}: &\quad \tilde{\sigma}_{ik} = \sigma_{ik} - \frac{\alpha_{iq}\sigma_{pk}}{\alpha_{pq}}, \quad k \notin \tilde{I}^0.
\end{aligned}
$$

(Hinweis: Die Identität $a_q = -\sum_{i\in I^0} \alpha_{iq} a_i$ könnte hilfreich sein.)

Aufgabe 2.11: a) Man löse das lineare Programm

$$
\begin{aligned}
Q(x) := 2x_1 + x_2 + 3x_3 + x_4 + 2x_5 \to \max!,\\
x_1 \geq 0, \quad i = 1, \dots, 5,\\
x_1 + 2x_2 + x_3 + x_5 \leq 100,\\
x_2 + x_3 + x_4 + x_5 \leq 80\\
x_1 + x_3 + x_4 \leq 50,
\end{aligned}
$$

mit Hilfe des revidierten Simplex-Algorithmus.

b) Man implementiere den revidierten Simplex-Algorithmus für lineare Programme in Normalform für den Fall einer bekannten Startecke $x^{(0)} \in M$ und eines Ausgangstableaus. Man verifiziere damit die unter (a) gefundene Optimallösung.

Aufgabe 2.12: Man rekapituliere den Beweis von Satz 2.5 des Textes, dass bei der diskreten Tschebyscheff-Approximation unter der Haarschen Bedingung das Minimum in mindestens $m + 1$ Punkten angenommen wird. (Hinweis: Man beachte Lemma 2.6 des Textes.)

Aufgabe 2.13: Zwei Spieler P_1 und P_2 spielen „Stumme Mora". Dies ist ein Spiel, bei dem die Spieler gleichzeitig eine gewisse Anzahl von Fingern einer Hand zeigen (keine Finger ist auch zulässig). Ist die Summe der gezeigten Fingerzahlen gerade, so gewinnt Spieler P_1, andernfalls P_2.

a) Man gebe die Auszahlungsmatrix für Spieler P_1 an.

b) Ist das Spiel fair? Man gebe optimale Strategien für Spieler P_1 und P_2 an.

Aufgabe 2.14: Man analysiere das Matrixspiel, welches durch die Auszahlungsmatrix

$$
A = \begin{bmatrix} 1 & -1 & 3 & 0 \\ -1 & 2 & 0 & -1 \\ 3 & 0 & -1 & 1 \end{bmatrix}
$$

gegeben ist.

Aufgabe 2.15: Ein Matrixspiel heißt „symmetrisch“, wenn die Aktionenmengen Σ_1, Σ_2 der Spieler P_1, P_2 identisch sind, und wenn die Auszahlungsmatrix A schiefsymmetrisch ist, d. h.: $A = -A^T$. Man zeige, dass ein symmetrisches Spiel *fair* ist, und dass beide Spieler dieselbe optimale Startegie verwenden können.

Aufgabe 2.16: Man analysiere das Skin-Spiel ohne Pattregel, d. h.:

$P_1 \setminus P_2$	KA	PA	$P2$
KA	1	−1	−2
PA	−1	1	1
$K2$	2	−1	−2

auf Fairness und gebe optimale Strategien für Spieler P_1 und P_2 an.

3 Ganzzahlige Optimierung

In vielen Anwendungen sind die Variablen einer linearen Optimierungsaufgabe der zusätzlichen Nebenbedingung unterworfen, dass sie ganzzahlig sein müssen. Dies ist etwa der Fall, wenn bei einer Transportaufgabe die Güter (z. B. Autos, Kontainer, etc.) nur in festen Einheiten auftreten und nicht beliebig teilbar sind. Im Extremfall, etwa bei Entscheidungsprozessen, können auch nur die Variablenwerte 0 und 1 auftreten. Hier und bei Lösungen mit kleinen Stückzahlen verbietet es sich von selbst, eine *ganzzahlige* Lösung einfach durch Rundung einer „*kontinuierlichen*“ erzeugen zu wollen. Die Theorie und Numerik der ganzzahligen Optimierung sind wesentlich komplizierter und aufwendiger als die der gewöhnlichen. Es existiert eine Vielzahl von speziellen Resultaten und Methoden, die auf bestimmte Problemklassen zugeschnitten sind. Wir betrachten im Folgenden nur das Transportproblem als ein Beispiel der ganzzahligen Programmierung ohne Komplikationen. Für allgemeinere Aufgaben wird der Algorithmus von Gomory[1] (1958); beschrieben, der eine „ganzzahlige“ Erweiterung des uns schon bekannten Simplex-Verfahrens darstellt.

3.1 Das klassische Transportproblem

Gegeben sei eine Händlerorganisation mit m Warenlagern und n Verbrauchsorten. Gefragt ist nach einem kostenminimalen Verteilungsmodus. Wir verwenden die folgenden Bezeichnungen:

- Lager: F_i, Bestand Einheiten/Monat a_i $(i = 1, \dots, m)$;
- Orte: G_i, Bedarf Einheiten/Monat b_j $(j = 1, \dots, n)$;
- Transportierte Menge $F_i \to G_j$: x_{ij} Einheiten (ganzzahlig!);
- Transportkosten pro Einheit $F_i \to G_j$: c_{ij} EURO.

Bedingung der Bedarfsdeckung:

$$\sum_{i=1}^{m} a_i = \sum_{j=1}^{n} b_j. \tag{3.1.1}$$

[1]Ralph E. Gomory (1929–): US-amerikanischer Informatiker und angewandter Mathematiker; arbeitete zunächst an der Universität Princeton und ab 1959 in leitender Position bei IBM, ab 1989 Präsident der Alfred P. Sloan Foundation; Beiträge zur linearen Optimierung, Netzwerktheorie und nichtlineare Differentialgleichungen; hauptsächlich bekannt durch die nach ihm benannte Methode des „Gomory-Schnitts“ in der ganzzahligen Optimierung: “Outline of an algorithm for integer solutions to linear programs”, Bulletin of the American Mathematical Society 64, 275–278 (1958).

Formulierung als lineare Programmierungsaufgabe:

$$
\begin{aligned}
x = (x_{ij})_{i,j=1}^{m,n}: \qquad & \sum_{i,j=1}^{m,n} c_{ij} \to \min! \\
& x_{ij} \geq 0 \quad \text{ganzzahlig} \ (i = 1, \dots, m; j = 1, \dots, n), \\
& \sum_{j=1}^{n} x_{ij} = a_i \ \ (i = 1, \dots, m), \quad \sum_{i=1}^{m} x_{ij} = b_j \ \ (j = 1, \dots, n).
\end{aligned}
\tag{3.1.2}
$$

Ausgeschrieben lauten die Nebenbedingungen wie folgt:

$$
\begin{bmatrix}
x_{11} + \dots + x_{1n} & & & \\
& x_{21} + \dots + x_{2n} & & \\
& & \ddots & \\
& & & x_{m1} + \dots + x_{mn} \\
x_{11} + & x_{21} + & \dots & x_{m1} \\
\quad x_{12} + & \quad x_{22} + & \dots & \quad x_{m2} \\
\qquad \ddots & \qquad \ddots & & \qquad \ddots \\
\qquad\quad x_{1n} + & \qquad\quad x_{2n} + & \dots & \qquad\quad x_{mn}
\end{bmatrix}
=
\begin{bmatrix}
a_1 \\ a_2 \\ \vdots \\ a_m \\ b_1 \\ b_2 \\ \vdots \\ b_n
\end{bmatrix}.
$$

Dieses Problem hat offensichtlich einen beschränkten (und damit kompakten) zulässigen Bereich und ist folglich „kontinuierlich“ lösbar. Wir wollen zeigen, dass die Lösung auch ganzzahlig ist, wenn es die a_i und b_j sind. Wegen der Verträglichkeitsbedingung (3.1.1) sind höchstens $m+n-1$ der Nebenbedingungen linear unabhängig. Eine einfache Rangbetrachtung zeigt, dass es genau $m+n-1$ linear unabhängige Spaltenvektoren in der zugehörigen Koeffizientenmatrix gibt. Folglich kann irgendeine der $m+n$ Gleichungen als redundant weggelassen werden; im Folgenden wird es o.B.d.A. die letzte sein. Das verbleibende System hat dann den Höchstrang $m+n-1$ und die Programmierungsaufgabe hat ($a_i \geq 0$, $b_j \geq 0$) kanonische Form.

Lemma 3.1: *Jede Basis von Spaltenvektoren des um die letzte Zeile reduzierten Systems hat nach geeigneter Umordnung von Spalten und Zeilen Dreiecksgestalt.*

Beweis: Offenbar muss bei einer Basis $[a_{k_1}, \dots, a_{k_{m+n-1}}]$ von Spaltenvektoren in jeder Zeile mindestens eine 1 stehen. Andererseits muss es unter den ersten m oder unter den letzten $n-1$ Zeilen mindestens eine geben, in der *genau eine* 1 steht. Andernfalls müsste die Anzahl der Spalten $k \geq 2m$ bzw. $k \geq 2(n-1)$ und somit $2k \geq 2m + 2(n-1) + 1$ sein, da eine der Spalten mit von Null verschiedenem Eintrag in der gestrichenen letzten Zeile auftreten muss. Dies steht aber im Widerspruch zum Rang $m+n-1$. Wir streichen diese eine Zeile sowie die zugehörige Spalte aus dem System; das reduzierte System hat dann den Rang $m+n-2$. Sukzessive Anwendung des obigen Arguments auf die entstehenden reduzierten Systeme ergibt schließlich die Behauptung. Q.E.D.

Satz 3.1: *Sind beim Transportproblem die* a_i $(i = 1, \ldots, m)$ *und* b_j $(j = 1, \ldots, n)$ *ganzzahlig, so ist auch jede vom Simplex-Verfahren gelieferte Basislösung ganzzahlig.*

Beweis: Jede Basislösung ist gegeben durch ein lineares $(m + n - 1) \times (m + n - 1)$-Gleichungssystem mit der aus den zugehörigen Spaltenvektoren der Ausgangsmatrix gebildeten Koeffizientenmatrix und dem Vektor $(a_1, \ldots, a_m, b_1, \ldots, b_{n-1})^T$ als rechte Seite. Nach Lemma 3.1 hat dieses System Dreicksgestalt und kann folglich sukzessive aufgelöst werden. Dabei treten aber stets nur Divisionen durch 1 auf, so dass die Lösung zwangsläufig ganzzahlig ist. Q.E.D.

3.2 Das duale Simplex-Verfahren

Als Vorbereitung für das Verfahren von Gomory zur Lösung ganzzahliger Programmierungsaufgaben beschreiben wir im Folgenden eine Variante des „primalen" Simplex-Verfahrens, den sog. „dualen" Simplex-Algorithmus. Ausgangspunkt ist die folgende duale Standardaufgabe:

$$(I^*) \qquad c^T \cdot x \to \min!, \quad Ax \geq b, \quad x \geq 0.$$

Es sei $c \geq 0$, aber für b werden keine Vorzeichenbedingungen gestellt. üblicherweise würde man zur Lösung dieser Aufgabe zunächst zu ihrer dualen übergehen:

$$(I) \qquad b^T \cdot y \to \max!, \quad A^T y \leq c, \quad y \geq 0,$$

und diese dann nach Einführung von Schlupfvariablen $v \geq 0$ mit dem üblichen Simplex-Verfahren behandeln. Aus dem optimalen Tableau ließe sich am Schluss eine Lösung von (I^*) nach der in Abschnitt 2.2.1 beschriebenen Methode gewinnen. Alternativ lässt sich Problem (I^*) aber auch in der folgenden Form schreiben:

$$(\tilde{I}^*) \qquad c^T \cdot x \to \min!, \quad -Ax \leq -b, \quad x \geq 0,$$

die nach Einführung von Schlupfvariablen $u \geq 0$ übergeht in

$$(\tilde{I}^*) \qquad c^T \cdot x \to \min!, \quad -Ax + Iu = -b, \quad x \geq 0,\ u \geq 0.$$

Das Problem bei der Lösung dieser Aufgabe mit dem Simplex-Verfahren besteht darin, dass im Falle $-b \ngeq 0$ durch $(x^0, u^0)^T = (0, -b)^T$ nicht automatisch eine zulässige Startecke gegeben ist. An dieser Stelle setzt der „duale" Simplex-Algorithmus an; er erzeugt im Gegensatz zum „primalen" Simplex-Algorithmus eine endliche Folge von Punkten, die zwar für (I^*) nicht zulässig sind, für deren Zielfunktionalwert aber stets

$$c^T \cdot x^0 \leq c^T \cdot x, \quad x \in M^*,$$

gilt. Nach endlich vielen Austauschschritten wird dann ein zulässiger Eckpunkt $\hat{x} \in M^*$ erreicht, der zwangsläufig optimal für (I^*) ist.

Ausgangspunkt: Wir betrachten das kanonische Programmierungsproblem

$$(\tilde{I}) \qquad c^T \cdot x \to \min!, \quad Ax = b, \ x \geq 0,$$

mit $c \geq 0$ (aber nicht notwendig $b \geq 0$). Sei $I^0 \subset \{1, \ldots, n\}$ und $A_0 = [a_i, i \in I^0]$ regulär. Der durch $x^0 = A_0^{-1}b$ und $x_i^0 := 0$, $i \notin I^0$ bestimmte Vektor des $\mathbb{R}^n$ löst zwar die Gleichung $Ax^0 = b$, doch ist er i. Allg. wegen $x^0 \ngeq 0$ nicht zulässig. Analog zur Herleitung des normalen Simplex-Verfahrens erhalten wir die Gleichungen

$$x_i = \sum_{k \notin I^0} \alpha_{ik} x_k + x_i^0 \quad (i \in I^0),$$
$$z = \sum_{k \notin I^0} \gamma_k x_k + c^T \cdot x^0, \quad \gamma_k = \sum_{i \in I^0} \alpha_{ik} c_i + c_k, \quad k \notin I^0,$$

die notwendig (und hinreichend) von jedem $x \in \mathbb{R}^n$ mit $Ax = b$ erfüllt werden. Das zugehörige Simplex-Tableau ist:

	x_k $(k \notin I^0)$	
x_i $(i \in I^0)$	α_{ik} $(i \in I^0,\ k \notin I^0)$	x_i^0 $(i \in I^0)$
z	γ_k $(k \notin I^0)$	$c^T \cdot x^0$

Im Normalfall $x_i^0 \geq 0$ ist x^0 zulässige Ecke und für $\gamma_k \geq 0$ notwendig optimal. Wir nehmen jetzt an, dass am Anfang $\gamma_k \geq 0$ ist (aber nicht notwendig $x_i^0 \geq 0$), d. h.:

$$z = c^T \cdot x \geq c^T \cdot x^0, \quad x \in M^*.$$

Der „duale " Simplex-Algorithmus sucht nun durch Basiswechsel die negativen Komponeneten von x^0 zu beseitigen, ohne die Eigenschaft $\gamma_k \geq 0$ zu verlieren.

Der Algorithmus:

1. Gilt $x_i^0 \geq 0$ $(i \in I^0)$, so ist x^0 zulässig und wegen

$$c^T \cdot x = \sum_{k \notin I^0} \gamma_k x_k + c^T \cdot x^0 \geq c^T \cdot x^0, \quad x \in M^*,$$

auch optimal.

2. Gibt es ein $p \in I^0$ mit $x_p^0 < 0$, so sind zwei Fälle zu unterscheiden:

a) Im Falle $\alpha_{pk} \leq 0$ $(k \notin I^0)$ folgt für $x \in M$ der Widerspruch

$$0 \leq x_p = \sum_{k \notin I^0} \alpha_{pk} x_k + x_p^0 < 0,$$

d. h.: $M = \emptyset$ und die Aufgabe ist folglich nicht lösbar.

b) Gibt es Indizes $q \notin I^0$ mit $\alpha_{pq} > 0$, so wird die Variable x_p gegen eine noch auszuwählende der x_q ausgetauscht. Man erhält so wieder eine Basis. Das Auswahlkriterion ist:

$$(R^*) \qquad q \in I^0 : \quad \frac{\gamma_q}{\alpha_{pq}} = \min_{\alpha_{pk}>0} \frac{\gamma_k}{\alpha_{pk}} \geq 0.$$

Der Austauschschritt, d. h. der Übergang von der Indexmenge I^0 zur Indexmenge $\tilde{I}^0 = (I^0 \setminus \{p\}) \cup \{q\}$ mit entsprechendem Basiswechsel, verläuft wie folgt:

- Pivotelement:

$$\alpha_{pq} \to \tilde{\alpha}_{qp} = \frac{1}{\alpha_{pq}};$$

- Pivotspalte:

$$\alpha_{iq} \to \tilde{\alpha}_{ip} = \frac{\alpha_{iq}}{\alpha_{pq}} \quad (i \in I^0,\ i \neq p),$$
$$\gamma_q \to \tilde{\gamma}_p = \frac{\gamma_q}{\alpha_{pq}};$$

- Pivotzeile:

$$\alpha_{pk} \to \tilde{\alpha}_{qk} = -\frac{\alpha_{pk}}{\alpha_{pq}} \quad (k \notin I^0,\ k \neq q),$$
$$x_p^0 \to \tilde{x}_p^0 = -\frac{x_p^0}{\alpha_{pq}};$$

- Sonstige:

$$\alpha_{ik} \to \tilde{\alpha}_{ik} = \alpha_{ik} - \frac{\alpha_{iq}\alpha_{pk}}{\alpha_{pq}} \quad (i \in I^0,\ i \neq p,\ k \notin I^0,\ k \neq q),$$
$$\gamma_k \to \tilde{\gamma}_k = \gamma_k - \frac{\gamma_q\alpha_{pk}}{\alpha_{pq}} \quad (k \notin I^0),$$
$$x_i^0 \to \tilde{x}_i^0 = x_i^0 - \frac{\alpha_{iq}x_p^0}{\alpha_{pq}} \quad (i \in I^0),$$
$$c^T \cdot x^0 \to c^T \cdot \tilde{x}^0 = c^T \cdot x^0 - \frac{\gamma_q x_p^0}{\alpha_{pq}}.$$

Satz 3.2: *Ist zu Beginn $\gamma_k \geq 0$ $(k \notin I^0)$, so liefert der „duale“ Simplex-Algorithmus mit der Auswahlregel (R^*) in endlich vielen Austauschschritten eine Lösung der Programmierungsaufgabe $(\tilde{I})$ oder erweist ihre Unlösbarkeit, wenn keine Zyklen auftreten.*

Beweis: Im Falle $\gamma_k \geq 0$ $(k \notin I^0)$ ist nach dem Austauschschritt:

$$\tilde{\gamma}_p = \frac{\gamma_q}{\alpha_{pq}} \geq 0, \quad \tilde{x}_q^0 = -\frac{x_p^0}{\alpha_{pq}} > 0,$$

und

$$a) \qquad \alpha_{pk} \leq 0 : \quad \tilde{\gamma}_k = \gamma_k + \frac{\gamma_q}{\alpha_{pq}}(-\alpha_{pk}) \geq \gamma_k \geq 0,$$

$$b) \qquad \alpha_{pk} > 0 : \quad \tilde{\gamma}_k = \alpha_{pk}\Big(\frac{\gamma_k}{\alpha_{pk}} - \frac{\gamma_q}{\alpha_{pq}}\Big) \geq 0,$$

sowie

$$c^T \cdot \tilde{x}^0 = c^T \cdot x^0 + \frac{\gamma_q}{\alpha_{pq}}(-x_p^0) \begin{cases} > c^T \cdot x^0 & (\gamma_q > 0) \\ = c^T \cdot x^0 & (\gamma_q = 0) \end{cases}.$$

Jeder Austauschschritt bewirkt also eine Vergrößerung (bzw. Nicht-Verkleinerung) des Zielfunktionalwerts unter Beibehaltung der Eigenschaft $\gamma_k \geq 0$ $(k \in I^0)$. Wenn Zyklen ausgeschlossen sind, d. h. wenn jede Basis höchstens einmal auftritt, muss also in endlich vielen Schritten ein Tableau erreicht werden, das zu einer Basis gehört, für die der zugehörige Punkt $x^0 \in M$ ist, wenn ein solcher überhaupt existiert. Wegen

$$c^T \cdot x \geq c^T \cdot x^0, \quad x \in M,$$

ist dieser Punkt dann notwendig Lösung der Aufgabe $(\tilde{I})$. Q.E.D.

Zum sicheren Ausschluss von Zyklen kann die Auswahlregel (R^*) geeignet verfeinert werden zu $(\tilde{R}^*)$ (analog zum normalen Simplex-Algorithmus).

3.3 Das Schnittverfahren von Gomory

Wir betrachten nun das übliche kanonische Problem

$$(II) \qquad c^T \cdot x \to \min!, \quad Ax = b, \quad x \geq 0,$$

mit $b \geq 0$ und der Zusatzbedingung $x \in \mathbb{Z}^n$. Man löse zunächst Aufgabe (II) ohne Berücksichtigung der Bedingung $x \in \mathbb{Z}^n$ mit Hilfe des Simplex-Verfahrens. I. Allg. wird die gefundene Lösung $\hat{x}$ nicht ganzzahlig sein. Der zulässige Bereich M wird durch eine zusätzliche Bedingung (einen „Schnitt") so eingeschränkt, dass $\hat{x}$ nicht mehr enthalten ist, aber alle vorher zulässigen *ganzzahligen* Punkte zulässig bleiben. Geometrisch bedeutet das, dass eine Hyperebene bestimmt wird, welche die nichtganzzahlige, optimale Ecke $\hat{x}$ von den übrigen zulässigen, ganzzahligen Punkten trennt (s. Abb. 3.3).

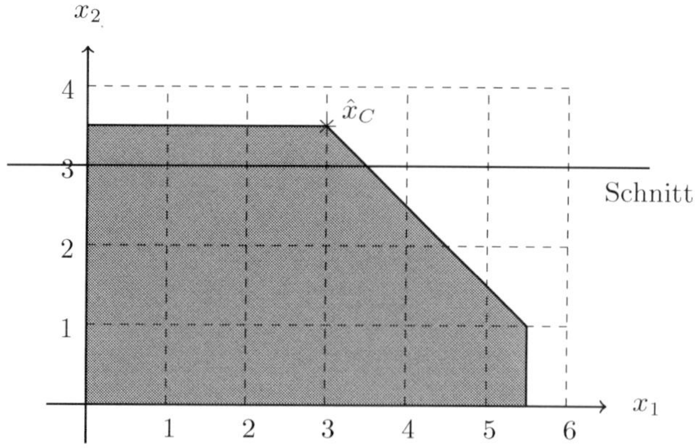

Abbildung 3.1: *Schema der Gomoryschen Schnitt-Methode*

Das Problem wird dann mit der neuen Menge M wieder mit dem Simplex-Verfahren gelöst, u.s.w.. Durch die Schnitte wird die zulässige Menge nach und nach auf die konvexe Hülle ihrer ganzzahlichen Punkte reduziert. Man kann zeigen, dass es möglich ist, so in endlich vielen Schritten ein ganzzahliges Minimum (bezogen auf alle ganzzahligen Punkte) zu finden, wenn ein solches überhaupt existiert.

Die Anwendung des normalen Simplex-Algorithmus auf Problem (II) (Phase I + II) führe auf das Endtableau

	x_k	
x_i	α_{ik}	x_i^0
	γ_k	$c^T \cdot x^0$

mit $\gamma_k \geq 0$ $(k \notin I^0)$ und $x_i^0 \geq 0$ $(i \in I^0)$. Dieses beinhaltet die zur Ausgangsgleichung $Ax = b$ äquivalenten Gleichungen

$$x_i = \sum_{k \notin I^0} \alpha_{ik} x_k + x_i^0 \quad (i \in I^0), \tag{3.3.3}$$

und die Beziehung

$$c^T \cdot x = \sum_{k \notin I^0} \gamma_k x_k + c^T \cdot x^0, \quad x \in M. \tag{3.3.4}$$

Im Falle $x_i^0 \in \mathbb{Z}$ $(i \in I^0)$ ist x^0 ganzzahlige Lösung und folglich auch Lösung der ganzzahligen Programmierungsaufgabe.

Für Zahlen $a \in \mathbb{R}$ wird die Zerlegung $a = [a] + \{a\}$ in ihren „ganzzahligen“ Anteil $[a] \in \mathbb{Z}$ und ihren „gebrochenen“ Anteil $\{a\} \in [0, 1)$ eingeführt. Sei nun $x_p^0 \notin \mathbb{Z}$ für ein $p \in I^0$. Für alle Punkte $x \in M \cap \mathbb{Z}^n$ gilt gemäß (3.3.3):

$$x_p + \sum_{k \notin I^0} [-\alpha_{pk}] x_k - [x_p^0] = -\sum_{k \notin I^0} \{-\alpha_{pk}\} x_k + \{x_p^0\}. \tag{3.3.5}$$

Die linke Seite ist offenbar ganzzahlig und damit auch die rechte Seite. Ferner gilt

$$0 \leq \{-\alpha_{pk}\},\ \{x_p^0\} < 1, \quad -\sum_{k \notin I^0} \{-\alpha_{pk}\} x_k \leq 0.$$

Dies impliziert notwendig, dass

$$-\sum_{k \notin I^0} \{-\alpha_{pk}\} x_k + \{x_p^0\} < 1$$

und folglich, wegen der Ganzzahligkeit des Terms,

$$-\sum_{k \notin I^0} \{-\alpha_{pk}\} x_k + \{x_p^0\} \leq 0.$$

Für Punkte $x \in M \cap \mathbb{Z}^n$ muss also gelten:

$$(S) \qquad -\sum_{k \notin I^0} \{-\alpha_{pk}\} x_k + \{x_p^0\} \leq 0. \tag{3.3.6}$$

Für den optimalen Punkt x^0 mit $x_p^0 \notin \mathbb{Z}$ gilt dagegen wegen $x_i^0 = 0,\ i \notin I^0$:

$$-\sum_{k \notin I^0} \{-\alpha_{pk}\} x_k + \{x_p^0\} = \{x_p^0\} > 0. \tag{3.3.7}$$

Die Zusatzbedingung (S) „trennt" also den Punkt x^0 von allen zulässigen, ganzzahligen Punkten. Damit haben wir das folgende Lemma bewiesen.

Lemma 3.2: *Jeder Punkt $x \in M \cap \mathbb{Z}^n$ erfüllt die Schnittbedingung (S), während der optimale, aber nichtganzzahlige Punkt $x^0 \in M$ sie nicht erfüllt.*

Die Schnittbedingung (S) wird nun durch Einführung einer Schlupfvariablen $s_1 \geq 0$ in eine Gleichungsnebenbedingung umgeformt,

$$s_1 - \sum_{k \notin I^0} \{-\alpha_{pk}\} x_k = -\{x_p^0\}, \tag{3.3.8}$$

und diese dem obigen Endtableau hinzugefügt. Die neue Variable s_1 wird also „Basisvariable", allerdings mit dem nicht zulässigen Wert $s_1 = -\{x_p^0\} < 0$. Das so gewonnene Tableau ist *kein* zulässiges Ausgangstableau für die normale Simplex-Methode, wohl aber für ihr *duales* Gegenstück (Man beachte, dass $\gamma_k \geq 0, k \notin I^0$.). Dies ist die eigentliche Motivation für die Einführung der *dualen* Simplex-Methode.

Ausgehend vom erweiterten Tableau

	x_k	
x_i	α_{ik}	x_i^0
s_1	$\{-\alpha_{pk}\}$	$-\{x_p^0\}$
	γ_k	$-c^T \cdot x^0$

werden nach den Regeln der dualen Simplex-Methode Basiswechsel vorgenommen, bis alle Einträge in der letzten Spalte wieder nicht negativ sind. Dabei bleibt $\gamma_k \geq 0$, und der Zielfunktionalwerte wird nicht verkleinert. Man erhält also ein „optimales" Tableau für die durch einen Gomory-Schnitt modifizierte (nicht ganzzahlige) Aufgabe (II). Die ausführliche Konvergenzanalyse dieses Algorithmus kann hier nicht gegeben werden, doch soll die Vorgehensweise an einem Beispiel illustriert werden. Bei der Wahl des Index $p \in I^0$ für den Schnitt wird im Folgenden nach der Regel vorgegangen, den mit größtem gebrochenen Anteil $\{x_p^0\}$ zu nehmen.

Beispiel 3.1: Wir betrachten die folgende ganzzahlige Programmierungsaufgabe:

$$(\tilde{I}) \qquad x \in \mathbb{Z}_+^2: \quad 3x_1 + x_2 \to \max! \\ x_1 + 2x_2 \le 8, \\ 3x_1 - 4x_2 \le 12.$$

Nach Einführung von Schlupfvariablen x_3, x_4 geht diese Aufgabe über in die kanonische Form:

$$(\tilde{II}) \qquad x \in \mathbb{Z}_+^4: \quad -3x_1 - x_2 \to \min! \\ x_1 + 2x_2 + x_3 = 8, \\ 3x_1 - 4x_2 + x_4 = 12.$$

i) Normales Simplex-Verfahren: Anwendung des normalen Simplex-Algorithmus mit Auswahlregel (R) ergibt die folgenden Tableaus:

	x_1	x_2		γ_q/α_{iq}
x_3	-1	-2	8	-8
x_4	$\boxed{-3}$	4	12	-4
	$\boxed{-3}$	-1	0	

$\to$

	x_4	x_2	
x_3	$1/3$	$\boxed{-10/3}$	4
x_1	$-1/3$	$4/3$	4
	1	$\boxed{-5}$	-12

$\to$

	x_4	x_3	
x_2	$1/10$	$-3/10$	$6/5$
x_1	$-1/5$	$-2/5$	$28/5$
	$1/2$	$3/2$	-18

Wir entnehmen die „kontinuierliche" Lösung $(x_1, x_2)^T = (28/5, 6/5)^T$ mit dem zugehörigen Zielfunktionalwert $z = 18$.

a) Rundung der „kontinuierlichen" Lösung auf Ganzzahligkeit ergibt:

$$(\tilde{x}_1, \tilde{x}_2)^T = (6,1)^T, \quad z = 19 \text{ (nicht zulässig);}$$

b) Abschneiden der „kontinuierlichen" Lösung auf Ganzzahligkeit ergibt:

$$(\bar{x}_1, \bar{x}_2)^T = (5,1)^T, \quad z = 16 \text{ (zulässig);}$$

ii) Die Gomorysche Schnitt-Methode führt auf den ersten Schnitt:

$$s_1 - \frac{1}{5}x_4 - \frac{2}{5}x_3 = -\frac{3}{5}$$

	x_4	x_3	
x_2	$1/10$	$-3/10$	$6/5$
x_1	$-1/5$	$-2/5$	$28/5$
s_1	$\boxed{1/5}$	$2/5$	$\boxed{-3/5}$
	$1/2$	$3/2$	-18
γ_k/α_{ik}	$5/2$	$15/4$	

$\to$

	s_1	x_3	
x_2	$1/2$	$-1/2$	$3/2$
x_1	-1	0	5
x_4	5	-2	3
	$5/2$	$1/2$	$-33/2$

Als zweiter Schnitt ergibt sich ($p = 2$):

$$s_2 + \frac{1}{2}s_1 - \frac{1}{2}x_3 = -\frac{1}{2}$$

	s_1	x_3	
x_2	$1/2$	$-1/2$	$3/2$
x_1	-1	0	5
x_4	5	-2	3
s_2	$1/2$	$1/2$	$-1/2$
	$5/2$	$1/2$	$-33/2$
γ_k/α_{ik}	5	1	

$\rightarrow$

	s_1	s_2	
x_2	$*$	-1	1
x_1	$*$	0	5
x_4	$*$	-4	1
x_3	-1	2	1
	2	1	-16

Die gewonnene ganzzahlige Lösung ist $(x_1, x_2)^T = (5, 1)^T$ mit dem Wert $z = 16$.

3.4 Übungsaufgaben

Aufgabe 3.1: Für die Programmierungsaufgabe

$$c^T \cdot x \to \min!, \quad Ax = b, \quad x \geq 0,$$

sei ein Simplextableau zur Basis $B = \{a_i,\ i \in I^0\}$ gegeben. Die Einträge x_i^0 $(i \in I^0)$ der letzten Spalte und die γ_k $(k \neq I^0)$ in der letzten Zeile brauchen dabei nicht notwendig nicht-negativ zu sein.

Man zeige, dass für jedes Pivotelement $\alpha_{pq} \neq 0$, $p \in I^0$, $q \neq I^0$, automatisch $\tilde{B} = \{a_i,\ i \in \tilde{I}^0 = (I^0 \setminus \{p\}) \cup \{q\}\}$ wieder eine Basis ist. Der Austauschschritt des *primalen* (für $\alpha_{pq} < 0$) bzw. des *dualen* (für $\alpha_{pq} > 0$) Simplex-Algorithmus führt dann auf ein Tableau zu dieser neuen Basis $\tilde{B}$.

Aufgabe 3.2: Man löse die Programmierungsaufgabe

$$\begin{aligned} 5x_1 + 6x_2 &\to \min! \\ x_1 \geq 0,\ x_2 &\geq 0, \\ 2x_1 + x_2 &\geq 6, \\ 2x_1 + 4x_2 &\geq 12, \end{aligned}$$

mit Hilfe des *dualen* Simplex-Algorithmus.

Aufgabe 3.3: Das klassische Transportproblem aus dem Text beinhaltet die Gleichungsnebenbedingung

$$Ax = (a, b)^T,$$

für dem Zustandsvektor $x_{i,j=1}^{m,n} = (x_{11}, \dots, x_{m1}, \dots, x_{1n}, \dots, x_{mn})^T$ der transportierten Mengen mit den Vektoren $a = (a_i)_{i=1}^m$, $b = (b_j)_{j=1}^n$ und der folgenden Matrix $A \in \mathbb{R}^{m \times n}$:

$$A = \begin{bmatrix}
 & x_{11} & & \dots & & x_{1n} & & & \\
 & & & x_{21} & & \dots & & x_{2n} & \\
 & & & & & \ddots & & & \\
 & & & & & & & x_{m1} & \dots \; x_{mn} \\
x_{11} + & & x_{21} + & & & \dots & x_{m1} & & \\
 & x_{12} + & & x_{22} + & & \dots & & x_{m2} & \\
 & \ddots & & & \ddots & & & \ddots & \\
 & & x_{1n} + & & x_{2n} + & \dots & & & x_{mn}
\end{bmatrix}$$

Man verifiziere, dass diese Matrix den $\mathrm{Rang}(A) = m + n - 1$ hat.

Aufgabe 3.4: Man löse die ganzzahlige Programmierungsaufgabe

$$\begin{aligned}
x \in \mathbb{Z}_+^2 : \quad 3x_1 - x_2 &\to \max! \\
3x_1 - 2x_2 &\le 3, \\
-5x_1 - 4x_2 &\le -10, \\
2x_1 + x_2 &\le 5,
\end{aligned}$$

mit Hilfe der Gomoryschen Schnitt-Methode und vergleiche das Ergebnis mit dem durch Abschneiden der „kontinuierlichen" Lösung gewonnenen.

4 Innere-Punkte-Methoden

Innere-Punkte-Verfahren sind neben dem klassischen Simplex-Verfahren eine zweite Klasse von Lösungsmethoden für lineare Optimierungsaufgaben. Sie sind aber auch für allgemeiner Problemtypen wie z. B. „quadratische“ Optimierungsaufgaben anwendbar. Im Gegensatz zur Simplex-Methode, die zur Klasse der sog. „Active-Set“-Methoden gehört, und systematisch (in endlich vielen Schritten) Eckpunkte entlang des Randes des zulässigen Bereichs durchlaufen, gehen Innere-Punkte-Methoden, wie der Name andeutet, durch das Innere des zulässigen Bereichs und konvergieren in der Regel (in unendlich vielen Schritten) gegen einen Optimalpunkt am Rande. Die Innere-Punkte-Methoden gestatten im Gegensatz zum Simplex-Verfahren den theoretischen Nachweis, dass sie im Prinzip von polynomialer Komplexität sind. Ihre Durchführung ist aber von wesentlich höherer Komplexität als das Simplex-Verfahren und erfordert mehr Erfahrung bei der Wahl von Verfahrensparametern. Sie sind besonders geeignet für sehr große, „dünn besetzte“ Aufgaben. Zur Lösung von „ganzzahligen“ Aufgaben und in Verbindung mit „Schnittebenen-Verfahren“ in der konvexen Optimierung (sog. „Branch and Bound“-Verfahren), die in einem späteren Kapitel betrachtet werden, sind sie weniger geeignet.

Bemerkung 4.1 (Exponentielle Komplexität der Simplex-Methode): Für einen Parameter $\delta \in (0, 0.5)$ und beliebiges $n \in \mathbb{N}$ mit $n \geq 2$ betrachten wir folgendes Beispiel eines Linearen Programms (nach Victor Klee & George J. Minty 1972):

$$\begin{aligned} x \in \mathbb{R}^n: \quad & -x_n \to \min! \\ & x_i \geq 0, \quad i = 1, \dots, n, \\ & 0 \leq x_1 \leq 1, \\ & \delta x_{i-1} \leq x_i \leq (1-\delta) x_{i-1}, \quad i = 2, \dots, n. \end{aligned} \tag{4.0.1}$$

Der zulässige Bereich der Aufgabe (4.0.1) ist ein konvexes Polyeder in $\mathbb{R}^n$ in Form eines deformierten Würfels. Man sieht direkt ein, dass der Ursprung $x = 0$ eine zulässige Basislösung ist. Startet man das Simplex-Verfahren damit und wählt man die Pivotspalte wie üblich danach aus, dass der Zielfunktionskoeffizient γ_k minimal ist, dann durchläuft das Simplex-Verfahren alle Ecken des Würfels, d. h.: Es werden 2^{n-1} Iterationen ausgeführt. Mit n wächst somit die Anzahl der Iterationen exponentiell. Man kann nun einwenden, dass bei anderer (geeigneter) Pivotwahl bereits nach weniger Iterationen die Optimallösung erreicht wird. Bisher konnte aber stets gezeigt werden, dass für jede vorgegebene Pivotwahl ein Beispiel existiert, so dass die Anzahl der Iterationen exponentiell mit der Problemgröße ansteigt. Das Simplex-Verfahren hat also generisch exponentielle arithmetische Komplexität.

Bemerkung 4.2 (Verfahren mit polynomialer Komplexität): Leonid Khachiyans Ellipsoid-Algorithmus aus dem Jahre 1979 war das erste polynomiale Verfahren zur Lösung von LP-Problemen. Zur Lösung benötigt es höchstens $\mathcal{O}(n^2 L)$ Iterationen. Leider ist diese Methode in der Praxis viel langsamer als das Simplex-Verfahren, sogar bei kleinen Problemen. Im Jahr 1984 publizierte Narendra Krishna Karmarkar einen Algorithmus zur

Lösung von LP-Problemen mit einer Komplexitätsschranke von $\mathcal{O}(nL)$ Iterationen. Neben seiner guten Komplexität ist dieses Verfahren in der Lage, auch praktische Probleme effizient zu lösen. Dennoch hat sich dieses Verfahren in der Praxis nicht durchgesetzt, vermutlich deshalb, weil es eine Vorabtransformation benötigt, bevor es angewandt werden kann. Die beste bisher erreichte Komplexitätsschranke zur Lösung von LP-Problemen liegt bei $\mathcal{O}(\sqrt{n}L)$. Auch wenn sich Verfahren mit günstiger Komplexitätsschranke in der Praxis nicht immer als wirklich effizient erwiesen haben, so haben die Forschungsaktivitäten auf diesem Gebiet dazu geführt, dass in den letzten Jahren sehr effiziente Verfahren zur Lösung von LP-Problemen entstanden sind. Diese stellen insbesondere für große Aufgaben eine gute Alternative zum Simplex-Verfahren dar. Hierzu gehören die im Folgenden vorgestellten „(Primal-Dualen)-Innere-Punkte-Verfahren".

4.1 Idee der (primal-dualen) Innere-Punkte-Methoden

Wir betrachten wieder lineare Programme in der Normalform und die zugehörigen dualen Probleme (mit Schlupfvariabeln):

$$(II) \quad x \in \mathbb{R}^n: \quad c^T \cdot x \to \min! \qquad\qquad (II^*) \quad y \in \mathbb{R}^m: \quad b^T \cdot y \to \max!$$
$$x \geq 0, \quad Ax = b, \qquad\qquad A^T y + z = c, \quad z \geq 0,$$

mit gegebenen Matrizen $A \in \mathbb{R}^{m\times n}$ und Vektoren $c \in \mathbb{R}^n, b \in \mathbb{R}^m$. Es wird wieder angenommen, dass $n > m$ und $\mathrm{Rang}(A) = m$.

Innere-Punkte-Verfahren erzeugen Folgen von Punkten $(x^k, y^k, z^k), k \in \mathbb{N}$, $x^k, z^k \geq 0$, welche gegen Lösungen der Aufgaben (II) und (II^*) konvergieren. Ein solches Verfahren heißt „zulässig", wenn alle Iterierten zulässige *innere* Punkte von D sind, d. h.:

$$Ax^k = b, \quad x^k > 0, \quad A^T y^k + z^k = c, \quad z^k > 0; \tag{4.1.2}$$

andernfalls heißt das Verfahren „unzulässig". Dies setzt voraus, dass die folgenden Bedingungen erfüllt sind:

$$\begin{aligned} M_0 &= \{x \in \mathbb{R}^n \,|\, x > 0,\ Ax = b\} \neq \emptyset, \\ M_0^* &= \{(y,z) \in \mathbb{R}^m \times \mathbb{R}^n \,|\, A^T y + z = c,\ z > 0\} \neq \emptyset, \\ \Omega_0 &:= \{(x,y,z) \in \mathbb{R}^n \times \mathbb{R}^m \times \mathbb{R}^n \,|\, Ax = b,\ A^T y + z = c,\ x, z > 0\} \neq \emptyset. \end{aligned} \tag{4.1.3}$$

Unter diesen Bedigungen besitzen insbesondere die primalen und dualen Probleme (II) und (II^*) Lösungen $\hat{x} \in M$ bzw. $(\hat{y}, \hat{z}) \in M^*$. Diese Bedingungen sind wesentlich für die im Folgenden betrachteten Innere-Punkte-Methoden. Sie sind aber nicht immer erfüllt, wie das folgende Beispiel zeigt.

Beispiel 4.1: Der zulässige Bereich M des folgenden linearen Programms

$$x \in \mathbb{R}^3: \quad 2x_1 + x_2 \to \min!$$
$$x_1, x_2 \geq 0, \quad x_1 + x_2 + x_3 = 5, \quad x_1 + x_3 = 5,$$

ist nicht leer: es existiert also eine Optimallösung. Andererseits muss für jeden zulässigen Punkt $x_2 = 0$ sein, so dass $M_0 = \{x \in \mathbb{R}^n \,|\, x > 0,\ Ax = b\} = \emptyset$.

Das primal-duale System

Gemäß der Ergebnisse der Dualitätstheorie aus Kapitel 1 gelten für je zwei zulässige Punkte $x \in M$ und $(y,z) \in M^*$ von (II) bzw. (II^*) die Beziehungen

$$0 \le x^T \cdot z = x^T \cdot (c - A^T y) = c^T \cdot x - (Ax)^T \cdot y = c^T \cdot x - b^T \cdot y, \tag{4.1.4}$$

bzw.

$$b^T \cdot y \le c^T \cdot x, \quad x \in M,\ (y,z) \in M^*. \tag{4.1.5}$$

Optimallösungen $\hat{x} \in M$ und $(\hat{y}, \hat{z}) \in M^*$ sind dadurch charakterisiert, dass in (4.1.5) Gleichheit gilt: $b^T \cdot \hat{y} = c^T \cdot \hat{x}$. Dies wiederum ist offenbar äquivalent zu (wegen $\hat{x}, \hat{z} \ge 0$)

$$\hat{x}^T \cdot \hat{z} = 0 \quad \text{bzw.} \quad \hat{x}_i \hat{z}_i = 0,\ i = 1, \dots, n. \tag{4.1.6}$$

Dies impliziert, dass die Optimallösung $(\hat{x}, \hat{y}, \hat{z}) \in M \times M^*$ von (II) und (II^*) als Lösung des folgenden (nichtlinearen) Gleichungssystems gegeben ist:

$$\Psi_0(x,y,z) := \begin{bmatrix} Ax - b \\ A^T y + z - c \\ XZe \end{bmatrix} = \begin{bmatrix} 0 \\ 0 \\ 0 \end{bmatrix}, \quad x, z \ge 0, \tag{4.1.7}$$

mit den $(n \times n)$-Diagonalmatrizen $X := \mathrm{diag}(x_i)$, $Z := \mathrm{diag}(z_i)$ und dem n-Vektor $e := (1, \dots, 1)^T$. Die Jacobi[1]-Matrix $D\Psi_0(x,y,z,)$ der Abbildung $\Psi_0(\cdot,\cdot,\cdot) : M_0 \times M_0^* \to \mathbb{R}^m \times \mathbb{R}^n \times \mathbb{R}^n$ hat die Gestalt

$$D\Psi_0(x,y,z) = \begin{bmatrix} A & 0 & 0 \\ 0 & A^T & I \\ Z & 0 & X \end{bmatrix}.$$

Lemma 4.1: *Unter den Voraussetzungen* $\mathrm{Rang}(A) = m$ *und* $(x,z)^T > 0$ *ist die Jacobi-Matrix* $D\Psi_0(x,y,z)$ *regulär.*

Beweis: Wegen $(x,z)^T > 0$ sind die Diagonalmatrizen X und Z positiv definit. Angenommen, es gäbe einen Vektor $(u,v,w)^T \ne 0$ mit $D\Psi_0(x,y,z)(u,v,w) = 0$. Damit gilt dann

$$Au = 0, \quad A^T v + w = 0, \quad Zu + Xw = 0,$$

und folglich $u^T \cdot w = -u^T \cdot A^T v = -(Au)^T \cdot v = 0$. Weiter folgt dann $u = -Z^{-1} X w$ und damit $0 = u^T \cdot w = -w^T \cdot X Z^{-1} w$. Wegen der Positivdefinitheit von XZ^{-1} ist

[1]Carl Gustav Jakob Jacobi (1804–1851): Deutscher Mathematiker; schon als Kind hochbegabt; wirkte in Königsberg und Berlin; Beiträge zu vielen Bereichen der Mathematik: zur Zahlentheorie, zu elliptischer Funktionen, zu partiellen Differentialgleichungen, zu Funktionaldeterminanten und zur theoretischen Mechanik.

also $w = 0$. Damit ist auch $u = 0$. Schließlich ergibt dann $0 = A^T v + w = A^T v$ wegen $\mathrm{Rang}(A) = m$ auch $v = 0$, im Widerspruch zur Annahme. Q.E.D.

Es liegt also nahe, das System (4.1.7) ausgehend von einem Startvektor $(x^0, y^0, z^0)^T \in \mathbb{R}^{n+m+n}$ mit $(x^0, z^0) > 0$ mit Hilfe des Newton-Verfahrens zu lösen. Dabei besteht aber eine Schwierigkeit in der Tatsache, dass die gesuchte Lösung am Rand der Menge $\Omega = M \times M^*$ liegt. Denn die Gleichung $x^T \cdot z = 0$ impliziert, dass für jeden Index $i \in \{1, \ldots, n\}$ eine der beiden Komponenten x_i oder z_i gleich Null ist. Am Rand von Ω geht aber die Regularität der Jacobi-Matrix $D\Psi_0(x, y, z)$ verloren, so dass das Newton-Verfahren bei Annäherung an solche Punkte zunehmend problematisch wird. Um das „Innere" Ω_0 nicht zu verlassen, muss die Schrittweite im Newton-Verfahren geeignet beschränkt werden. Zur Umgehung dieses Problems wird das Newton-Verfahren auf die folgende „regularisierte" Funktion angewendet:

$$\Psi_\mu(x, y, z) := \begin{bmatrix} Ax - b \\ A^T y + z - c \\ XZe - \mu e \end{bmatrix} = \begin{bmatrix} 0 \\ 0 \\ 0 \end{bmatrix}, \qquad (4.1.8)$$

mit einem Parameter $\mu > 0$. In diesem Fall ist wegen $Xz = \mu e > 0$ gemäß Lemma 4.1 die zugehörige Jacobi-Matrix ebenfalls regulär:

$$D\Psi_\mu(x, y, z) = \begin{bmatrix} A & 0 & 0 \\ 0 & A^T & I \\ Z & 0 & X \end{bmatrix}$$

Definition 4.1: *Wenn das regularisierte primal-duale System (4.1.8) für jeden Parameterwert* $\mu > 0$ *eine eindeutige Lösung* $(x_\mu, y_\mu, z_\mu)^T \in M_0 \times M_0^*$ *besitzt, wird die Abbildung* $\mu \to (x_\mu, y_\mu, z_\mu)^T$ *als der „zentrale Pfad" der Optimierungsaufgabe (4.1.7) bezeichnet. Die zugehörige Größe*

$$n\mu = x_\mu \cdot z_\mu = c^T \cdot x_\mu - b^T \cdot y_\mu$$

wird als „Dualitätslücke" bezeichnet und dient als Maß für die Güte der Approximation des Optimalpunkts.

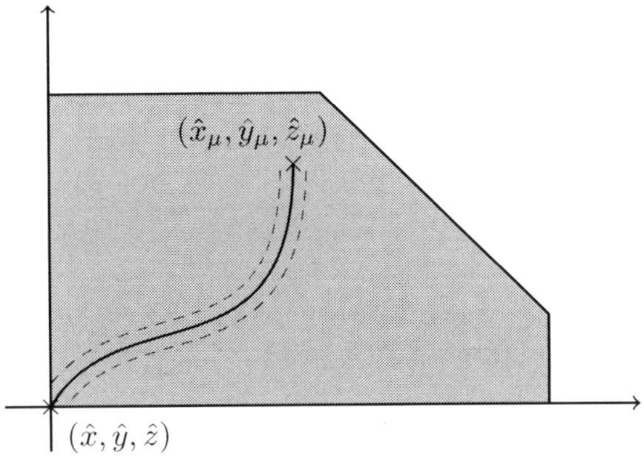

Abbildung 4.1: *Der zentrale Pfad zur Approximation einer Optimallösung am Rande*

Im Folgenden wollen wir zeigen, dass unter den obigen Bedingungen der „zentrale Pfad“ $(x_\mu, y_\mu, z_\mu)^T \in M_0 \times M_0^*$ existiert und gegen eine Lösung des primal-dualen Systems (4.1.7) konvergiert: $(x_\mu, y_\mu, z_\mu)^T \to (\hat{x}, \hat{y}, \hat{z})^T$ $(\mu \to 0)$. Die Elemente des zentralen Pfads können mit Hilfe des Newton-Verfahrens bestimmt werden. Um im Limes eine Lösung des ursprünglichen Optimierungsproblems zu erhalten, muss im Verlauf der Newton-Iteration der Regularisierungsparameter $\mu > 0$ fortlaufend geeignet verkleinert werden, ohne die Newton-Konvergenz zu beeinträchtigen. Zum Nachweis dieser Aussagen sind einige Vorbereitungen notwendig.

4.2 Das Newton-Verfahren im $\mathbb{R}^n$

Wir betrachten das Newton[2]-Verfahren zur Lösung nichtlinearer Gleichungssysteme mit stetig differenzierbaren Abbildungen $f : D \subset \mathbb{R}^n \to \mathbb{R}^n$. Dabei ist D eine gegebene, offene und konvexe Teilmenge. Mit einer Nullstelle $z \in D$ gilt durch Linearisierung

$$0 = f(z) = f(x) + f'(x)(z - x) + o(\|z - x\|), \quad x \in D, \tag{4.2.9}$$

mit der Jacobi-Matrix $f'(\cdot)$ von $f(\cdot)$. Dies legt zur Approximation der Nullstelle folgende „Newton-Iteration“ nahe:

$$x^{t+1} = x^t - f'(x^t)^{-1} f(x^t), \quad t = 0, 1, 2 \dots. \tag{4.2.10}$$

In jedem Iterationsschritt ergibt sich ein lineares $(n \times n)$-Gleichungssystem mit $f'(x^t)$ als Koeffizientenmatrix:

$$f'(x^t)x^{t+1} = f'(x^t)x^t - f(x^t), \quad t = 0, 1, 2 \dots. \tag{4.2.11}$$

[2]Isaac Newton (1643–1727): Englischer Physiker und Mathematiker; wirkte an der Universität Cambridge und entwickelte u. a. die Grundlagen der klassischen Mechanik.

Dies macht das Newton-Verfahren wesentlich aufwendiger als eine einfache Fixpunktiteration; dafür konvergiert es aber auch sehr viel schneller. Das Newton-Verfahren wird meist in Form einer Defektkorrekturiteration durchgeführt (mit dem negativen „Defekt“ $d^t := -f(x^t)$):

$$f'(x^t)\delta x^t = d^t, \quad x^{t+1} = x^t + \delta x^t, \quad t = 0, 1, 2 \dots . \tag{4.2.12}$$

Dies spart gegenüber (4.2.11) pro Iterationsschritt eine Matrix-Vektor-Multiplikation.

Im Folgenden geben wir ein Konvergenzresultat für das Newton-Verfahren, welches nebenbei auch die Existenz einer Nullstelle sichert. Mit $\|\cdot\|$ seien die euklidische Vektornorm und ebenso die zugehörige natürliche Matrizennorm bezeichnet. Sei $f : D \subset \mathbb{R}^n \to \mathbb{R}^n$ eine differenzierbare Abbildung, für die eine Nullstelle z gesucht ist. Die Jacobi-Matrix $f'(\cdot)$ sei auf der Niveaumenge

$$D_* := \{x \in D \,|\, \|f(x)\| \le \|f(x^*)\|\}$$

zu einem festen Punkt $x^* \in D$ regulär mit gleichmäßig beschränkter Inverser:

$$\|f'(x)^{-1}\| \le \beta, \quad x \in D_*.$$

Ferner sei $f'(\cdot)$ auf D_* gleichmäßig Lipschitz-stetig:

$$\|f'(x) - f'(y)\| \le \gamma \|x - y\|, \quad x, y \in D_*.$$

Mit diesen Bezeichnungen haben wir den folgenden Satz von Newton-Kantorovich[3]

Satz 4.1 (Newton-Kantorovich): *Unter den vorausgehenden Voraussetzungen sei für den Startpunkt $x^0 \in D_*$ mit $\alpha := \|f'(x^0)^{-1} f(x^0)\|$ die folgende Bedingung erfüllt:*

$$q := \tfrac{1}{2}\alpha\beta\gamma < 1. \tag{4.2.13}$$

Dann erzeugt die Newton-Iteration

$$f'(x^t)x^{t+1} = f'(x^t)x^t - f(x^t), \quad t \ge 1, \tag{4.2.14}$$

eine Folge $(x^t)_{t\in\mathbb{N}} \subset D_*$, welche quadratisch gegen eine Nullstelle $z \in D_*$ von f konvergiert. Dabei gilt die a priori Fehlerabschätzung

$$\|x^t - z\| \le \frac{\alpha}{1-q} q^{(2^t - 1)}, \quad t \ge 1. \tag{4.2.15}$$

Beweis: Zum Startpunkt $x^0 \in D_*$ gehört die abgeschlossene, nicht leere Niveaumenge

$$D_0 := \{x \in D \,|\, \|f(x)\| \le \|f(x^0)\|\} \subset D_*.$$

[3] Leonid Witaljewitsch Kantorowitsch (1912–1986): Russischer Mathematiker; Prof. an der Universität Leningrad (1934–1960), an der Akademie der Wissenschaften (1961–1971) und an der Universität Moskau (1971–1976); fundamentale Beiträge zur Anwendung der linearen Optimierung in der Ökonomie, zur Funktionalanalysis und Numerik.

Wir betrachten die durch

$$g(x) := x - f'(x)^{-1} f(x), x \in D_0,$$

definierte stetige Abbildung $g : D_0 \to \mathbb{R}^d$.

i) Wir wollen zunächst einige Hilfsresultate ableiten. Für $x \in D_0$ sei gesetzt:

$$x_r := x - r f'(x)^{-1} f(x), \quad 0 \le r \le 1,$$

und $R := \max\{r | \, x_s \in D_0, 0 \le s \le r\} = \max\{r | \, \|f(x_s)\| \le \|f(x^0)\|, \, 0 \le s \le r\}$. Für die Vektorfunktion $h(r) := f(x_r)$ gilt

$$h'(r) = -f'(x_r) f'(x)^{-1} f(x), \qquad h'(0) = -h(0).$$

Für $0 \le r \le R$ ergibt dies

$$\begin{aligned}\|f(x_r)\| - (1-r)\|f(x)\| \le \|f(x_r) - (1-r)f(x)\| &= \|h(r) - (1-r)h(0)\| \\ = \Big\| \int_0^r h'(s)\, ds + rh(0) \Big\| &= \Big\| \int_0^r \{h'(s) - h'(0)\}\, ds \Big\| \\ \le \int_0^r \|h'(s) - h'(0)\|\, ds, &\end{aligned}$$

und ferner wegen $x_s - x = -s f'(x)^{-1} f(x)$:

$$\begin{aligned}\|h'(s) - h'(0)\| &= \|\{f'(x_s) - f'(x)\} f'(x)^{-1} f(x)\| \\ &\le \gamma \|x_s - x\| \|f'(x)^{-1} f(x)\| \le \gamma s \|f'(x)^{-1} f(x)\|^2.\end{aligned}$$

Dies ergibt

$$\|f(x_r)\| - (1-r)\|f(x)\| \;\le\; \tfrac{1}{2} r^2 \gamma \|f'(x)^{-1} f(x)\|^2. \tag{4.2.16}$$

Mit der Größe $\alpha_x := \|f'(x)^{-1} f(x)\|$ und der Voraussetzung $\|f'(x)^{-1}\| \le \beta$ folgt

$$\|f(x_r)\| \le (1 - r + \tfrac{1}{2} r^2 \alpha_x \beta \gamma) \|f(x)\|.$$

Im Falle $\alpha_x \le \alpha$ gilt dann wegen der Voraussetzung $\frac{1}{2}\alpha\beta\gamma < 1$:

$$\|f(x_r)\| \le (1 - r + r^2) \|f(x)\|.$$

Folglich ist in diesem Fall $R = 1$, d. h.: $g(x) \in D_0$. Für solche $x \in D_0$ gilt weiter

$$\|g(x) - g^2(x)\| = \|g(x) - g(x) + f'(g(x))^{-1} f(g(x))\| \le \beta \|f(g(x))\|.$$

Mit Hilfe der Abschätzung (4.2.16) für $r = 1$ folgt bei Beachtung von $g(x) = x_1$:

$$\|g(x) - g^2(x)\| \le \tfrac{1}{2} \beta\gamma \|f'(x)^{-1} f(x)\|^2 = \tfrac{1}{2} \beta\gamma \|x - g(x)\|^2. \tag{4.2.17}$$

ii) Nach diesen Vorbereitungen kommen wir nun zum Beweis des Satzes. Zunächst wollen wir zeigen, dass die Newton-Iterierten $(x^t)_{t\in\mathbb{N}}$ in D_0 existieren und die Ungleichung

$$\|x^t - g(x^t)\| = \|f'(x^t)^{-1}f(x^t)\| \le \alpha$$

erfüllen. Dies erfolgt durch vollständige Induktion. Für $t = 0$ ist die Aussage trivialerweise richtig; insbesondere ist wegen $\alpha_{x^0} = \alpha$ nach dem oben gezeigten $g(x^0) \in D_0$. Sei nun $x^t \in D_0$ eine Iterierte mit $g(x^t) \in D_0$ und $\|x^t - g(x^t)\| \le \alpha$. Dann folgt

$$\|x^{t+1} - g(x^{t+1})\| = \|g(x^t) - g^2(x^t)\| \le \tfrac{1}{2}\beta\gamma\|x^t - g(x^t)\|^2 \le \tfrac{1}{2}\alpha^2\beta\gamma \le \alpha$$

und somit nach dem oben Gezeigten $g(x^{t+1}) \in D_0$. Also existiert $(x^t)_{t\in\mathbb{N}} \subset D_0$. Als nächstes zeigen wir, dass diese Folge Cauchy-Folge ist. Mit Hilfe von (4.2.17) ergibt sich

$$\|x^{t+1} - x^t\| = \|g^2(x^{t-1}) - g(x^{t-1})\| \le \tfrac{1}{2}\beta\gamma\|g(x^{t-1}) - x^{t-1}\|^2 = \tfrac{1}{2}\beta\gamma\|x^t - x^{t-1}\|^2,$$

und bei Iteration dieser Abschätzung:

$$\begin{aligned}\|x^{t+1} - x^t\| &\le \tfrac{1}{2}\beta\gamma\big(\tfrac{1}{2}\beta\gamma\|x^{t-1} - x^{t-2}\|^2\big)^2 \le (\tfrac{1}{2}\beta\gamma)^{(2^2-1)}\|x^{t-1} - x^{t-2}\|^{(2^2)} \\ &\le (\tfrac{1}{2}\beta\gamma)^{(2^2-1)}\big(\tfrac{1}{2}\beta\gamma\|x^{t-2} - x^{t-3}\|^2\big)^{(2^2)} = (\tfrac{1}{2}\beta\gamma)^{(2^3-1)}\|x^{t-2} - x^{t-3}\|^{(2^3)}.\end{aligned}$$

Fortsetzung der Iteration bis $t = 0$ ergibt mit $q = \frac{1}{2}\alpha\beta\gamma$:

$$\|x^{t+1} - x^t\| \le (\tfrac{1}{2}\beta\gamma)^{(2^t-1)}\|x^1 - x^0\|^{(2^t)} \le (\tfrac{1}{2}\beta\gamma)^{(2^t-1)}\alpha^{(2^t)} \le \alpha q^{(2^t-1)}.$$

Für beliebiges $m \in \mathbb{N}$ folgt damit wegen $q < 1$:

$$\begin{aligned}\|x^{t+m} - x^t\| &\le \|x^{t+m} - x^{t+m-1}\| + \cdots + \|x^{t+2} - x^{t+1}\| + \|x^{t+1} - x^t\| \\ &\le \alpha q^{(2^{t+m-1}-1)} + \cdots + \alpha q^{(2^{t+1}-1)} + \alpha q^{(2^t-1)} \\ &\le \alpha q^{(2^t-1)}\big\{(q^{(2^t)})^{(2^{m-1}-1)} + \cdots + q^{(2^t)} + 1\big\} \\ &\le \alpha q^{(2^t-1)}\sum_{j=0}^{\infty}(q^{(2^t)})^j \le \frac{\alpha q^{(2^t-1)}}{1 - q^{(2^t)}}.\end{aligned}$$

Dies besagt, dass $(x^t)_{t\in\mathbb{N}} \subset D_0$ Cauchy-Folge ist. Deren Limes $z \in D_0$ ist dann notwendig ein Fixpunkt von g bzw. Nullstelle von f:

$$z = \lim_{t\to\infty} x^t = \lim_{t\to\infty} g(x^{t-1}) = g(z).$$

Durch Grenzübergang $m \to \infty$ erhalten wir auch die Fehlerabschätzung

$$\|z - x^t\| \le \frac{\alpha q^{(2^t-1)}}{1 - q^{(2^t)}} \le \frac{\alpha}{1-q}q^{(2^t-1)},$$

was den Beweis vervollständigt. Q.E.D.

Beispiel 4.2: Zur Bestimmung der Inversen $Z = A^{-1}$ einer regulären Matrix $A \in \mathbb{R}^{n\times n}$ wird gesetzt

$$f(X) := X^{-1} - A,$$

für $X \in \mathbb{R}^{n\times n}$ regulär. Eine Nullstelle dieser Abbildung $f(\cdot) : \mathbb{R}^{n\times n} \to \mathbb{R}^{n\times n}$ ist gerade die Inverse $Z = A^{-1}$. Diese soll mit dem Newton-Verfahren berechnet werden. Dazu ist zunächst eine Umgebung von A bzw. von A^{-1} zu bestimmen, auf der $f(\cdot)$ definiert und differenzierbar ist. Für $X \in K_\rho(A) := \{Z \in \mathbb{R}^{n\times n} \mid \|Z - A\| \le \rho\}$ mit $\rho < \|A^{-1}\|^{-1}$ folgt aus $X = A - A + X = A(I - A^{-1}(A - X))$ die Beziehung

$$\|A^{-1}(A - X)\| \le \|A^{-1}\|\,\|A - X\| \le \rho\|A^{-1}\| < 1,$$

d.h.: $I - A^{-1}(A - X)$ und damit auch X sind regulär. Als nächstes ist die Jacobi-Matrix $f'(\cdot)$ von $f(\cdot)$ als Abbildung von $\mathbb{R}^{n\times n}$ in sich zu bestimmen. Für die Durchführung des Newton-Verfahrens genügt es offensichtlich, die Wirkung von $f'(\cdot)$ auf Matrizen $Y \in \mathbb{R}^{n\times n}$ zu bestimmen. Wir wollen zeigen , dass

$$f'(X)Y = -X^{-1}YX^{-1}, \quad Y \in \mathbb{R}^{n\times n}.$$

Dies sieht man wie folgt: Aus $f(X) = X^{-1} - A$ folgt $Xf(X) = I - XA$. Für die Jacobi-Matrizen der rechten und linken Seite gilt

$$\begin{aligned}
\big([Xf(X)]'Y\big)_{j,k} &= \sum_{pq} \frac{\partial}{\partial x_{pq}} \sum_l x_{jl} f_{lk}(X)\, y_{pq} \\
&= \sum_{p,q} \sum_l \Big\{ \underbrace{\frac{\partial x_{jl}}{\partial x_{pq}}}_{\delta_{jp}\cdot\delta_{lq}} f_{lk}(X) + x_{jl} \frac{\partial f_{lk}}{\partial x_{pq}}(X) \Big\} y_{pq} \\
&= \sum_q f_{qk}(X) y_{jq} + \sum_{p,q} \sum_l x_{jl} \frac{\partial f_{lk}}{\partial x_{pq}}(X) y_{pq} \\
&= \big(Yf(X) + Xf'(X)Y\big)_{jk}.
\end{aligned}$$

Analog finden wir

$$[I - XA]'Y = -YA.$$

Also ist

$$-YA = Yf(X) + Xf'(X)Y = YX^{-1} - YA - Xf'(X)Y$$

bzw.

$$f'(X)Y = -X^{-1}YX^{-1}.$$

Das Newton-Verfahren

$$f'(X^t)X^{t+1} = f'(X^t)X^t - f(X^t)$$

erhält in diesem Fall also die Gestalt

$$-X^{t^{-1}}X^{t+1}X^{t^{-1}} = -X^{t^{-1}} \underbrace{X^t X^{t^{-1}}}_{=I} - X^{t^{-1}} + A$$

bzw.

$$X^{t+1} = 2X^t - X^tAX^t = X^t\{2I - AX^t\}. \tag{4.2.18}$$

Diese Iteration ist das mehrdimensionale Analogen der Iteration $x_{t+1} = x_t(2 - ax_t)$ im skalaren Fall zur divisionsfreien Berechnung des Kehrwertes $1/a$ einer Zahl $a \neq 0$. Über die Identität

$$X^{t+1} - Z = 2X^t - X^tAX^t - Z = -(X^t - Z)A(X^t - Z) \tag{4.2.19}$$

gewinnt man die Fehlerabschätzung

$$\|X^{t+1} - Z\| \le \|A\|\,\|X^t - Z\|^2. \tag{4.2.20}$$

Der Einzugsbereich der quadratischen Konvergenz für das Newton-Verfahren ist in diesem Fall also die Menge

$$\{X \in \mathbb{R}^{n\times n} |\ \|X - Z\| < \|A\|^{-1}\}.$$

4.2.1 Das gedämpfte Newton-Verfahren

Bei der Durchführung des Newton-Verfahrens zur Lösung nichtlinearer Gleichungssysteme treten zwei Hauptschwierigkeiten auf:

(i) hoher Aufwand pro Iterationsschritt,

(ii) „guter“ Startpunkt x^0 erforderlich.

Zur Überwindung dieser Probleme verwendet man gegebenenfalls das sog. “vereinfachte Newton-Verfahren”

$$f'(c)\delta x^t = d^t := -f(x^t), \quad x^{t+1} = x^t + \delta x^t, \tag{4.2.21}$$

mit einem geeigneten $c \in \mathbb{R}^n$, etwa $c = x^0$, welches nahe bei der Nullstelle z liegt. Dabei haben alle zu lösenden Gleichungssysteme dieselbe Koeffizientenmatrix und können mit Hilfe einer einmal berechneten LR-Zerlegung von $f'(c)$ effizient gelöst werden. Andererseits führt man zur Vergrößerung des Konvergenzbereiches des Newton-Verfahrens eine „Dämpfung“ ein,

$$f'(x^t)\delta x^t = d^t, \quad x^{t+1} = x^t + \lambda_t \delta x^t, \tag{4.2.22}$$

wobei der Parameter $\lambda_t \in (0,1]$ zu Beginn klein gewählt wird und dann nach endlich vielen Schritten gemäß einer geeigneten Dämpfungsstrategie $\lambda_t = 1$ gesetzt wird. Der folgende Satz gibt ein konstruktives Kriterium für die a posteriori Wahl des Dämpfungsparameters λ_t.

Satz 4.2 (Gedämpftes Newton-Verfahren): *Unter den Bedingungen von Satz 4.1 erzeugt für jeden Startpunkt* $x^0 \in D_*$ *die gedämpfte Newton-Iteration (4.2.22) mit*

$$\lambda_t := \min\Big\{1, \frac{1}{\alpha_t\beta\gamma}\Big\}, \qquad \alpha_t := \|f'(x^t)^{-1}f(x^t)\|,$$

eine Folge $(x^t)_{t\in\mathbb{N}}$ *, für welche nach* t_* *Schritten* $q_* := \frac{1}{2}\alpha_{t_*}\beta\gamma < 1$ *erfüllt ist, so dass ab dann* x^t *quadratisch konvergiert. Es gilt dann die a priori Fehlerabschätzung*

$$\|x^t - z\| \le \frac{\alpha}{1-q_*}\, q_*^{(2^t-1)}, \quad t \ge t_*. \tag{4.2.23}$$

Beweis: Wir verwenden wieder die Bezeichnungen aus dem Beweis von Satz 4.1. Für ein $x \in D_0$ gilt mit $x_r := x - rf'(x)^{-1}f(x)$, $0 \le r \le 1$, und $\alpha_x := \|f'(x)^{-1}f(x)\|$ die Abschätzung

$$\|f(x_r)\| \le (1 - r + \tfrac{1}{2}r^2\alpha_x\beta\gamma)\|f(x)\|, \quad 0 \le r \le R = \max\{r\,|\, x_s \in D_0, 0 \le s \le r \le 1\}.$$

Der Vorfaktor wird minimal für

$$r_* = \min\Big\{1, \frac{1}{\alpha_x\beta\gamma}\Big\} > 0 : \quad 1 - r_* + \tfrac{1}{2}r_*^2\alpha_x\beta\gamma \;\le\; 1 - \frac{1}{2\alpha_x\beta\gamma} < 1.$$

Bei Wahl von

$$r_t := \min\Big\{1, \frac{1}{\alpha_t\beta\gamma}\Big\}$$

ist also $(x^t)_{t\in\mathbb{N}} \subset D_0$, und die Norm $\|g(x^t)\|$ fällt streng monoton, d. h.:

$$\|f(x^{t+1})\| \le \Big(1 - \frac{1}{2\alpha_t\beta\gamma}\Big)\|f(x^t)\|.$$

Nach endlich vielen, $t_* \ge 1$, Iterationsschritten ist dann $\frac{1}{2}\alpha_{t_*}\beta\gamma < 1$, und die quadratische Konvergenz der weiteren Folge $(x^t)_{t\ge t_*}$ folgt aus Satz 4.1. Q.E.D.

4.3 Der Euler-Lagrange-Ansatz der Optimierung

Für die weitere Diskussion der Innere-Punkte-Methoden stellen wir im Folgenden ein Resultat über (endliche-dimensionale) Optimierungsaufgaben mit Gleichungsnebenbedingungen bereit. Seien $f : D \to \mathbb{R}$ und $g = (g_1,\dots,g_m)^T : D \to \mathbb{R}^m$, mit $n \ge m$, differenzierbare Funktionen auf einer offenen (konvexen) Menge $D \subset \mathbb{R}^n$. Wir suchen ein *lokales* Extremum von f auf der Mannigfaltigkeit $N_g := \{x \in D\,|\, g(x) = 0\}$, d. h. einen Punkt $\hat{x} \in D$ mit der Eigenschaft

$$f(\hat{x}) = \inf\big\{f(x)\,|\, x \in U(\hat{x}),\ g(x) = 0\big\}, \tag{4.3.24}$$

oder analog $f(\hat{x}) = \sup\big\{f(x)\,|\, x \in U(\hat{x}),\ g(x) = 0\big\}$, für eine Umgebung $U(\hat{x})$. Der folgende Satz gibt uns ein notwendiges Kriterium für eine Lösung dieser Aufgabe.

Satz 4.3 (Satz von Karush-Kuhn-Tucker (KKT)): *Sei $\hat{x} \in D$ eine Lösung der Aufgabe (4.3.24), d. h. mit der Menge $N_g := \{x \in D : g(x) = 0\}$ gilt auf einer Umgebung $U(\hat{x}) \subset D$:*

$$f(\hat{x}) = \inf_{x \in U \cap N_g} f(x) \qquad \text{oder} \qquad f(\hat{x}) = \sup_{x \in U \cap N_g} f(x). \tag{4.3.25}$$

Hat dann die Jacobi-Matrix $\nabla g(\hat{x}) \in \mathbb{R}^{m \times n}$ maximalen Rang m, so gibt es einen Vektor $\hat{\lambda} \in \mathbb{R}^m$, so dass

$$\nabla f(\hat{x}) + \hat{\lambda}^T \cdot \nabla g(\hat{x}) = 0. \tag{4.3.26}$$

Der Vektor $\hat{\lambda}$ wird „Lagrange-Multiplikator“ genannt.

Beweis: Wir geben den Beweis nur für den Fall $m = 1$; die Verallgemeinerung für $m > 1$ ist offensichtlich. Die Rangvoraussetzung bedeutet in diesem Fall, dass $\nabla g(\hat{x}) \neq 0$ ist; wir können nach eventueller Umnummerierung der Koordinaten annehmen, dass $\partial_n g(\hat{x}) \neq 0$. Wir setzen

$$\hat{x} := (\hat{x}', \hat{x}_n)^T \in \mathbb{R}^n, \quad \hat{x}' = (\hat{x}_1, \dots, \hat{x}_{n-1})^T \in \mathbb{R}^{n-1}.$$

Der Satz über implizite Funktionen, angewendet auf die Gleichung

$$F(x', x_n) := g(x) = 0,$$

liefert dann die Existenz von Umgebungen $U(\hat{x}') \subset \mathbb{R}^{n-1}$ von $\hat{x}'$ und $U(\hat{x}_n) \subset \mathbb{R}$ von $\hat{x}_n$ mit $U(\hat{x}') \times U(\hat{x}_n) \subset D$, sowie einer (eindeutig bestimmten) stetig differenzierbaren Funktion $\varphi : U(\hat{x}') \to U(\hat{x}_n)$, so dass

$$F(x', \varphi(x')) = 0, \quad x' \in U(\hat{x}'), \tag{4.3.27}$$

und

$$N_g \cap (U(\hat{x}_n) \times U(\hat{x}')) = \{x \in U(\hat{x}_n) \times U(\hat{x}') : x_n = \varphi(x')\}.$$

Mit Hilfe der Kettenregel folgt aus (4.3.27):

$$\partial_i g(\hat{x}) + \partial_n g(\hat{x}) \partial_i \varphi(\hat{x}') = 0, \quad i = 1, \dots, n-1. \tag{4.3.28}$$

Da f auf N_g im Punkt $\hat{x}$ ein lokales Extremum besitzt, hat die Funktion

$$\tilde{f}(x') := F(x', \varphi(x'))$$

auf $U(\hat{x}')$ im Punkt $\hat{x}'$ ein lokales Extremum. Die notwendige Extremalbedingung bedingt also

$$0 = \partial_i \tilde{f}(\hat{x}') = \partial_i f(\hat{x}) + \partial_n f(\hat{x}) \partial_i \varphi(\hat{x}'), \quad i = 1, \dots, n-1. \tag{4.3.29}$$

Definieren wir nun

$$\hat{\lambda} := -\partial_n f(\hat{x}) \partial_n g(\hat{x})^{-1} \qquad \text{bzw.} \qquad \partial_n f(\hat{x}) + \hat{\lambda} \partial_n g(\hat{x}) = 0,$$

so ergibt sich zusammen mit (4.3.28) und (4.3.29)

$$\partial_i f(\hat{x}) + \hat{\lambda} \partial_i g(\hat{x}) = 0, \quad i = 1, \dots, n, \quad \text{bzw.} \quad \nabla f(\hat{x}) + \hat{\lambda} \nabla g(\hat{x}) = 0,$$

was den Beweis vervollständigt. Q.E.D.

Bemerkung 4.3: Die Aussage von Satz 4.3 kann auch so interpretiert werden, dass jeder lokale Minimalpunkt $\hat{x}$ der Funktion f unter der Nebenbedingung $g(\hat{x}) = 0$ notwendig zu einem sog. „stationären Punkt“ der Lagrange-Funktion

$$L(x, \lambda) := f(x) + \lambda^T \cdot g(x), \quad (x, \lambda) \in D \times \mathbb{R}^m,$$

korrespondiert, d. h. zu einem Punkt $(\hat{x}, \hat{\lambda})$ mit

$$\nabla_{(x,\lambda)} L(\hat{x}, \hat{\lambda}) = \begin{pmatrix} \nabla f(\hat{x}) + \hat{\lambda}^T \cdot \nabla g(\hat{x}) \\ g(\hat{x}) \end{pmatrix} = 0. \tag{4.3.30}$$

Bemerkung 4.4: Satz 4.3 behandelt nur die einfachste Situation einer Extremalaufgabe mit *Gleichungsnebenbedingungen*. Der eigentliche Satz von Karush-Kuhn-Tucker betrifft allgemeinere Aufgaben mit zusätzlichen *Ungleichungsnebenbedingungen* $h(x) \leq 0$, wobei die Stationaritätsgleichung (4.3.30) (KKT-System) weitere Bedingungen enthält. Die sog. „Karush-Kuhn-Tucker-Bedingungen“ erschienen erstmalig 1939 in der (unveröffentlichten) Master-Arbeit von William Karush[4]. Bekannter wurden diese jedoch erst 1951 nach einem Konferenz-Paper von Harold W. Kuhn und Albert W. Tucker

Korollar 4.1: *Satz 4.3 liefert zunächst nur notwendige Bedingungen für einen Punkt $\hat{x}$, extremal zu sein. I. Allg. ist die Umkehrung nicht richtig. In dem uns hier interessierenden Spezialfall einer strikt konvexen Kostenfunktion $f(\cdot)$ und affin-linearen Restriktionen der Art $g(x) = Ax - b$ liefert ein stationärer Punkt $(\hat{x}, \hat{\lambda})$ der Euler-Lagrange-Funktion mit $\hat{x}$ eine globale Lösung des Optimierungsproblems (4.3.24). Beide Lösungen sind dabei eindeutig bestimmt.*

Beweis: Für (differenzierbare) konvexe Funktionen $f(\cdot)$ gilt

$$f(tx + (1-t)x') \leq tf(x) + (1-t)f(x'), \quad x, x' \in D,\ x \neq x',\ 0 < t < 1,$$

und folglich die Monotonieungleichung für den Gradienten (Übungsaufgabe)

$$\nabla (f(x) - f(x'))^T \cdot (x - x') \geq 0, \quad x, x' \in D,\ x \neq x'.$$

Letztere zeigt man unter Verwendung der Beziehung

$$f(x') \geq f(x) + \nabla f(x) \cdot (x' - x), \quad x, x' \in D,\ x \neq x'. \tag{4.3.31}$$

Für *strikt* konvexe Funktionen gelten diese Ungleichungen mit dem strikten Ungleichheitszeichen.

i) Wir zeigen zunächst, dass unter den obigen Voraussetzungen das Optimierungsproblem (4.3.24) jedes lokale Minimum auch global und als solches eindeutig bestimmt

[4]William Karush (1917–1997): US-amerikanischer Mathematiker; Prof. an der California State University; bekannt durch seinen Beitrag zur Entwicklung der sog. „KarushKuhnTucker-Bedingungen“; diese erscheinen erstmalig in seiner Master-Arbeit an der Univ. of Chicago 1939, wurden aber erst weiter bekannt durch einen Tagungsbeitrag von Harold W. Kuhn und Albert W. Tucker 1951.

ist. Wegen der Linearität der Restriktion ist für $\hat{x}, x \in N_g$ auch jeder Zwischenpunkt $t\hat{x} + (1-t)x \in N_g$, $t \in (0,1)$:

$$A(t\hat{x} + (1-t)x) - b = tA\hat{x} + (1-t)Ax - b = tb + (1-t)b - b = 0.$$

Gäbe es ein lokales Minimum $\hat{x} \in N_g$ sowie einen weiteren Punkt $x \in N_g$ mit $x \neq \hat{x}$ und $f(x) \leq f(\hat{x})$, so ergäbe sich mit der strikten Konvexität von f:

$$f(t\hat{x} + (1-t)x) < tf(\hat{x}) + (1-t)f(x) \leq f(\hat{x}), \quad 0 < t < 1,$$

d. h.: Der Punkt $\hat{x}$ kann kein lokales Minimum sein, ein Widerspruch.

ii) Als nächstes zeigen wir, dass eine Lösung des KKT-Systems eindeutig ist. Für zwei Lösungen $(\hat{x}, \hat{\lambda})^T$ und $(\hat{x}', \hat{\lambda}')^T$ gilt

$$\begin{aligned} \nabla(f(\hat{x}) - f(\hat{x}')) - (\hat{\lambda} - \hat{\lambda}')^T \cdot A &= 0, \\ A(\hat{x} - \hat{x}') &= 0. \end{aligned}$$

Multiplikation der ersten Gleichung mit $\hat{x} - \hat{x}'$ von rechts und der zweiten mit $\hat{\lambda} - \hat{\lambda}'$ von links und Addition der Resultate ergibt

$$\nabla(f(\hat{x}) - f(\hat{x}')) \cdot (\hat{x} - \hat{x}') = 0.$$

Wegen der strikten Konvexität von $f(\cdot)$ impliziert dies, dass $\hat{x} = \hat{x}'$. Also gilt

$$A^T(\hat{\lambda} - \hat{\lambda}') = 0,$$

was wegen $\text{Rang}(A) = m$ auch $\hat{\lambda} = \hat{\lambda}'$ impliziert.

iii) Schließlich sei nun $(\hat{x}, \hat{\lambda})$ eine Lösung des KKT-Systems. Dann ist $\hat{x} \in N_g$ und es gilt:

$$\nabla f(\hat{x}) - \hat{\lambda}^T \cdot A = 0.$$

Also verschwindet der Gradient der konvexen Funktion

$$\psi(x) := L(x, \lambda) = f(x) - \lambda^T \cdot (Ax - b)$$

für $\hat{\lambda}$ im Punkt $\hat{x}$. Folglich hat $\psi(\cdot)$ wegen der Beziehung (4.3.31) für konvexe Funktionen in $\hat{x}$ ein Minimum, d. h.: Für alle Punkte $x \in N_g$ gilt

$$f(\hat{x}) = \psi(\hat{x}) + \hat{\lambda}^T \cdot (A\hat{x} - b) = \psi(\hat{x}) \leq \psi(x) = \psi(x) + \hat{\lambda}^T \cdot (Ax - b) = f(x).$$

Also ist $\hat{x}$ ein Minimum von f auf N_g, d. h. Lösung der Aufgabe (4.3.24). Q.E.D.

Bemerkung 4.5: Der obige Lösungsansatz für Optimierungsprobleme mit Gleichungsnebenbedingungen wird „Euler-Lagrange-Formalismus“ (oder auch „indirekte“ Lösungsmethode) genannt. Im Gegensatz dazu wird bei der „direkten“ Lösungsmethode z. B. im Fall $m = 1$ die Nebenbedingung $g(x) = 0$ explizit etwa nach $x_n = \varphi(x_1, \ldots, x_{n-1})$ aufgelöst und dann die reduzierte, unrestringierte Optimierungsaufgabe

$$f(x_1, \ldots, x_{n-1}, \varphi(x_1, \ldots, x_{n-1})) \to \min.$$

gelöst. In der Praxis ist diese explizite Auflösung aber häufig schwierig, so dass die indirekte Methode trotz der damit verbundenen Dimensionserhöhung verwendet wird.

Beispiel 4.3: Sei $A = (a_{ij})_{i,j=1}^n \in \mathbb{R}^{n\times n}$ eine symmetrische Matrix und $a(\cdot)$ die zugehörige quadratische Form

$$a(x) := (x, Ax)_2 = \sum_{i,j=1}^n a_{ij}x_ix_j.$$

Wir wollen die Extrema von $a(x)$ unter der Nebenbedingung $\|x\|_2 = 1$ bestimmen. Wir definieren:

$$g(x) := \|x\|_2^2 - 1, \qquad N_g := \{x \in \mathbb{R}^n : g(x) = 0\}.$$

Wegen $\nabla g(x) = 2x$ ist $\nabla g(x) \neq 0$ für $x \in N_g$. Weiter gilt wegen $a_{ij} = a_{ji}$:

$$\begin{aligned}\partial_k a(x) &= \sum_{i,j=1}^n a_{ij}\delta_{ik}x_j + \sum_{i,j=1}^n a_{ij}x_i\delta_{jk}\\ &= \sum_{j=1}^n a_{kj}x_j + \sum_{i=1}^n a_{ik}x_i = 2\sum_{i=1}^n a_{ki}x_i.\end{aligned}$$

In kompakter Schreibweise heißt dies $\nabla a(x) = 2Ax$. Auf der kompakten Menge N_g nimmt die stetige Funktion a ihr Maximum an. Nach Satz 4.3 gibt es ein $\hat\lambda \in \mathbb{R}$, so dass

$$A\hat x = \hat\lambda \hat x.$$

Dies bedeutet, dass $\hat\lambda$ Eigenwert der Matrix A mit dem Eigenvektor $\hat x$ ist. Wegen

$$a(\hat x) = (\hat x, A\hat x)_2 = (\hat x, \hat\lambda\hat x)_2 = \hat\lambda$$

wird das Minimum bei einem Eigenvektor zum kleinsten Eigenwert $\lambda_{\min}$ angenommen. Für diesen gilt dann offenbar

$$\lambda_{\min} = \min_{x\in\mathbb{R}^n} \frac{(x, Ax)_2}{\|x\|_2^2},$$

d. h. er ist charakerisiert als das Minimum des sog. „Rayley-Quotienten"

$$R(x) := \frac{(x, Ax)_2}{\|x\|_2^2}$$

der Matrix A auf $\mathbb{R}^n$. Analog sieht man, dass der maximale Eigenwert $\lambda_{\max}$ entsprechend als das Maximum des Rayley-Quotienten charakterisiert ist.

4.4 Die primalen/dualen Barriereprobleme („zentraler Pfad")

Wir kommen jetzt zum Nachweis der Existenz des „zentralen Pfads" $(\hat x_\mu, \hat y_\mu, \hat z_\mu)^T$. Dazu verwenden wir eine „Barriere-Technik" zur Behandlung der Ungleichungsnebenbedingungen $x, z \geq 0$. Für den parameter $\mu > 0$ führen wir die folgenden „Barriere-Formulierungen" der linearen Programme (II) und (II^*) ein:

$$\begin{aligned}(II_\mu) \quad x \in \mathbb{R}^n: \quad & Q_\mu(x) := c^T \cdot x - \mu\sum_{i=1}^n \log(x_i) \to \min!,\\ & Ax = b, \quad x > 0.\end{aligned}$$

$$(II_\mu^*) \quad y \in \mathbb{R}^m,\ z \in \mathbb{R}^n: \quad Q_\mu(y,z) := b^T \cdot y + \mu \sum_{i=1}^n \log(z_i) \to \max!$$
$$A^T y + z = c, \qquad z > 0.$$

Lemma 4.2: *Sei* $\mathrm{Rang}(A) = m$ *und* $\mu > 0$ *gegeben. Dann sind die folgenden Aussagen äquivalent:*

a) Das primale Barriere-Problem (II_μ) *besitzt eine (eindeutige) Lösung* x_μ.

b) Das duale Barriere-Problem (II_μ^*) *besitzt eine (eindeutige) Lösung* (y_μ, z_μ).

c) Das primal-duale Problem (4.1.8) besitzt eine (eindeutige) Lösung $(x_\mu, y_\mu.z_\mu)$*, d. h.: Es existiert ein „zentraler Pfad". Dabei stimmen die Lösungskomponenten* x_μ *mit der Lösung unter (a) und* (y_μ, z_μ) *mit der Lösung unter (b) überein.*

Beweis: i) (a) $\Leftrightarrow$ (c): Die Zielfunktion in (II_μ) ist strikt konvex (Übungsaufgabe), und die Ungleichung $x > 0$ aufgrund des Logarithmus immer erfüllt. Also ist gemäß Korollar 4.1 $\hat{x}$ genau dann eine Lösung des primalen Barriere-Problems, wenn ein $\hat{y}_\mu$ existiert, so dass die KKT-Bedingungen in $(x, y) = (\hat{x}_\mu, \hat{y}_\mu)$ erfullt sind:

$$0 = \begin{pmatrix} \nabla f(x) - y^T \cdot \nabla g(x) \\ g(x) \end{pmatrix} = \begin{pmatrix} c - \mu X^{-1}e - A^T y \\ Ax - b \end{pmatrix}. \tag{4.4.32}$$

Mit $z := \mu X^{-1} e > 0$ erfüllt das Tripel (x, y, z) die Gleichungen

$$\begin{pmatrix} Ax - b \\ A^T y + z - c \\ XZe - \mu e \end{pmatrix} = \begin{pmatrix} 0 \\ 0 \\ 0 \end{pmatrix}, \tag{4.4.33}$$

sowie die Vorzeichenbedingung $x > 0,\ z > 0$.

ii) Das Argument für (b) $\Leftrightarrow$ (c) ist ähnlich (Übungsaufgabe). Q.E.D.

Lemma 4.3: *Ist die strikt zulässige Menge* Ω_0 *für das primal-duale Problem nicht leer, so besitzt das primale Barriere-Problem* (II_μ) *für jedes* $\mu > 0$ *eine (im Fall* $\mathrm{Rang}(A) = m$ *eindeutige) Lösung* $\hat{x}_\mu$.

Beweis: Sei $\mu > 0$ fest gewählt und $(\hat{x}, \hat{y}, \hat{z}) \in \Omega_0$ gegeben. Die Menge

$$K_\mu := \{x \in \mathbb{R}^n \mid Ax = b,\ x \geq 0,\ Q_\mu(x) \leq Q_\mu(\hat{x})\}$$

ist abgeschlossen und beschränkt und damit kompakt. Die Abgeschlossenheit ist klar. Zum Nachweis der Beschränktheit schreiben wir für $x \in K_\mu$:

$$
\begin{aligned}
Q_\mu(x) &= c^T \cdot x - \mu \sum_{i=1}^n \log(x_i) \\
&= c^T \cdot x - \hat{y}^T \cdot (Ax - b) - \mu \sum_{i=1}^n \log(x_i) \\
&= c^T \cdot x - x^T \cdot A^T \hat{y} + b^T \cdot \hat{y} - \mu \sum_{i=1}^n \log(x_i) \\
&= c^T \cdot x - x^T \cdot (c - \hat{z}) + b^T \cdot \hat{y} - \mu \sum_{i=1}^n \log(x_i) \\
&= x^T \cdot \hat{z} + b^T \cdot \hat{y} - \mu \sum_{i=1}^n \log(x_i).
\end{aligned}
$$

Mit $Q_\mu(x) \leq Q_\mu(\hat{x})$ folgt

$$
x^T \cdot \hat{z} + b^T \cdot \hat{y} - \mu \sum_{i=1}^n \log(x_i) \leq Q_\mu(\hat{x}),
$$

bzw.

$$
\sum_{i=1}^n (\hat{z}_i x_i - \mu \log(x_i)) \leq Q_\mu(\hat{x}) - b^T \cdot \hat{y}\,.
$$

Die Funktionen $\varphi(x_i) := \hat{z}_i x_i - \mu \log(x_i)$ sind nach unten beschränkt. Daher erfüllen alle $x \in K_\mu$ notwendig $x > 0$, obwohl in der Definition nur $x \geq 0$ gefordert wird. Also ist K_μ beschränkt. Auf der kompakten Menge K_μ nimmt die stetige Funktion $Q_\mu(\cdot)$ ihr Minimum in einem Punkt $\hat{x}_\mu \in K_\mu$ an. Dieser ist dann Lösung des primalen Barriere-Problems (II_μ). Q.E.D.

Beispiel 4.4: Wir betrachten das lineare Programm

$$
(II) \quad x \in \mathbb{R}^2 : \quad (1,0) \cdot (x_1, x_2)^T \to \min! \quad x \geq 0, \ \ (1,-1)(x_1,x_2) = 1,
$$

und das zugehörige duale Problem

$$
(II^*) \quad y \in \mathbb{R}^1 : \quad y \to \max! \quad (1,-1)^T y \leq (1,0)^T.
$$

Die Optimallösungen sind offenbar $\hat{x} = (1,0)^T$ und $\hat{y} = 1$. Als Lösungen der zugehörigen regularisierten Aufgaben (II_μ) und (II_μ^*) haben wir

$$
\begin{aligned}
\hat{x}_\mu &= \big(\mu + \tfrac{1}{2}(1 + \sqrt{4\mu^2+1}), \mu + \tfrac{1}{2}(1 - \sqrt{4\mu^2+1})\big)^T, \\
\hat{y}_\mu &= -\mu - \tfrac{1}{2}(1 + \sqrt{4\mu^2+1})
\end{aligned}
$$

In diesem Fall konvergiert offenbar $(\hat{x}_\mu, \hat{y}_\mu) \to (\hat{x}, \hat{y})$ für $\mu \to 0$.

Die im vorausgehenden Beispiel realisierte Situation tritt auch in allgemeinerem Zusammenhang auf. Dazu beweisen wir den folgenden Satz über die Existenz und Konvergenz des „zentralen Pfads“.

Satz 4.4 (Existenz des „zentralen Pfads“): *Die strikt zulässige Menge Ω_0 für das primal-duale Problem sei nichtleer. Dann gilt:*

i) Das primal-duale Problem (4.1.8) besitzt für jedes $\mu > 0$ eine Lösung $(\hat{x}_\mu, \hat{y}_\mu, \hat{z}_\mu)$.

ii) Die Lösungskomponenten $\hat{x}_\mu$ und $\hat{z}_\mu$ sind eindeutig bestimmt. Im Fall $\mathrm{Rang}(A) = m$ *ist auch die Lösungskomponenete $\hat{y}_\mu$ eindeutig bestimmt.*

iii) Hat das ursprüngliche (nicht regularisierten) primal-dualen Problem (KKT-System) eine eindeutige Lösung $(\hat{x}, \hat{y}, \hat{z})$, so konvergieren die eindeutigen Lösungen $(\hat{x}_\mu, \hat{y}_\mu, \hat{z}_\mu)$ der regularisierten primal-duale Probleme gegen diese Lösung. Im allgemeinen Fall kann nur die Konvergenz einer Teilfolge der $(\hat{x}_\mu, \hat{y}_\mu, \hat{z}_\mu)$ gegen eine (nicht notwendig eindeutige) Lösung des KKT-Systems erwartet werden.

Beweis: i) Da Ω_0 nichtleer ist, besitzt das primale Barriere-Problem (II_μ) für jedes $\mu > 0$ eine Lösung $\hat{x}$. Daher besitzen nach Lemma 4.2 auch das primal-duale Problem eine Lösung $(\hat{x}_\mu, \hat{y}_\mu, \hat{z}_\mu)$, wobei die x-Komponente mit der Lösung von (II_μ) zusammenfällt.

ii) Da das primale Barriere-Problem strikt konvex ist, ist $\hat{x}_\mu$ eindeutig bestimmt. Mit $\hat{x}_{\mu,i}\hat{z}_{\mu,i} = \mu n$, $i = 1, \dots, n$, ist auch $\hat{z}$ eindeutig bestimmt. Ist zusätzlich $\mathrm{Rang}(A) = m$, so ist auch $\hat{y}$ durch $A^T\hat{y}_\mu + \hat{z}_\mu = c$ festgelegt.

iii) Der Beweis wird als Übungsaufgabe gestellt. Q.E.D.

4.5 Realisierung der primal-dualen Innere-Punkte-Methode

Die primal-duale Innere-Punkte-Methode besteht im Wesentlichen aus der Anwendung des Newton-Verfahrens auf das gekoppelte nichtlineare regularisierte KKT-System

$$\begin{pmatrix} Ax - b \\ A^T y + z - c \\ XZe - \mu e \end{pmatrix} = \begin{pmatrix} 0 \\ 0 \\ 0 \end{pmatrix}. \tag{4.5.34}$$

Dieser Lösungsansatz ist wesentlich robuster als die separate Lösung der regularisierten Optmierungsaufgaben (II_μ) und (II_μ^*) für immer kleinere $\mu > 0$.

Für einen geeigneten, zulässigen Startwert $(x^0, y^0, z^0) \in \Omega_0$ wird eine Folge von Iterierten $(x^t, y^t, z^t) \in \Omega_0$, $t \geq 1$, erzeugt durch die Vorschriften:

$$\begin{pmatrix} A & 0 & 0 \\ 0 & A^T & I \\ Z^t & 0 & X^t \end{pmatrix} \begin{pmatrix} \delta x^t \\ \delta y^t \\ \delta z^t \end{pmatrix} = - \begin{pmatrix} Ax^t - b \\ A^T y^t + z^t - c \\ X^t Z^t e - \tau_t e \end{pmatrix} \tag{4.5.35}$$

und

$$(x^{t+1}, y^{t+1}, z^{t+1}) = (x^t, y^t, z^t) + \lambda_t(\delta x^t, \delta y^t, \delta z^t). \tag{4.5.36}$$

wobei der verwendete Regularisierungsparameter τ_t auf Basis der Dualitätslücke der vorausgehenden Newton-Iterierten gewählt wird gemäß

$$\tau_t := \sigma_t \mu_t = \sigma_t \frac{x^{tT} \cdot z^t}{n}, \quad \sigma_t \in (0, 1]. \tag{4.5.37}$$

Die Wahl von σ_t erfolgt in der Praxis nach heuristischen Kriterien, z. B.: $\sigma_t = 0,5$. Der Dämpfungsparameter λ_t ist so zu wählen, dass im Newton-Schritt die Zulässigkeit der nächsten Iterierten erhalten bleibt, d. h.:

$$x^{t+1} = x^t + \lambda_t \delta x^t > 0, \quad z^{t+1} = z^t + \lambda_t \delta z^t > 0. \tag{4.5.38}$$

Ist für eine vorgegebene Toleranz $\varepsilon > 0$

$$\mu_t := \frac{x^t \cdot z^t}{n} \leq \varepsilon, \tag{4.5.39}$$

erreicht, so wird die Iteration abgebrochen.

Wenn der Startvektor zulässig gewählt wird, d. h. $(x^0, y^0, z^0)^T \in \Omega_0$, bleiben offenbar während der gesamten Iteration die ersten beiden (linearen) Gleichungen erfüllt,

$$Ax^t = b, \quad A^T y^t + z^t = c,$$

und die Newton-Korrektur wirkt nur auf die dritte (nichtlineare) Gleichung. Das Korrektursystem (4.5.35) erhält damit die vereinfachte Gestalt

$$\begin{pmatrix} A & 0 & 0 \\ 0 & A^T & I \\ Z & 0 & X \end{pmatrix} \begin{pmatrix} \delta x^t \\ \delta y^t \\ \delta z^t \end{pmatrix} = - \begin{pmatrix} 0 \\ 0 \\ X^t Z^t e - \tau_t e \end{pmatrix}. \tag{4.5.40}$$

Bemerkung 4.6: Diese Innere-Punkte-Methode wird als „zulässig" bezeichnet, da nach Konstruktion alle Iterierte im zulässigen Bereich Ω_0 bleiben. Je nach Wahl der Verfahrensparameter ε, σ_t, λ_t erhält man unterschiedliche Realisierungen des Verfahrens. Varianten des Verfahrens, bei denen nicht notwendig $(x^t, y^t, z^t) \in \Omega_0$, ist, die aber trotzdem konvergieren können, werden „unzulässig" genannt. Die zulässigen primal-dualen Innere-Punkte-Verfahren sind von eher historischer Bedeutung. Die unzulässigen primal-dualen Innere-Punkte-Verfahren haben sich in der Praxis durchgesetzt. Andererseits sind die Resultate verfügbarer Konvergenzanalysen nach wie vor eher pessimistisch. Einen kleinen Eindruck hiervon erhält man in Chapter 6 bei S. J. Wright (1987).

Die Parameter im Newton-Verfahren werden in der Regel so gewählt, dass die Iteriertenfolge $(x^t, y^t, z^t) \in \Omega_0$ als Approximation des zentralen Pfades in einer der beiden folgenden „Pfadumgebungen" liegen:

$$N_2(\theta) := \big\{(x, y, z) \in \Omega_0 \,|\, \|XZe - \mu(x, z)e\|_2 \leq \theta\mu(x, z)\big\}, \quad \theta \in (0, 1),$$
$$N_{-\infty}(\gamma) := \big\{(x, y, z) \in \Omega_0 \,|\, \min_{i=1,\dots,n} x_i z_i \geq \gamma(x^T \cdot z)/n\big\}, \quad \gamma \in (0, 1),$$

wobei $\mu(x,z) := x^T \cdot z/n$. Die Bedingung $(x^t, y^t, z^t) \in N_2(\theta)$ ist in der Praxis meist zu restriktiv und erfordert sehr gute Startwerte. Die Wahl von $N_{-\infty}(\gamma)$ als Pfadumgebung ist weniger einschränkend. Dies ersieht man aus den folgenden Implikationen:

$$\|XZe - \mu(x,z)e\|_2 \leq \theta\mu(x,z) \quad \Rightarrow \quad \min_{i=1,\dots,n} |x_i z_i - \mu(x,z)| \leq \theta\mu(x,z)$$
$$\Rightarrow \quad \mu(x,z) - \min_{i=1,\dots,n} x_i z_i \leq \theta\mu(x,z) \quad \Rightarrow \quad \min_{i=1,\dots,n} x_i z_i \geq (1-\theta)\mu(x,z),$$

d. h.: Ein Punkt $(x,y,z) \in N_2(\theta)$ ist automatisch auch in $N_{-\infty}(\gamma)$ für $\gamma := 1 - \theta$.

Die Innere-Punkte-Methode, die sich der Pfadumgebung $N_2(\theta)$ bedient, führt auf den folgenden sog. „Kurz-Schritt-Algorithmus“:

Algorithmus 1 (Kurz-Schritt-Algorithmus):

1. Wähle $\theta := 0,4$, $\sigma := 1 - 0,4/\sqrt{n}$ und $\varepsilon > 0$. Bestimmt sei ein $(x^0, y^0, z^0) \in N_2(\theta)$. Setze $t := 0$.

2. Gilt für die Dualitätslücke $\mu_t = x^{tT} \cdot z^t/n \leq \varepsilon$, dann STOP.

3. Setze $\tau_t := \sigma\mu_t$ und bestimme eine Korrektur $(\delta x^t, \delta y^t, \delta z^t)$ durch Lösung der Newton-Gleichung

$$\begin{bmatrix} A & 0 & 0 \\ 0 & A^T & I \\ Z^t & 0 & X^t \end{bmatrix} \begin{bmatrix} \delta x^t \\ \delta y^t \\ \delta z^t \end{bmatrix} = - \begin{bmatrix} 0 \\ 0 \\ X^t Z^t e - \tau_t e \end{bmatrix}.$$

4. Setze $(x^{t+1}, y^{t+1}, z^{t+1}) := (x^t, y^t, z^t) + (\delta x^t, \delta y^t, \delta z^t)$ (voller Newton-Schritt), $t := t+1$ und gehe zu Schritt (2).

Der folgende Satz zum Kurz-Schritt-Algorithmus besagt u. a., dass dual-primale Innere-Punkte-Methoden bei geeigneter Wahl der Verfahrensparameter konvergieren und (im Gegensatz zum Simplex-Verfahren) von nur polynomialer Komplexität sind.

Satz 4.5: *Sei $(x^0, y^0, z^0) \in N_2(\theta)$ für ein $\theta \in (0,1)$. Dann erzeugt der Kurz-Schritt-Algorithmus eine Folge von Iterierten $(x^t, y^t, z^t) \in N_2(\theta)$. Für beliebig kleines $\varepsilon \in (0,1)$ existiert ein $t_\varepsilon = \mathcal{O}(\sqrt{n}\log(1/\varepsilon))$, so dass*

$$\mu_t \leq \varepsilon\mu_0, \quad t \geq t_\varepsilon. \tag{4.5.41}$$

In diesem Sinne konvergiert diese Innere-Punkte-Methode also für $t \to \infty$. In jedem Iterationssschritt sind höchstens $\mathcal{O}(n^3)$ a. Op. erforderlich, so dass der Kurz-Schritt-Algorithmus von polynomialer Gesamtkomplexität ist.

Beweis: Der Beweis ist sehr technisch und verläuft ähnlich wie des des nachfolgenden Satzes zum „Lang-Schritt-Algorithmus“; er wird deswegen weggelassen. Q.E.D.

Wie vorher schon gesagt, stellt der Kurz-Schritt-Algorithmus zu hohe Anforderungen an die Qualität der Startwerte, so dass in der Praxis eine „Lang-Schritt-Variante" basierend auf der Pfadumgebung $N_{-\infty}(\gamma)$ vorgezogen wird.

Algorithmus 2 (Lang-Schritt-Algorithmus):

1. Wähle $\varepsilon > 0$, $\gamma \in (0,1)$ und $0 < \sigma_* < \sigma^* < 1$. Bestimmt sei ein $(x^0, y^0, z^0) \in N_{-\infty}(\gamma)$. Setze $t := 0$.

2. Gilt für die Dualitätslücke $\mu_t = x^{tT} \cdot z^t/n \le \varepsilon$, dann STOP.

3. Wähle $\sigma_t \in [\sigma_*, \sigma^*]$. Setze $\tau_t := \sigma_t \mu_t$ und bestimme eine Korrektur $(\delta x^t, \delta y^t, \delta z^t)$ durch Lösung der Newton-Gleichung

$$\begin{bmatrix} A & 0 & 0 \\ 0 & A^T & I \\ Z^t & 0 & X^t \end{bmatrix} \begin{bmatrix} \delta x^t \\ \delta y^t \\ \delta z^t \end{bmatrix} = - \begin{bmatrix} 0 \\ 0 \\ X^t Z^t e - \tau_t e \end{bmatrix}.$$

4. Bestimme ein größtmögliches $\lambda_t \in (0,1]$, so dass

$$(x^{t+1}, y^{t+1}, z^{t+1}) := (x^t, y^t, z^t) + \lambda_t(\delta x^t, \delta y^t, \delta z^t) \in N_{-\infty}(\gamma).$$

5. Setze $(x^{t+1}, y^{t+1}, z^{t+1}) := (x^t, y^t, z^t) + \lambda_t(\delta x^t, \delta y^t, \delta z^t)$ (gedämpfter Newton-Schritt), $t := t+1$ und gehe zu Schritt (2).

Bemerkung 4.7: Die Bezeichnungen „Kurz-Schritt-Algorithmus" und „Lang-Schritt- Algorithm" haben sich eingebürgert wegen der unterschiedlich schnellen Reduktion des Parameters σ_t in der Regularisierung τ_t, d. h.: $\sigma_t \approx 1 - 1/\sqrt{n}$ beim Kurz-Schritt-Algorithmus und $\sigma_t \in [\sigma_{\min}, \sigma_{\max}]$ beim Lang-Schritt-Algorithmus. Das bezieht sich nicht auf die „Schrittlänge" im verwendeten Newton-Verfahren, die beim Kurz-Schritt-Algorithmus sogar „länger" ist.

Satz 4.6: *Sei $(x^0, y^0, z^0) \in N_{-\infty}(\gamma)$ für ein $\gamma \in (0,1)$. Dann erzeugt der Lang-Schritt-Algorithmus (konstruktionsgemäß) eine Folge von Iterierten $(x^t, y^t, z^t) \in N_{-\infty}(\gamma)$. Für beliebig kleines $\varepsilon \in (0,1)$ existiert ein $t_\varepsilon = \mathcal{O}(n \log(1/\varepsilon))$, so dass*

$$\mu_t \le \varepsilon \mu_0, \quad t \ge t_\varepsilon. \tag{4.5.42}$$

In jedem Iterationssschritt sind höchstens $\mathcal{O}(n^3)$ a. Op. erforderlich, so dass auch der Lang-Schritt-Algorithmus von polynomialer Gesamtkomplexität ist.

Beweis: i) Wir betrachte einen Newton-Schritt $t \to t+1$ und lassen den Iterationsparameter t weg. Unter Verwendung von $A\delta x = 0$, $A^T \delta y + \delta z = 0$, $Ax = b$ und $A^T y + z = c$

ergibt sich

$$\begin{aligned}
c^T \cdot (x + \lambda\delta x) - b^T \cdot (y + \lambda\delta y) &= c^T \cdot x - b^T \cdot y + \lambda(c - \underbrace{A^T y)^T \delta x}_{=0} - \lambda(\underbrace{Ax}_{=b})^T \delta y \\
&= c^T \cdot x - b^T \cdot y + \lambda \underbrace{(c - A^T y)^T}_{=z^T} \delta x - \lambda x^T \cdot A^T \delta y \\
&= c^T \cdot x - b^T \cdot y + \lambda e^T (Z\delta x - XA^T \delta y) \\
&= c^T \cdot x - b^T \cdot y + \lambda e^T (Z\delta x + X\delta z - X\underbrace{(\delta z + A^T \delta y)}_{=0} \\
&= c^T \cdot x - b^T \cdot y + \lambda e^T (\tau e - XZe) \\
&= c^T \cdot x - b^T \cdot y + \lambda \tau n - \lambda x^T \cdot z \\
&= c^T \cdot x - b^T \cdot y + \lambda\sigma(c^T \cdot x - b^T \cdot y) - \lambda(c^T \cdot x - b^T \cdot y) \\
&= (1 - \lambda(1 - \sigma))(c^T \cdot x - b^T \cdot y),
\end{aligned}$$

wobei die Beziehung $\tau n = \sigma(c^T \cdot x - b^T \cdot y)$ verwendet wurde. Die Dualitätslücke verändert sich also in jedem Newton-Schritt gemäß

$$\mu_{t+1} = (1 - \lambda_t(1 - \sigma_t))\mu_t, \quad t \geq 0. \tag{4.5.43}$$

ii) Eine genauere Analyse der Newton-Konvergenz ergibt die Notwendigkeit der Wahl $\lambda_t = \mathcal{O}(1/n)$ zur Erzwingung der Eigenschaft $(x^t, y^t, z^t) \in N_{-\infty}(\gamma)$ und damit insbesondere $(x^t, z^t) > 0$. Wegen der speziellen Wahl von $\sigma_t \in [\sigma_{\min}, \sigma_{\max}]$ im Algorithmus impliziert dies dann die Behauptung. Hierzu benötigen wir eine eine Reihe von Zwischenresultaten, die im Folgenden in Hilfssätzen zusammengefasst werden.

Zunächt bemerken wir, dass wegen der Zulässigkeit des Startvektors $(x^0, y^0, z^0) \in N_{-\infty}(\gamma)$ auch alle weiteren Iterierte $(x^t, y^t, z^t) \in \mathbb{R}^{n+m+n}$ automatisch die linearen Restriktionen

$$Ax^t = b, \quad A^T y^t + z^t = c, \quad t \geq 1, \tag{4.5.44}$$

erfüllen (Übungsaufgabe). Ferner folgt aufgrund der Wahl von $\lambda_t \in (0, 1]$ im Algorithmus für $(x^t, z^t) > 0$ auch stets

$$(x^{t+1}, z^{t+1}) = (x^t, z^t) + \lambda_t(\delta x^t, \delta z^t) > 0, \tag{4.5.45}$$

d. h.: per Induktion $(x^t, z^t) > 0$ für alle $t \geq 0$. Wir kommen nun zu den angekündigten Hilfssätzen.

Hilfssatz 4.1: *Seien $u, v \in \mathbb{R}^n$ zwei orthogonale Vektoren, $u^T \cdot v = 0$. Dann gilt:*

$$\|UVe\|_2 \leq 2^{-3/2}\|u + v\|_2^2, \tag{4.5.46}$$

wobei wieder $U := \operatorname{diag}(u_i)$, $V := \operatorname{diag}(v_i)$ und $e := (1, \ldots, 1)^T$.

Beweis: (Details Übungsaufgabe) Aus der Ungleichung zwischen arithmetischem und geometrischem Mittel ergibt sich für Zahlen $a, b \in \mathbb{R}$ mit $ab \geq 0$:

$$\sqrt{|ab|} \leq \tfrac{1}{2}|a+b|. \tag{4.5.47}$$

Aus $u^T \cdot v \geq 0$ folgt

$$0 \leq u^T \cdot v = \sum_{u_iv_i \geq 0} u_iv_i + \sum_{u_iv_i < e0} u_iv_i = \sum_{i \in \mathcal{P}} |u_iv_i| - \sum_{i \in \mathcal{M}} |u_iv_i|, \tag{4.5.48}$$

mit der (disjunkten) Zerlegung $\mathcal{P} := \{i \in I_n |\, u_iv_i \geq 0\}$, $\mathcal{M} := \{i \in I_n |\, u_iv_i < 0\}$ der Indexmenge $I_n := \{1, \dots, n\}$. Damit ergibt sich dann die Abschätzungskette

$$\begin{aligned}
\|UVe\|_2 &= \Big(\sum_{i=1}^n |u_iv_i|^2\Big)^{1/2} = \Big(\sum_{i \in \mathcal{P}} |u_iv_i|^2 + \sum_{i \in \mathcal{M}} |u_iv_i|^2\Big)^{1/2} \\
&\leq \Big(\Big(\sum_{i \in \mathcal{P}} |u_iv_i|\Big)^2 + \Big(\sum_{i \in \mathcal{M}} |u_iv_i|\Big)^2\Big)^{1/2} \\
&\leq \Big(2\Big(\sum_{i \in \mathcal{P}} |u_iv_i|\Big)^2\Big)^{1/2} = \sqrt{2} \sum_{i \in \mathcal{P}} |u_iv_i| \qquad \text{(wegen (4.5.48))} \\
&\leq \sqrt{2} \sum_{i \in \mathcal{P}} \frac{1}{4}|u_i + v_i|^2 = 2^{-3/2} \sum_{i \in \mathcal{P}} |u_i + v_i|^2 \qquad \text{(wegen (4.5.47))} \\
&\leq 2^{-3/2} \sum_{i=1}^n |u_i + v_i|^2 = 2^{-3/2}\, \|u + v\|_2^2 .
\end{aligned}$$

Dies ist gerade die Behauptung. Q.E.D.

Hilfssatz 4.2: *Für jeden Vektor $(x, y, z) \in N_{-\infty}(\gamma)$ gilt:*

$$\|\delta X \delta Z e\|_2 \leq 2^{-3/2}\Big(1 + \frac{1}{\gamma}\Big)\mu(x,z)n, \tag{4.5.49}$$

wobei wieder $\mu(x,z) := x^T \cdot z/n$.

Beweis: Aus der Newton-Gleichung (4.5.40) folgt $A\delta x = 0$ und $A^T\delta y + \delta z = 0$, was wiederum impliziert, dass

$$\delta x^T \cdot \delta z = -\delta x^T \cdot A^T \delta y = -A\delta x \cdot \delta y = 0.$$

Die dritte Gleichung in (4.5.40),

$$Z\delta x + X\delta z = -XZe + \tau e,$$

wird nun mit $(XZ)^{-1/2}$ multipliziert. Mit der Matrix $D := X^{1/2}Z^{-1/2}$ ergibt sich

$$D^{-1}\delta x + D\delta z = (XZ)^{-1/2}(-XZe + \tau e). \tag{4.5.50}$$

Da $(D^{-1}\delta x)^T \cdot (D\delta z) = \delta x^T \cdot \delta z = 0$ gilt, kann Hilfssatz 4.1 auf die Vektoren $u := D^{-1}\delta x$ und $v := D\delta z$ angewendet werden:

$$\begin{aligned}\|\delta X \delta Z e\|_2 &= \|(D^{-1}\delta x)(D\delta z)e\|_2 \\ &\le 2^{-3/2}\|D^{-1}\delta x + D\delta z\|_2^2 \qquad \text{(mit Hilfssatz 4.1)} \\ &= 2^{-3/2}\|(XZ)^{-1}(-XZe + \tau e)\|_2^2 \qquad \text{(mit Gleichung (4.5.50))}.\end{aligned}$$

Wegen $x^T \cdot z = \mu(x,z)n =: \mu n$ ergibt sich dann die folgende Ungleichungskette:

$$\begin{aligned}\|\delta X \delta Z e\|_2 &\le 2^{-3/2}\|(XZ)^{-1}(-XZe + \tau e)\|_2^2 \\ &= 2^{-3/2}\sum_{i=1}^{n}\Big(\frac{1}{\sqrt{x_i z_i}}(-x_i z_i + \tau)\Big)^2 \\ &= 2^{-3/2}\sum_{i=1}^{n}\frac{1}{x_i z_i}(x_i^2 z_i^2 - 2x_i z_i \tau + \tau^2) \\ &= 2^{-3/2}\Big(x^T \cdot z - 2n\tau + \tau^2 \sum_{i=1}^{n}\frac{1}{x_i z_i}\Big) \\ &\le 2^{-3/2}\Big(x^T \cdot z - 2n\tau + \tau^2 \frac{n}{\gamma\mu}\Big) \qquad (\text{da } x_i z_i \ge \gamma\mu\,) \\ &= 2^{-3/2}\Big(1 - 2\sigma + \frac{\sigma^2}{\gamma}\Big)\mu n \qquad (\text{da } \tau = \sigma\mu = \sigma x^T \cdot z/n\,) \\ &\le 2^{-3/2}\Big(1 + \frac{1}{\gamma}\Big)\mu n\,.\end{aligned}$$

Dies ist gerade die Behauptung. Q.E.D.

Hilfssatz 4.3: *Für die im Algorithmus erzeugte Folge der Schrittlängen* λ_t *gilt*

$$\lambda_t \ge \lambda_* := 2^{3/2}\gamma\frac{1-\gamma}{1+\gamma}\frac{\sigma_*}{n}, \quad t \ge 0\,. \tag{4.5.51}$$

Beweis: Die dritte Newton-Gleichung lautet (Iterationsindex t unterdrückt und $\mu := \mu(x,z)$ gesetzt):

$$Z\delta x + X\delta z = \sigma\mu e - XZe\,. \tag{4.5.52}$$

Mit Hilfssatz 4.2 folgt

$$|\delta x_i \delta z_i| \le 2^{-3/2}(1 + 1/\gamma)\mu n\,, \quad i = 1,\dots,n. \tag{4.5.53}$$

Für $(x,y,z,)^T \in N_{-\infty}(\gamma)$ gilt definitionsgemäß $x_i z_i \ge \gamma\mu$ und damit

$$\begin{aligned}(x_i + \lambda\delta x_i)(z_i + \lambda\delta z_i) &= x_i z_i + \lambda(x_i\delta z_i + z_i\delta x_i) + \lambda^2\delta x_i\delta z_i \\ &\ge x_i z_i(1-\lambda) + \lambda\sigma_t\mu - \lambda^2|\delta x_i\delta z_i| \qquad \text{(wegen (4.5.52))} \\ &\ge \gamma\mu(1-\lambda) + \lambda\sigma_t\mu - \lambda^2 2^{-3/2}(1 + 1/\gamma)\mu n \qquad \text{(wegen (4.5.53))}.\end{aligned}$$

Wir führen jetzt wieder den Iterationsindex t ein. Damit garantiert $(x^{t+1}, y^{t+1}, z^{t+2})^T \in N_{-\infty}(\gamma)$ ist, sollte also unter Beachtung von (4.5.43) gelten:

$$\gamma\mu_t(1-\lambda) + \lambda\sigma_t\mu_t - \lambda^2 2^{-3/2}(1+1/\gamma)\mu_t n \geq \gamma\mu_{t+1} = \gamma(1-\lambda(1-\sigma_t))\mu_t,$$

bzw.

$$\gamma(1-\lambda) + \lambda\sigma_t - \lambda^2 2^{-3/2}(1+1/\gamma)n \geq \gamma(1-\lambda(1-\sigma_t)).$$

Dies ist erfüllt für (nachrechnen)

$$\lambda \leq \lambda_* := 2^{3/2}\gamma\frac{1-\gamma}{1+\gamma}\frac{\sigma_*}{n}.$$

Also gilt bei Verwendung einer Schrittweite $\lambda \leq \lambda_*$ im Newton-Schritt:

$$x_i^{t+1} z_i^{t+1} \geq \gamma\mu_{t+1} > 0, \quad i = 1, \dots, n.$$

Für $\lambda = 0$ ist nach Voraussetzung $(x, z) > 0$. Wegen der stetigen Abhängigkeit von $(x(\lambda), z(\lambda))$ von λ und $x_i(\lambda)z_i(\lambda) > 0$ für $\lambda \in [0, \lambda_*]$ muss also für solche λ auch $(x(\lambda), z(\lambda)) > 0$ sein. Folglich ist $(x^{t+1}, y^{t+1}, z^{t+1})^T \in N_{-\infty}(\gamma)$ für Schrittweiten $\lambda \leq \lambda_*$. Da $\lambda_t \in (0, 1]$ als größtmögliche Schrittweite mit dieser Eigenschaft definiert ist, folgt $\lambda_t \geq \lambda_*$. Q.E.D.

Nach diesen Vorbereitungen, können wir jetzt den Beweis des Satzes vervollständigen. Mit der Ungleichung (4.5.51) erhalten wir

$$\lambda_t(1-\sigma_t) \geq 2^{3/2}\gamma\frac{1-\gamma}{1+\gamma}\frac{\sigma_*}{n}(1-\sigma^*) =: \frac{\delta}{n}.$$

Somit folgt

$$x^{t+1^T} \cdot z^{t+1} \leq (1-\lambda_t(1-\sigma_t))x^T \cdot z^t \leq \Big(1-\frac{\delta}{n}\Big)x^T \cdot z^t,$$

was den Beweis vervollständigt. Q.E.D.

Die betrachetten Innere-Punkte-Verfahren brechen mit einer Iterierten (x^t, y^t, z^t) ab, die zulässig ist mit einer ausreichend kleinen Dualitätslücke. In diesem Sinne ist der Punkt (x^t, y^t, z^t) als Näherungslösung der primal-dualen Optimierungsaufgabe zu verstehen. Tatsächlich sagt die Dualitätslücke nichts darüber aus, ob (x^t, y^t, z^t) wirklich „nahe" an der optimalen Lösung des Ausgangsproblems am Rande von Ω liegt. Dies wird qualitativ durch folgenden Satz belegt.

Satz 4.7: *Die von der Innere-Punkte-Methode erzeugte Folge von Iterierten (x^t, y^t, z^t) besitzt mindestens einen Häufungspunkt $(\hat{x}, \hat{y}, \hat{z})$ und jeder dieser Häufungspunkte ist eine Optimallösung der primal-dualen Aufgabe (KKT-System).*

Beweis: Nach dem oben Gezeigten ist das Polyeder

$$F := \{(x, y, z) \in \Omega \,|\, x^T \cdot z \leq x^{0T} \cdot z^0\}$$

kompakt. Da die Folge $(x^{tT} \cdot z^t)_{t\in\mathbb{N}}$ der Dualitätslücken monoton fällt (mit konstanter Rate), ist $(x^t, y^t, z^t) \in F$ und besitzt daher einen Häufungspunkt $(\hat{x}, \hat{y}, \hat{z}) \in F$. Für die zugehörige Teilfolge gilt dabei

$$\hat{x}^T \cdot \hat{z} = \lim_{t_i\to\infty} x^{t_iT} \cdot z^{t_i} = 0,$$

d. h.: $(\hat{x}, \hat{y}, \hat{z})$ hat Dualitätslücke Null und ist folglich Optimallösung. Q.E.D.

4.5.1 Praktische Aspekte

Bei der Realisierung der Innere-Punkte-Methoden sind die folgenden Fragen zu klären:

1. Wie findet man geeignete Startwerte $(x^0, y^0, z^0) \in \Omega_0$?
2. Wie ist der Parameter $\sigma_t \in (0, 1]$ zu wählen?
3. Wie können die Korrektursysteme (4.5.35) effizient gelöst werden?
4. Wie ist der Dämpfungsparameter $\lambda_t \in (0, 1]$ zu wählen?

a) Die Konstruktion geeigneter Startwerte $(x^0, y^0, z^0) \in \Omega_0$ für Innere-Punkte-Methoden erfordert häufig eine aufwendige Vorlaufrechnung in Form von zusätzlich zu lösenden Optimierungsaufgaben. Wir betrachten die beiden linear/quadratischen Optimierungsaufgaben

$$x \in \mathbb{R}^n: \quad \begin{aligned} &\tfrac{1}{2} x^T \cdot x \to \min! \\ &Ax = b, \end{aligned} \tag{4.5.54}$$

und

$$(y, z) \in \mathbb{R}^m \times \mathbb{R}^n: \quad \begin{aligned} &\tfrac{1}{2} z^T \cdot z \to \min! \\ &A^T y + z = c, \end{aligned} \tag{4.5.55}$$

deren Lösungen (x, y, z) man aus den folgenden (linearen) Gleichungen erhält:

$$x = A^T(AA^T)^{-1}b, \quad y = (AA^T)^{-1}Ac, \quad z = c - A^T y. \tag{4.5.56}$$

Diese Punkte erfüllen zwar konstruktionsgemäß die linearen Gleichungen aber nicht notwendig die Bedingung $(x, z) > 0$. Um dies zu korrigieren, setzen wir

$$x^0 := x + \delta_x e + \varepsilon_x e, \quad y^0 := y, \quad z^0 := z + \delta_z e + \varepsilon_z e.$$

mit

$$\delta_x := \max\big(-\tfrac{3}{2} \min_i x_i, 0\big), \quad \delta_z := \max\big(-\tfrac{3}{2} \min_i z_i, 0\big),$$
$$\varepsilon_x := \frac{1}{2}\frac{\tilde{x}^T \cdot \tilde{z}}{e^T \cdot \tilde{z}}, \quad \varepsilon_z := \frac{1}{2}\frac{\tilde{x}^T \cdot \tilde{z}}{e^T \cdot \tilde{x}}.$$

Diese Korrekturen bewirken, dass die Komponenten von x^0 und z^0 nicht zu nahe bei Null liegen und nicht zu verschieden sind.

b) Der Hauptaufwand bei der Anwendung des Newton-Verfahrens besteht in der Lösung der Korrekturgleichungen (mit unterdrücktem Iterationsparameter „t")

$$A\delta x = -(Ax - b), \quad A^T\delta y + \delta z = -(A^T y + z - c), \quad Z\delta x + X\delta z = -(XZe - \tau e).$$

Aus diesen Gleichungen können nacheinander zunächst δy, dann δx und schließlich δz berechnet werden. Mit der positiv definiten Diagonalmatrix $D := Z^{-1}X$ gilt:

$$\begin{aligned}
ADA^T\delta y &= -AD(A^T y + z - c) - AD\delta z \\
&= -AD(A^T y + z - c) - AZ^{-1}X\delta z \\
&= -AD(A^T y + z - c) - AZ^{-1}(-Z\delta x - (XZe - \tau e)) \\
&= -AD(A^T y + z - c) - (Ax - b) + ADX^{-1}(XZe - \tau e) \\
&= -(Ax - b + AD((A^T y + z - c) - X^{-1}(XZe - \tau e))).
\end{aligned}$$

Die Matrix ADA^T ist symmetrisch und wegen $\text{Rang}(A) = m$ positiv definit. Die Korrektur δy lässt sich also aus der Gleichung

$$ADA^T\delta y = -(Ax - b + AD((A^T y + z - c) - X^{-1}(XZe - \tau e))) \tag{4.5.57}$$

bestimmen. Anschließend werden die Korrekturen δx und δz aus den folgenden Gleichungen berechnet:

$$\delta z = -A^T\delta y - (A^T y + z - c), \tag{4.5.58}$$

$$\delta x = -D\delta z - Z^{-1}(XZe - \tau e). \tag{4.5.59}$$

Die Matrix $ADA^T \in \mathbb{R}^{m\times m}$ ist zwar positiv definit aber i. Allg. selbst für dünn besetztes A vollbesetzt und häufig schlecht konditioniert. Zur stabilen Lösung des Systems (4.5.57) sind also spezielle Verfahren erforderlich, welche nicht den explizite Aufbau der Matrix ADA^T erfordern, z. B. die Verwendung einer QR-Zerlegung von A oder das CG-Verfahren.

Wenn der Startvektor zulässig gewählt wird, bleiben während der gesamten Iteration die ersten beiden (linearen) Gleichungen erfüllt,

$$Ax^t = b, \quad A^T y^t + z^t = c,$$

und die Newton-Korrektur wirkt nur auf die dritte (nichtlineare) Gleichung. Die Gleichungen (4.5.57) – (4.5.59) vereinfachen sich dann zu

$$ADA^T\delta y = X^{-1}(XZe - \tau e), \tag{4.5.60}$$

$$\delta z = -A^T\delta y, \tag{4.5.61}$$

$$\delta x = -D\delta z - Z^{-1}(XZe - \tau e). \tag{4.5.62}$$

4.6 Übungsaufgaben

Aufgabe 4.1: Für eine Matrix $A \in \mathbb{R}^{m\times n}$ und einen Vektor $c \in \mathbb{R}^n$ sei die durch $D := \{y \in \mathbb{R}^n \,|\, A^T y \le c\}$ definierte Teilmenge $D \subset \mathbb{R}^n$ beschränkt mit nichtleerem Inneren D^0. Man zeige, dass die mit den Spaltenvektoren $a_i,\ i = 1,\dots,n$, von A und den Komponenten $c_i, i = 1,\dots,n$, von c gebildete Funktion

$$\Phi(y) := -\sum_{i=1}^n \ln(c_i - a_i^T \cdot y)$$

auf D^0 streng konvex ist und bei Annäherung an den Rand von D gegen unendlich strebt.

Aufgabe 4.2: Man verifiziere, dass die Jacobi-Matrix der durch

$$\Psi_0(x,y,z) := \begin{bmatrix} Ax - b \\ A^T y + z - c \\ XZe \end{bmatrix} = \begin{bmatrix} 0 \\ 0 \\ 0 \end{bmatrix}, \quad x, z > 0,$$

mit den $(n \times n)$-Diagonalmatrizen $X := \operatorname{diag}(x_i)$, $Z := \operatorname{diag}(z_i)$ und dem n-Vektor $e := (1,\dots,1)^T$ definierten Abbildung $\Psi_0(x,y,z) : M_0 \times M_0^* \to \mathbb{R}^n \times \mathbb{R}^m \times \mathbb{R}^n$ die folgende Gestalt hat:

$$D\Psi_0(x,y,z) = \begin{bmatrix} A & 0 & 0 \\ 0 & A^T & I \\ Z & 0 & X \end{bmatrix}.$$

Aufgabe 4.3: Für zweimal stetig differenzierbare Funktionen $f : D \subset \mathbb{R}^n \to \mathbb{R}^n$ konvergiert das Newton-Verfahren lokal quadratisch gegen eine Nullstelle z. Man zeige, dass es für (nur) einmal stetig differenzierbare Funktionen immer noch „super-linear" konvergiert,

$$\frac{\|x_{t+1} - z\|}{\|x_t - z\|} \to 0 \quad (t \to \infty),$$

d. h.: Es ist asymptotisch schneller als die einfache Fixpunktiteration.

Aufgabe 4.4: Die Eigenwertaufgabe $Ax = \lambda x$ einer Matrix $A \in \mathbb{R}^{n\times n}$ ist äquivalent zu dem nichtlinearen Gleichungssystem

$$\begin{aligned} Ax - \lambda x &= 0, \\ \|x\|_2^2 - 1 &= 0, \end{aligned}$$

von $n+1$ Gleichungen in den $n+1$ Unbekannten $x_1,\dots,x_n,\lambda$.

a) Man gebe die Newton-Iteration zur Lösung dieses Gleichungssystems an.

b) Man führe zwei (oder bei Interesse auch mehr) Newton-Schritte durch für die Matrix

$$A = \begin{bmatrix} 4 & 0 \\ -1 & 4 \end{bmatrix}$$

mit den Startwerten $x_1^0 = 0$, $x_2^0 = 1.5$, $\lambda^0 = 3.5$. Man berechne die Eigenwerte und Eigenvektoren dieser Matrix und stelle fest, ob das Newton-Verfahren in diesem Fall quadratisch konvergiert.

Aufgabe 4.5: Man gebe das Newton-Verfahren für das regularisierte primal-duale System aus dem Text an:

$$\Psi_\mu(x,y,z) := \begin{bmatrix} Ax - b \\ A^T y + z - c \\ XZe - \mu e \end{bmatrix} = \begin{bmatrix} 0 \\ 0 \\ 0 \end{bmatrix}, \quad x, z > 0.$$

Ist eins der üblichen iterativen Standardverfahren geeignet zur Lösung der in jedem Newton-Schritt auftretenden linearen Gleichungssysteme?

Aufgabe 4.6: Man beschreibe das Prinzip des Euler-Lagrange-Formalismus und wende diesen an zur Bestimmung der Maxima und Minimima des Polynoms

$$f(x,y) = x - y$$

auf der Kreislinie $K := \{(x,y) \in \mathbb{R}^2 : x^2 + y^2 = 1\}$.

Aufgabe 4.7: Die reelle Zahl $a > 0$ ist so in drei positive Summanden zu zerlegen, dass deren Produkt maximal ist. (Hinweis: Man formuliere dies als eine Optimierungsaufgabe mit Gleichungsrestriktion und benutze zu deren Lösung den Euler-Lagrange-Ansatz.)

Aufgabe 4.8: Man zeige, dass eine stetig differenzierbare, strikt konvexe Funktion $f : D \subset \mathbb{R}^n \to \mathbb{R}^n$,

$$f(tx + (1-t)x') < tf(x) + (1-t)f(x'), \quad x, x' \in D,\ 0 < t < 1,$$

notwendig einen strikt monotonen Gradienten besitzt, d. h.:

$$\nabla(f(x) - f(x'))^T \cdot (x - x') > 0, \quad x, x' \in D, \quad x \neq x'.$$

(Hinweis: Man leite die Beziehung $f(x') > f(x) + \nabla f(x) \cdot (x' - x)$ her und verwende diese zum Beweis der behaupteten Monotonieeigenschaft.)

Aufgabe 4.9: Im Text wurde die folgende Aussage bewiesen:

Sei $\mathrm{Rang}(A) = m$ *und* $\mu > 0$ *gegeben. Dann sind die folgenden Aussagen äquivalent:*

a) Das primale Barriere-Problem (II_μ) *besitzt eine (eindeutige) Lösung* x_μ.

b) Das duale Barriere-Problem (II^*_μ) *besitzt eine (eindeutige) Lösung* (y_μ, z_μ).

c) Das gekoppelte primal-duale Problem (KKT-System) besitzt eine (eindeutige) Lösung $(x_\mu, y_\mu.z_\mu)$*, d. h.: Es existiert ein „zentraler Pfad“.*

Man gebe in Anlehnung an den Beweis für (a) $\Leftrightarrow$ (c) aus dem Text das Argument für die Aussage (b) $\Leftrightarrow$ (c) an.

Aufgabe 4.10: Man zeige die Konvergenz des „zentralen Pfades“ der primal-dualen Optimierungsaufgabe (KKT-Sytem), d. h.: Für $\mu \to 0$ konvergieren die (eindeutigen) Lösungen $(\hat{x}_\mu, \hat{y}_\mu, \hat{z}_\mu)$ der regularisierten primal-duale Probleme gegen eine Lösung $(\hat{x}, \hat{y}, \hat{z})$ des ursprünglichen (nichtregularisierten) primal-dualen Problems.

Aufgabe 4.11: Die Matrix $A \in \mathbb{R}^{m\times n}$, $n \geq m$ habe maximalen Rang m und $d = \text{dig}(d_i)$ sei eine Diagonalmatrix mit positiven Hauptdiagonalelementen $d_i > 0$. Man zeige, dass dann die Matrix ADA^T symmetrisch und positiv definit ist.

Aufgabe 4.12: Der Startwert (x^0, y^0, z^0) für die Newton-Iteration sei zulässig gewählt, d. h.:

$$(x^0, y^0, z^0) \in \Omega_0 := \{(x, y, z) \in \Omega \mid Ax = b,\ A^T y + z = c,\ x > 0,\ z > 0\}.$$

Man zeige, dass dann für hinreichend kleine Dämpfungsparameter $\lambda_t \in (0, 1]$ auch alle weiteren Iterierten (x^t, y^t, z^t) in Ω_0 liegen.

Aufgabe 4.13: Seien $u, v \in \mathbb{R}^n$ zwei orthogonale Vektoren, d. h.: $u^T \cdot v = 0$. Man zeige, dass gilt:

$$\|UVe\|_2 \leq 2^{-3/2}\|u + v\|_2^2, \tag{4.6.63}$$

wobei wieder $U := \text{diag}(u_i)$, $V := \text{diag}(v_i)$, $e := (1, \dots, 1)^T$ und $\|\cdot\|_2$ die euklidische Norm sind. (Hinweis: Man verwende die folgende Beziehung zwischen arithmetischem und geometrischem Mittel: $\sqrt{|ab|} \leq \frac{1}{2}|a+b|$, $a, b \in \mathbb{R}$, $ab \geq 0$. Weiterhin kann die Aufspaltung $0 = u^T \cdot v = \sum_{u_i v_i \geq 0} u_i v_i + \sum_{u_i v_i < 0} u_i v_i$ hilfreich sein.)

Aufgabe 4.14: Seien eine Matrix $A \in \mathbb{R}^{m\times n}$ mit maximalem Rang m und ein Vektor $b \in \mathbb{R}^m$ gegeben. Man zeige, dass die Lösung des linear/quadratischen Optimierungsproblems

$$x \in \mathbb{R}^n : \quad \tfrac{1}{2}x^T \cdot x \to \min! \qquad Ax = b,$$

durch folgende Gleichung gegeben ist:

$$x = A^T(AA^T)^{-1}b.$$

5 Nichtlineare Optimierungsaufgaben

5.1 Konvexe Programmierungsaufgaben

Wir betrachten im Folgenden allgemeine Optimierungsaufgaben in der „Standardform“

$$(P) \qquad x \in \mathbb{R}^n: \quad f(x) \to \min!, \quad g(x) \le 0,$$

mit einer Zielfunktion $f : \mathbb{R}^n \to \mathbb{R}$ und Restriktionen $g = (g_1, \cdot, g_m) : \mathbb{R}^n \to \mathbb{R}^m$. Der zugehörige „zulässige“ Bereich ist wieder definiert durch $M := \{x \in \mathbb{R}^n \mid g(x) \le 0\}$.

Im Allgemeinen Fall einer *nichtlinearen* Aufgabe sind die Fragen nach Charakterisierung und Berechnung von Lösungen natürlich sehr viel schwieriger als im *linearen* Fall.

Beispiel 5.1: Wir betrachten die Situation $n = 2, m = 3$ mit den Restriktionen

$$g_1(x) = -x_1 \le 0, \quad g_2(x) = -x_2 \le 0, \quad g_3(x) = x_1 + x_2 - 1 \le 0.$$

a) Linearer Fall $f(x) = x_1 - x_2$ mit Eckenlösung (Niveaulinien $f(x) = c$):

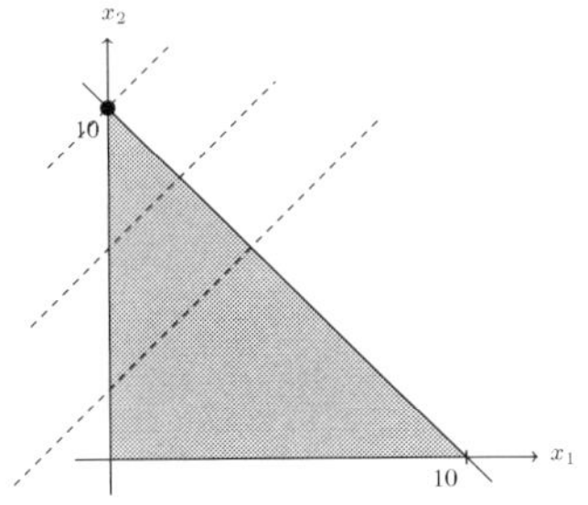

Abbildung 5.1: *Problem mit Eckenlösung*

b) Linear-quadratischer Fall $f(x) = (x_1 - 7)^2 + (x_2 - 7)^2$ mit Randlösung und $f(x) = (x_1 - 3)^2 + (x_2 - 3)^2$ mit innerer Lösung (Niveaulinien $f(x) = c$)

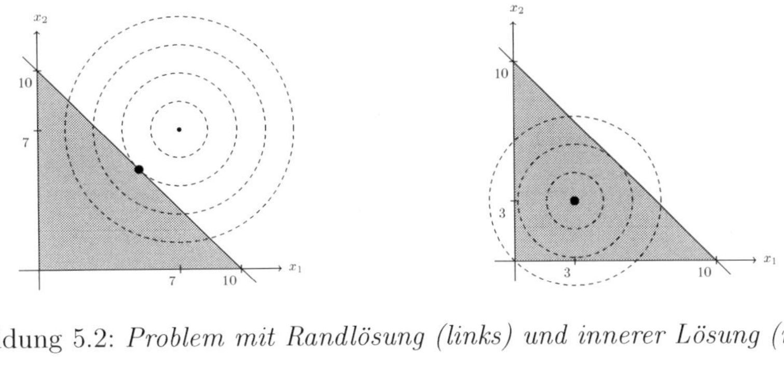

Abbildung 5.2: *Problem mit Randlösung (links) und innerer Lösung (rechts)*

Diese Beispiele zeigen, dass bei nichtlinearen Optimierungsaufgaben die Lösung, falls eine solche überhaupt existiert, sicher nicht durch eine spezielle Lage im zulässigen Bereich $M = \{x \in \mathbb{R}^n \,|\, g(x) \le 0\}$ ausgezeichnet ist. Um zu verwendbaren Aussagen zu kommen, müssen zusätzliche Annahmen über die Eigenschaften der Funktionen f und g_i getroffen werden. Die Aufgabe (P) wird „linear“ genannt, wenn sowohl die Zielfunktion f als auch die Restriktion g affin-linear sind:

$$f(x) = c^T \cdot x + d, \qquad g(x) = Ax - b,$$

mit Vektoren $c \in \mathbb{R}^n$, $b \in \mathbb{R}^m$ und einer Matrix $A \in \mathbb{R}^{m \times n}$, andernfalls ist sie „nichtlinear“. Eine Funktion $f : \mathbb{R}^n \to \mathbb{R}$ ist genau dann affin-linear, wenn gilt:

$$f(\lambda x + (1-\lambda)x') = \lambda f(x) + (1-\lambda) f(x'), \quad x, x' \in \mathbb{R}^n, \quad \lambda \in (0,1). \tag{5.1.1}$$

Man nennt f „konvex“, wenn gilt:

$$f(\lambda x + (1-\lambda)x') \le \lambda f(x) + (1-\lambda) f(x'), \quad x, x' \in \mathbb{R}^n, \quad \lambda \in (0,1), \tag{5.1.2}$$

(„konkav“ für „$\ge$“) und „streng konvex“, wenn „$<$“ für $x \ne x'$ gilt. Sind die Funktionen f und g_i konvex, so spricht man von einer „konvexen Optimierungsaufgabe“. Viele Eigenschaften der linearen Aufgabe lassen sich sinngemäß auch für den konvexen Fall übertragen.

Ein zulässiger Punkt $x \in M$ der Aufgabe (P) wird „relatives (lokales) Minimum“ genannt, wenn für eine ε-Umgebung $U_\varepsilon(x) = \{y \in \mathbb{R}^n \,|\, \|x - y\| < \varepsilon\}$ gilt:

$$f(x) \le f(y), \quad y \in U_\varepsilon(x) \cap M. \tag{5.1.3}$$

Ein Minimum von f auf ganz M heißt dann „absolut“ oder auch „global“.

Für spätere Zwecke listen wir einige Aussagen über konvexe Funktionen:

- Ist f konvex, so ist $-f$ konkav.
- Sind f_i $(i = 1, \dots, m)$ konvex, so ist $\sum_{i=1}^m f_i$ konvex.
- Für eine konvexe Funktion ist jedes relative Minimum auch absolut.
- Die Menge der Minima einer konvexen Funktion ist konvex.
- Eine streng konvexe Funktion hat höchstens ein Minimum.
- Eine auf einer offenen (konvexe) Menge definierte konvexe Funktion ist dort notwendig stetig.
- Ist f konvex, so ist die Menge $\{x \in \mathbb{R}^n \,|\, f(x) \le a\}$ für jedes $a \in \mathbb{R}$ konvex.

Als Durchschnitt von konvexen Mengen ist der zulässige Bereich einer konvexen Programmierungsaufgabe stets konvex; ist er beschränkt, so hat die Aufgabe (P) eine eindeutig bestimmte Lösung. Wir werden im Folgenden die Minimalstellen durch notwendige und hinreichende Bedingungen charakterisieren und dann Methoden zu ihrer numerischen Berechnung diskutieren. Dazu werden gewiss Glattheitseigenschaften von f und g erdorderlich sein. In der Regel werden diese Funktionen als einmal oder auch zweimal stetig (partiell) differenzierbar angenommen.

Lemma 5.1: *Eine Funktion $f \in C^1(M)$, M konvex, ist genau dann konvex, wenn*

$$f(y) \geq f(x) + (y-x)^T \cdot \nabla f(x), \qquad x, y \in M, \tag{5.1.4}$$

und genau dann streng konvex, wenn für $x \neq y$ in (5.1.4) die strikte Ungleichung gilt.

Beweis: Aus der Ungleichung (5.1.4) folgt für $y, z \in M$ und $x = \lambda y + (1-\lambda)z$ mit $0 \leq \lambda \leq 1$:

$$\begin{aligned}\lambda f(y) + (1-\lambda)f(z) &\geq \lambda\big(f(x) + (y-x)^T \cdot \nabla f(x)\big) + (1-\lambda)\big(f(x) + (z-x)^T \cdot \nabla f(x)\big) \\ &= f(x) + \big(\lambda(y-x) + (1-\lambda)(z-x)\big)^T \cdot \nabla f(x) \\ &= f(x) + \big(\lambda y + (1-\lambda)z - x\big)^T \cdot \nabla f(x) = f(x),\end{aligned}$$

d. h.: f ist konvex. Ist umgekehrt f konvex, so gilt für die auf $(0,1)$ differenzierbare Funktion

$$\varphi(\lambda) := \lambda f(y) + (1-\lambda)f(x) - f(\lambda y + (1-\lambda)x) \geq 0$$

und $\varphi(0) = 0$. Also ist notwendig $\varphi'(0) \geq 0$. Dies impliziert

$$0 \leq \varphi'(0) = f(y) - f(x) - \nabla f(x)^T \cdot (y-x).$$

Für die strenge Konvexität argumentiert man analog. Q.E.D.

Lemma 5.2: *Eine Funktion $f \in C^2(M)$, M konvex mit nicht leerem Inneren $M^o \neq \emptyset$, ist konvex bzw. streng konvex, genau dann wenn die zugehörige Hesse[1]-Matrix*

$$\nabla^2 f(x) = \Big(\frac{\partial^2 f}{\partial x_i \partial x_k}(x)\Big)_{i,k=1}^n$$

für alle $x \in M$ positiv semi-definit bzw. positiv definit ist.

Beweis: Die Behauptung ergibt sich aus der Taylorschen Formel

$$f(y) = f(x) + (y-x)^T \cdot \nabla f(x) + \tfrac{1}{2}(y-x)^T \cdot \nabla^2 f(\xi)(y-x), \qquad \xi \in \overline{(x,y)},$$

mit Hilfe von Lemma 5.1. Q.E.D.

Als Folgerung aus Lemma 5.2 finden wir, dass quadratische Funktionen

$$f(x) = c^T \cdot x + x^T \cdot Cx$$

mit (symmetrischer) positiv semi-definiter Matrix $C \in \mathbb{R}^{n \times n}$ konvex sind.

Für konvexe Optimierungsaufgaben haben wir den folgenden Satz über die Existenz von Minima.

[1]Ludwig Otto Hesse (1811–1874): Deutscher Mathematiker; wirkte in Königsberg, Heidelberg und München; Beiträge zur Theorie der algebraischen Funktionen und Invarianten

Satz 5.1 (Existenzsatz für konvexe Aufgaben): *In der Optimierungaufgabe* (P) *mit konvexen Funktionen* f *und* g_i, $i = 1, \dots, n$, *sei die zulässige Menge* M *beschränkt oder die Zielfunktion habe die Eigenschaft*

$$f(x) \to \infty \quad (x \in M, \ \|x\|_2 \to \infty). \tag{5.1.5}$$

Dann besitzt f *auf* M *ein Minimum* $\hat{x}$. *Im Fall der strikten Konvexität von* f *ist das Minimum eindeutig.*

Beweis: i) Auf der beschränkten (und damit kompakten) zulässigen Menge M nimmt die konvexe (und damit stetige) Funktion f ihr Minimum an.

ii) Sei nun M unbeschränkt und erfülle (5.1.5). Wir verwenden das sog. „Minimalfolgenargument". Wegen der Wachstumsbedingung (5.1.5) kann es keine Folge von Punkten $x^t \in M$ geben mit $f(x^t) \to -\infty \ (t \to \infty)$. Also ist f nach unten beschränkt:

$$-\infty < \inf_{x \in M} f(x) =: d.$$

Sei nun $(x^t)_{t \in \mathbb{N}} \subset M$ eine zugehörige „Minimalfolge", d. h.: $f(x^t) \to d \ (t \to \infty)$. Diese Minimalfolge muss, wieder wegen (5.1.5), beschränkt sein und besitzt wegen der Abgeschlossenheit von M folglich mindestens einen Häufungspunkt $\hat{x} \in M$. Für diesen gilt dann mit der zugehörigen Teilfolge $(x^{t_s})_{s \in \mathbb{N}}$ wegen der Stetigkeit von f:

$$f(\hat{x}) = \lim_{s \to \infty} f(x^{t_s}) = d,$$

d. h.: $\hat{x}$ ist Minimum von f auf M. Dieses Minimum ist dann für *strikt* konvexes f eindeutig bestimmt. Q.E.D.

5.2 Dualitätstheorie (globale Extremalbedingungen)

Im Folgenden untersuchen wir die „globalen" Eigenschaften der Optimierungsaufgabe (P), d. h.: charakterisierende Eigenschaften ihrer „globalen" Lösungen. Der „primalen" Programmierungsaufgabe

$$(P) \qquad x \in \mathbb{R}^n: \quad f(x) \to \min! \ \ g(x) \leq 0,$$

mit stetigen Funktionen $f : \mathbb{R}^n \to \mathbb{R}$ und $g \in \mathbb{R}^n \to \mathbb{R}^m$ wird die folgende sog. „Lagrange-Funktion" zugeordnet:

$$L(x, y) := f(x) + y^T \cdot g(x), \quad x \in \mathbb{R}^n, \ y \in \mathbb{R}^m.$$

Wir definieren

$$L^*(x) := \sup_{y \in \mathbb{R}^m_+} L(x, y) \in \mathbb{R} \cup \{\infty\}, \quad x \in \mathbb{R}^n,$$
$$L_*(y) := \inf_{x \in \mathbb{R}^n} L(x, y) \in \mathbb{R} \cup \{-\infty\}, \quad y \in \mathbb{R}^m_+,$$

sowie das zugehörige Paar zueinander „dualer" Aufgaben

$$(\tilde{P}) \qquad x \in \mathbb{R}^n: \quad L^*(x) \to \min!$$

$$(P^*) \qquad y \in \mathbb{R}^m_+: \quad L_*(y) \to \max!$$

Im Fall, dass $M := \{x \in \mathbb{R}^n \,|\, g(x) \le 0\} \ne \emptyset$, ist $(\tilde{P})$ eine äquivalente Formulierung zu (P), denn es gilt:

$$x \in M: \qquad L^*(x) = \sup_{y \in \mathbb{R}^m_+} \{f(x) + y^T \cdot g(x)\} = f(x),$$

$$x \notin M: \qquad L^*(x) = +\infty.$$

Wir bezeichnen (P^*) als die zu (P) „duale" Aufgabe. Wie in der linearen Programmierung ist man dann an „Alternativsätzen" für die Probleme (P) und (P^*) interessiert. Im Folgenden setzen wir stets $M \ne \emptyset$ voraus.

Lemma 5.3: *Es gilt allgemein (im Zahlbereich $\mathbb{R} \cup \{\pm\infty\}$)*

$$L^*(x) \ge L_*(y), \quad x \in \mathbb{R}^n,\ y \in \mathbb{R}^m_+. \tag{5.2.6}$$

Ist für ein Paar $(\hat{x}, \hat{y}) \in \mathbb{R}^n \times \mathbb{R}^m_+$ das folgende sog. „Sattelpunktkriterium" erfüllt,

$$L^*(\hat{x}) = L_*(\hat{y}), \tag{5.2.7}$$

so sind $\hat{x}$ und $\hat{y}$ Lösungen von (P) bzw. (P^*).

Beweis: i) Für $x \notin M$ ist definitionsgemäß $L^*(x) = \infty$ und folglich $L^*(x) \ge L_*(y)$ für alle $y \in \mathbb{R}^m_+$. Für $x \in M$ ist

$$\begin{aligned} L^*(x) &= f(x) \ge f(x) + \underbrace{y^T}_{\ge 0} \cdot \underbrace{g(x)}_{\le 0} = L(x,y) \\ &\ge \inf_{x \in \mathbb{R}^n} L(x,y) = L_*(y), \quad y \in \mathbb{R}^m_+. \end{aligned}$$

ii) Im Fall $L^*(\hat{x}) = L_*(\hat{y})$ ist also

$$\begin{aligned} L_*(\hat{y}) &= L^*(\hat{x}) \ge L_*(y), \quad y \in \mathbb{R}^m_+, \\ L^*(\hat{x}) &= L_*(\hat{y}) \le L^*(x), \quad x \in \mathbb{R}^n, \end{aligned}$$

d. h.: $\hat{x}$ and $\hat{y}$ sind Lösungen der Aufgaben $(\tilde{P})$ bzw. (P^*). Wegen $M \ne \emptyset$ muss $\hat{x} \in M$ sein, d. h.: $\hat{x}$ ist auch Lösung von Aufgabe (P). Q.E.D.

Lemma 5.4: *Die folgenden Aussagen sind äquivalent:*

1. $L^*(\hat{x}) = L_*(\hat{y})$.
2. $L^*(\hat{x}) = L(\hat{x}, \hat{y}) = L_*(\hat{y})$.

3. $L(\hat{x},y) \le L(\hat{x},\hat{y}) \le L(x,\hat{y}), \quad x \in \mathbb{R}^n,\ y \in \mathbb{R}^m_+$.

4. $\min_{x\in\mathbb{R}^n} \sup_{y\in\mathbb{R}^m_+} L(x,y) = \max_{y\in\mathbb{R}^m_+} \inf_{x\in\mathbb{R}^n} L(x,y)$.

Beweis: (1) → (2) : Gilt (1), so folgt auch (2) wegen:

$$L(\hat{x},\hat{y}) \le \sup_{z\in\mathbb{R}^m_+} L(\hat{x},z) = \underbrace{L^*(\hat{x}) = L_*(\hat{y})}_{(1)} = \inf_{x\in\mathbb{R}^n} L(x,\hat{y}) \le L(\hat{x},\hat{y}).$$

(2) → (3) : Gilt (2), so folgt (3) wegen der folgenden Beziehungen für $x \in \mathbb{R}^n$, $y \in \mathbb{R}^m_+$:

$$L(\hat{x},y) \le \sup_{z\in\mathbb{R}^m_+} L(\hat{x},z) = \underbrace{L^*(\hat{x}) = L(\hat{x},\hat{y}) = L_*(\hat{y})}_{(2)} = \inf_{z\in\mathbb{R}^n} L(z,\hat{y}) \le L(x,\hat{y}).$$

(3) → (2) : Dies ergibt sich trivialerweise.

(2) → (1) : Dies ergibt sich trivialerweise.

(1) → (4) : Gilt (1), so folgt nach Lemma 5.3 auch (4) gemäß

$$\min_{x\in\mathbb{R}^n} L^*(x) = \underbrace{L^*(\hat{x}) = L_*(\hat{y})}_{(1)} = \max_{y\in\mathbb{R}^m_+} L_*(y).$$

(4) → (1) : Gilt (4), so gibt es $\hat{x} \in \mathbb{R}^n$ und $\hat{y} \in \mathbb{R}^m_+$, mit denen (1) gilt:

$$L^*(\hat{x}) = L_*(\hat{y}).$$

Dies vervollständigt den Beweis. Q.E.D.

Die Beziehung (3) in Lemma 5.4 besagt, dass das Paar $(\hat{x},\hat{y}) \in \mathbb{R}^n \times \mathbb{R}^m_+$ ein „Sattelpunkt" der Lagrange-Funktion $L(x,y)$ ist. Lemma 5.3 besagt also, dass jeder Sattelpunkt $(\hat{x},\hat{y})$ von $L(x,y)$ mit $\hat{x}$ und $\hat{y}$ Lösungen von (P) bzw. (P^*) liefert. Die Umkehrung ist i. Allg. nicht richtig; dazu sind weitere Voraussetzungen erforderlich. An den zulässigen Bereich M stellen wir im Folgenden die sog. „Slater[2]-Bedingung":

$$M^o := \{x \in M \mid g(x) < 0\} \neq \emptyset. \tag{5.2.8}$$

Diese Bedingung macht offenbar bei Gleichungsrestriktionen keinen Sinn. Damit haben wir den folgenden zentralen Satz der „konvexen Optimierung".

Satz 5.2 (Globaler Karush-Kuhn-Tucker-Satz): *Es seien $f,\ g_i,\ i = 1,\dots,m$, konvex und $M^o \neq \emptyset$. Dann ist ein $\hat{x} \in M$ genau dann Lösung von (P), wenn es ein $\hat{y} \in \mathbb{R}^m_+$ gibt, so dass $(\hat{x},\hat{y})$ Sattelpunkt von $L(x,y)$ ist.*

Zum Beweis dieses Satzes benötigen wir den folgenden sog. „Trennunssatz" für konvexe Mengen.

[2]Morton L. Slater (1921–2002): US-amerikanischer Mathematiker; arbeitete an den Sandia National Laboratories (USA); bekannt durch die nach ihm benannte „Slater-Bedingung" in der nichtlinearen Optimierung.

Lemma 5.5 (Satz von der trennenden Hyperebene): *Es seien $B_1, B_2 \subset \mathbb{R}^m$ zwei nichtleere, disjunkte Teilmengen, wobei B_1 als konvex und B_2 als konvex und offen angenommen sind. Dann existiert eine Hyperebene, welche die beiden Mengen trennt, d. h.: Es existieren ein $a \in \mathbb{R}^m \setminus \{0\}$ und ein $\beta \in \mathbb{R}$, so dass*

$$a^T \cdot y - \beta > 0 \geq a^T \cdot x - \beta, \quad x \in B_1,\ y \in B_2.$$

Beweis: Anschaulich ist die Aussage klar. Ihr rigoroser Beweis ist dennoch sehr technisch. i) Wir zeigen die Behauptung zunächst für den Spezielfall $B_1 = \{x\}$. Da $\bar{B}_2$ konvex und abgeschlossen ist, gibt es ein $\hat{y} \in \bar{B}_2$ mit der Eigenschaft (Übungsaufgabe)

$$\|x - \hat{y}\|_2 = \inf_{y \in B_2} \|x - y\|_2.$$

Für $y \in B_2$ ist $\lambda y + (1-\lambda)\hat{y} \in \bar{B}_2$ für $\lambda \in (0,1)$. Damit erhalten wir

$$\|x - \hat{y}\|_2^2 \leq \|x - \lambda y - (1-\lambda)\hat{y}\|_2^2 = \|x - \hat{y} + \lambda(\hat{y} - y)\|_2^2$$

$$= \|x - \hat{y}\|_2^2 + 2\lambda(x - \hat{y}, \hat{y} - y) + \lambda^2 \|\hat{y} - y\|_2^2.$$

Für $\lambda \to 0$ folgern wir $(x - \hat{y}, \hat{y} - y)_2 \geq 0$ und damit

$$(\hat{y} - x, y)_2 \geq (\hat{y} - x, \hat{y})_2 = (\hat{y} - x, x)_2 + \|\hat{y} - x\|_2^2.$$

Wir unterscheiden nun zwei Fälle.

a) Fall $x \notin \partial B_2$: In diesem Fall ist $\|\hat{y} - x\|_2 > 0$ und mit der Setzung

$$a := \frac{\hat{y} - x}{\|\hat{y} - x\|_2}, \qquad \beta := (a, x)_2,$$

ergibt sich

$$(a, y)_2 \geq (a, x)_2 + \underbrace{\|\hat{y} - x\|_2}_{>0} \quad \Rightarrow \quad (a, y)_2 - \beta > 0 = (a, x)_2 - \beta, \quad y \in B_2.$$

b) Fall $x \in \partial B_2$: Sei $(x^t)_{t \in \mathbb{N}} \subset \bar{B}_2^c$ (Komplement von $\bar{B}_2$) eine Folge mit $x^t \to x$ $(t \to \infty)$ und a^t die in (a) zugeordneten Vektoren mit $\|a^t\|_2 = 1$ und Zahlen $\beta_t := (a^t, x^t)_2$. Da die Folge der a^t beschränkt ist, besitzt sie eine Teilfolge $(a^{t_s})_{s \in \mathbb{N}}$, welche gegen ein a konvergiert: $a^{t_s} \to a$ $(s \to \infty)$. Damit folgt für $y \in B_2$:

$$(a, y)_2 = \lim_{s \to \infty} (a^{t_s}, y)_2 \geq \lim_{s \to \infty} \left\{ (a^{t_s}, x^{t_s})_2 + \|\hat{y} - x^{t_s}\|_2 \right\} \geq (a, x)_2,$$

d. h.:

$$(a, y)_2 - \beta \geq 0 = (a, x)_2 - \beta, \quad y \in B_2.$$

Die volle Behauptung mit dem „>"-Zeichen ergibt sich mit Hilfe eines Widersprucharguments analog zu dem weiter unten verwendeten.

ii) Wir behandeln nun den Fall einer allgemeinen konvexen Menge B_1. Die Menge

$$B := \{y - x \mid y \in B_2,\ x \in B_1\}$$

ist konvex und wegen $B = \cup_{x\in B_1}\{y - x \mid y \in B_2\}$ offen. Wegen $B_1 \cap B_2 = \emptyset$ ist außerdem $0 \notin B$. Teil (i) angewendet für die Mengen $B_1 = \{0\}$ und $B_2 = B$ liefert also die Existenz eines $a \in \mathbb{R}^n \setminus \{0\}$, so dass

$$(a, y - x)_2 > 0, \qquad (a, y)_2 > (a, x)_2, \quad x \in B_1,\ y \in B_2 .$$

Mit der Setzung $\beta := \inf_{y\in B_2}(a, y)_2$ gilt dann

$$(a, x)_2 \le \beta \le (a, y)_2, \quad x \in B_1,\ y \in B_2 .$$

Angenommen, es gibt ein $y \in B_2$ mit $(a, y)_2 = \beta$. Dann ist auch $(a, y \pm \varepsilon a)_2 \ge \beta$, für kleines $\varepsilon \in \mathbb{R}_+$, da B_2 offen ist. Dies ergibt den Widerspruch $\pm\varepsilon\|a\|_2\| \ge 0$ und somit $(a, x)_2 \le \beta < (a, y)_2$. Dies vervollständigt den Beweis. Q.E.D.

Beweis: (Beweis von Satz 5.2)

i) Für einen Sattelpunkt $(\hat{x}, \hat{y}) \in \mathbb{R}^n \times \mathbb{R}^m_+$ von $L(x, y)$ ist nach Lemma 5.3 $\hat{x}$ Lösung von Aufgabe (P).

ii) Sei nun umgekehrt $\hat{x}$ eine Lösung von (P). Wir definieren die Mengen

$$\begin{aligned} B_1 &:= \big\{y^T = (y_0, y_1, \dots, y_m)^T \in \mathbb{R}^{1+m} \mid y_0 \ge f(x),\ y_i \ge g_i(x) \\ &\qquad\qquad \text{für mindestens ein } x \in \mathbb{R}^n\ (i = 1, \dots, n)\big\} \\ B_2 &:= \big\{z^T = (z_0, z_1, \dots, z_m)^T \in \mathbb{R}^{1+m} \mid z_0 < f(\hat{x}),\ z_i < 0\ (i = 1, \dots, m)\big\}. \end{aligned}$$

Die Konvexität von f und der g_i impliziert die von B_1; B_2 ist trivialerweise konvex. Ferner ist $B_1 \ne \emptyset$ und $B_2 \ne \emptyset$ und offen sowie $B_1 \cap B_2 = \emptyset$, da $\hat{x}$ Lösung von (P) ist. Also ist der Trennungssatz (Lemma 5.5) auf die Mengen B_1, B_2 anwendbar und liefert die Exsitenz eines Vektors $a^T = (a_0, a_1, \dots, a_m)^T \in \mathbb{R}^{1+m}$, $a \ne 0$, mit dem gilt:

$$a^T \cdot y > a^T \cdot z, \quad y \in B_1,\ z \in B_2.$$

Es ist $a \ge 0$, da sonst für eine geeignete Folge $(z^t)_{t\in\mathbb{N}} \subset B_2$ gälte: $a^T \cdot z^t \to \infty\ (t \to \infty)$. Weiter gilt

$$a^T \cdot y \ge a^T \cdot z, \quad y \in B_1,\ z \in \bar{B}_2.$$

Wir setzen für $x \in \mathbb{R}^n$:

$$y^T := (f(x), g_1(x), \dots, g_m(x))^T \in B_1, \qquad z^T := (f(\hat{x}, 0, \dots, 0)^T \in \bar{B}_2,$$

und erhalten dafür

$$a_0 f(x) + \sum_{i=1}^m a_i g_i(x) = a^T \cdot y \ge a^T \cdot z = a_0 f(\hat{x}), \quad x \in \mathbb{R}^n.$$

Es ist $a_0 > 0$, denn für $a_0 = 0$ wäre

$$\sum_{i=1}^{m} a_i g_i(x) \geq 0, \quad x \in \mathbb{R}^n,$$

im Widerspruch zu $M^o \neq \emptyset$. Wir setzen nun

$$\hat{y}^T := \left(\frac{a_1}{a_0}, \dots, \frac{a_m}{a_0}\right)^T \in \mathbb{R}^m_+.$$

Damit gilt dann:

$$f(x) + \hat{y}^T \cdot g(x) = f(x) + \sum_{i=1}^{m} \hat{y}_i g_i(x) \geq f(\hat{x}), \quad x \in \mathbb{R}^n. \tag{5.2.9}$$

Für $x = \hat{x}$ folgt speziell

$$\underbrace{\hat{y}^T}_{\geq 0} \cdot \underbrace{g(\hat{x})}_{\leq 0} \geq 0 \quad \Rightarrow \quad \hat{y}^T \cdot g(\hat{x}) = 0.$$

Ausgehend von (5.2.9) ergibt sich also für $x \in \mathbb{R}^n$, $y \in \mathbb{R}^m_+$:

$$L(x, \hat{y}) \geq f(\hat{x}) = f(\hat{x}) + \underbrace{\hat{y}^T \cdot g(\hat{x})}_{= 0} \geq f(\hat{x}) + \underbrace{y^T \cdot g(\hat{x})}_{\leq 0} = L(\hat{x}, y),$$

d. h.: $(\hat{x}, \hat{y})$ ist Sattelpunkt von $L(x, y)$. Q.E.D.

Korollar 5.1: *Es seien f, $g_i, i = 1, \dots, m$, konvex, $M^o \neq \emptyset$ und die Aufgabe (P) sei lösbar. Dann ist auch die duale Aufgabe (P^*) lösbar. Gilt für eine Lösung $\hat{y} \in \mathbb{R}^m_+$ von (P^*) mit einem $\hat{x} \in M$*

$$L_*(\hat{y}) = f(\hat{x}), \tag{5.2.10}$$

so ist $\hat{x}$ Lösung von (P).

Beweis: Ist (P) lösbar, so gibt es nach Satz 5.2 einen Sattelpunkt $(\hat{x}, \hat{y}) \in \mathbb{R}^n \times \mathbb{R}^m_+$ von $L(x, y)$. Nach Lemma 5.4 genügt dieser dem Sattelpunktkriterium von Lemma 5.3, und $\hat{y}$ ist folglich Lösung von (P^*). Für $\hat{x} \in M$ ist $L^*(\hat{x}) = f(\hat{x})$. Im Fall $L_*(\hat{y}) = f(\hat{x})$ ist das Sattelpunktkriterium erfüllt und nach Lemma 5.3 ist $\hat{x}$ Lösung von (P). Q.E.D.

Beispiel 5.2: Wir betrachten als Beispiel eine quadratische Optimierungsaufgabe im $\mathbb{R}^2$ mit $n = 2, m = 1$:

$$f(x) := x_1^2 + x_2^2 - x_1 - x_2, \quad g(x) := 1 + x_1;$$

der zulässige Bereich ist $M := \{x \in \mathbb{R}^2 \,|\, 1 + x_1 \leq 0\}$. Diese Aufgabe ist offensichtlich konvex und es ist $M^o \neq \emptyset$. Die Hesse-Matrix von f ist positiv-definit,

$$\nabla^2 f(x) = \begin{pmatrix} 2 & 0 \\ 0 & 2 \end{pmatrix},$$

so dass f *strikt* konvex ist. Da $f(x) \to \infty$ $(\|x\|_2 \to \infty)$ existiert (nach Satz 5.1) ein eindeutig bestimmtes (globales) Minimum $\hat{x} \in M$ von f. Die zugehörige Lagrange-Funktion ist

$$L(x, y) = x_1^2 + x_2^2 - x_1 - x_2 + y(1 + x_1).$$

Nach Korollar 5.1 besitzt dann die zugehörige *duale* Aufgabe

$$(P^*) \qquad y \in \mathbb{R}_+ : \quad L_*(y) := \inf_{x \in \mathbb{R}^2} L(x, y) \to \max!$$

eine Lösung $\hat{y} \in \mathbb{R}^1_+$. Zur Berechnung von $\hat{y}$ dienen die folgenden Gleichungen:

$$0 = \nabla_x L(x, y)|_{x=\hat{x}} = \begin{pmatrix} 2\hat{x}_1 - 1 + y \\ 2\hat{x}_2 - 1 \end{pmatrix} \quad \Rightarrow \quad \begin{pmatrix} \hat{x}_1 \\ \hat{x}_2 \end{pmatrix} = \begin{pmatrix} \frac{1-y}{2} \\ \frac{1}{2} \end{pmatrix}.$$

Es ergibt sich damit

$$L_*(y) = \Big(\frac{1-y}{2}\Big)^2 + \frac{1}{4} - \frac{1-y}{2} - \frac{1}{2} + y\Big(1 + \frac{1-y}{2}\Big) = -\frac{y^2}{4} + \frac{3}{2}y - \frac{1}{2}.$$

Das Maximum $\hat{y}$ dieser Funktion erhalten wir aus der Gleichung

$$\frac{d}{dy} L_*(y)|_{y=\hat{y}} = -\frac{1}{2}\hat{y} + \frac{3}{2} = 0$$

zu $\hat{y} = 3$. Damit folgt weiter $\hat{x}_1 = -1$. Es gilt

$$L_*(\hat{y}) = \max_{y \in \mathbb{R}_+} L_*(y) = \frac{7}{4} = f(\hat{x}).$$

Da $\hat{x} \in M$, ist es nach Korollar 5.1 auch Lösung von (P).

5.3 Lokale Extremalbedingungen

In diesem Abschnitt werden Bedingungen hergeleitet, welche von *lokalen* Minima der Optimierungsaufgabe (P) notwendig erfüllt sind. Die Funktionen f und g_i, $i = 1, \dots, m$, sind im Folgenden stets als mindestens einmal stetig (partiell) differenzierbar angenommen. Jedes unrestringierte, lokale Minimum $\hat{x} \in \mathbb{R}^n$ der Funktion f genügt notwendig der Bedingung $\nabla f(\hat{x}) = 0$, bzw.

$$d^T \cdot \nabla f(\hat{x}) = 0 \quad \forall d \in \mathbb{R}^n. \tag{5.3.11}$$

Definition 5.1: *Ein* $d \in \mathbb{R}^n$ *heißt „zulässige Richtung“ für* $x \in M = \{y \in \mathbb{R}^n \,|\, g(y) \leq 0\}$, *wenn mit einem* $\varepsilon(x,d) > 0$ *gilt:*

$$g(x + \varepsilon d) \leq 0 \quad \forall \varepsilon \in [0, \varepsilon(x,d)]. \tag{5.3.12}$$

Die Menge aller zulässigen Richtungen für x *sei mit* $D(x)$ *bezeichnet.*

Lemma 5.6: *Für ein lokales Minimum* $\hat{x} \in M$ *der Optimierungsaufgabe* (P) *gilt notwendig*

$$d^T \cdot \nabla f(\hat{x}) \geq 0 \quad \forall d \in \overline{D(x)}. \tag{5.3.13}$$

Beweis: Für $d \in D(\hat{x})$ folgt aus $f(\hat{x} + \varepsilon d) \geq f(\hat{x})$:

$$d^T \cdot \nabla f(\hat{x}) = \lim_{\varepsilon \to 0} \varepsilon^{-1} \big(f(\hat{x} + \varepsilon d) - f(\hat{x}) \big) \geq 0.$$

Dies impliziert wegen der Stetigkeit von ∇f die Behauptung. Q.E.D.

Für $x \in M$ sei mit $I(x)$ die Indexmenge der „aktiven“ Restriktionen bezeichnet:

$$I(x) := \big\{ i \in \{1, \dots, n\} \,|\, g_i(x) = 0 \big\}.$$

Lemma 5.7: *Sei* $x \in M$. *Dann gilt für jede zulässige Richtung* $d \in D(x)$:

$$d^T \cdot \nabla g_i(x) \leq 0, \quad i \in I(x). \tag{5.3.14}$$

Beweis: Sei $d \in D(x)$ und $i \in I(x)$. Dann ist

$$d^T \cdot \nabla g_i(x) = \lim_{\varepsilon \to 0} \varepsilon^{-1} \big(\underbrace{g_i(x + \varepsilon d)}_{\leq 0} - \underbrace{g_i(x)}_{=0} \big) \leq 0,$$

was gerade die Behauptung ist. Q.E.D.

Für $x \in M$ setzen wir

$$D_1(x) := \{ d \in \mathbb{R}^n \,|\, d^T \cdot \nabla g_i(x) \leq 0, \, i \in I(x) \}.$$

Aufgrund von Lemma 5.7 ist sicher $\overline{D(x)} \subset D_1(x)$. Die Umkehrung ist aber i. Allg. nicht richtig, was durch folgende Beispiele belegt wird.

Beispiel 5.3: Wir betrachten den zweidimensionalen Fall $\mathbb{R}^2$:

a) $g(x) = x_1^3$, $M = \{x \in \mathbb{R}^3 \,|\, x_1 \in \mathbb{R}_+, \, x_2 \in \mathbb{R}\}$,

$$\nabla g(x) = (3x_1^2, 0)^T \quad \Rightarrow \quad D_1(0) = \mathbb{R}^2 \not\subset \overline{D(0)} = M.$$

b) $g(x) = x_1$ $M = \{x \in \mathbb{R}^3 \,|\, x_1 \in \mathbb{R}_+, \, x_2 \in \mathbb{R}\}$,

$$\nabla g(x) = (1, 0)^T \quad \Rightarrow \quad D_1(0) = M \subset D(0) = M.$$

Die Beispiele illustrieren, dass die Menge $D(x)$ durch die geometrischen Eigenschaften der zulässigen Menge M bestimmt ist, wogegen $D_1(x)$ von der speziellen Darstellung von M durch die Funktionen g_i abhängt. Dies gibt Anlass zu der folgenden Regularitätsbedingung der Kuhn-Tucker-Theorie:

Definition 5.2: *Ein Punkt $x \in M$ wird „regulär" genannt, wenn $\overline{D(x)} = D_1(x)$ ist.*

Für Minimierungsaufgaben mit Gleichungsnebenbedingungen

$$f(x) \to \min! \quad g(x) = 0,$$

gilt die bekannte „Euler-Lagrangesche Multiplikatorenregel" (Satz 4.3): Sei $\hat{x} \in D$ ein lokales Minimum von f unter der Nebenbedingung $g(\hat{x}) = 0$, und habe die Jacobi-Matrix $\nabla g(\hat{x}) \in \mathbb{R}^{m\times m}$ maximalen Rang m. Dann gibt es einen Vektor $\hat{y} \in \mathbb{R}^m$ („Multiplikator"), so dass

$$\nabla f(\hat{x}) + \hat{y}^T \cdot \nabla g(\hat{x}) = 0. \tag{5.3.15}$$

Wir werden jetzt diess Resultat auf den Fall von Ungleichungsnebenbedingungen übertragen (Satz von Karush-Kuhn-Tucker).

Satz 5.3 (Lokaler Karush-Kuhn-Tucker-Satz): *Sei $\hat{x}$ ein lokales Minimum der Aufgabe (P), und sei $\hat{x}$ regulär. Dann gibt es einen Vektor $\hat{y} \in \mathbb{R}^m_+$ so dass die folgenden „Karush-Kuhn-Tucker-Bedingungen" erfüllt sind:*

$$\hat{y}^T \cdot g(\hat{x}) = 0, \tag{5.3.16}$$

$$\nabla f(\hat{x}) + \hat{y}^T \cdot \nabla g(\hat{x}) = 0. \tag{5.3.17}$$

Beweis: Wir setzen $b := \nabla f(\hat{x}) \in \mathbb{R}^n$ und

$$A^T := -\big(\nabla g_i(\hat{x})^T\big)_{i\in I(\hat{x})} \in \mathbb{R}^{k\times n}, \quad k = \#I(\hat{x}).$$

Wegen $\overline{D(\hat{x})} = D_1(\hat{x})$ gilt dann nach Lemma 5.6 notwendig $b^T \cdot d \ge 0$ für alle Richtungsvektoren $d \in \mathbb{R}^n$ mit $A^T d \ge 0$. Dies bedeutet, dass die Aufgabe

$$d \in \mathbb{R}^n: \qquad b^T \cdot d < 0, \quad A^T d \ge 0, \tag{5.3.18}$$

unlösbar ist. Nach dem Alternativsatz 1.2 muss dann die Aufgabe

$$y \in \mathbb{R}^k: \qquad Ay = b, \quad y \ge 0, \tag{5.3.19}$$

lösbar sein. Mit einer solchen Lösung y^* setzen wir $\hat{y}_i := y_i^*$, $i \in I(\hat{x})$, $\hat{y}_i := 0$ sonst, und erhalten somit ein $\hat{y} \in \mathbb{R}^m_+$, mit dem gilt:

$$\sum_{i=1}^m \hat{y}_i g_i(\hat{x}) = \sum_{i\in I(\hat{x})} y_i^* g_i(\hat{x}) + \sum_{i\notin I(\hat{x})} \hat{y}_i g_i(\hat{x}) = 0, \tag{5.3.20}$$

$$\nabla f(\hat{x}) + \sum_{i=1}^m \hat{y}_i \nabla g_i(\hat{x}) = b - Ay = 0, \tag{5.3.21}$$

was den Beweis vervollständigt. Q.E.D.

Mit Hilfe der Lagrange-Funktion

$$L(x,y) := f(x) + y^T \cdot g(x)$$

lassen sich die Karush-Kuhn-Tucker-Bedingungen in der folgenden abgekürzten Form schreiben:

$$\hat{y}^T \cdot \nabla_y L(\hat{x},\hat{y}) = 0, \tag{5.3.22}$$

$$\nabla_x L(\hat{x},\hat{y}) = 0. \tag{5.3.23}$$

Die Karush-Kuhn-Tucker-Bedingungen sind zwar notwendig aber i. Allg. nicht hinreichend für reguläre Punkte $x \in M$, ein lokales Minimum zu sein; z. B. für „innere" Sattelpunkte von f. Dazu müssen wesentlich einschränkendere Bedingungen gestellt werden.

Lemma 5.8: *Die Funktionen g_i, $i = 1,\dots,m$, seien konvex, und es sei $M^o \neq \emptyset$ (sog. „Slater-Bedingung"). Dann ist jeder Punkt $x \in M$ regulär.*

Beweis: Aufgrund von Lemma 5.7 bleibt, $D_1(x) \subset \overline{D(x)}$ zu zeigen. Sei $d \in D_1(x)$, d. h.: $d^T \cdot \nabla g_i(x) \leq 0$, $i \in I(x)$. Wegen $M^o \neq \emptyset$ existiert ein $\hat{x} \in M$ mit $g(\hat{x}) < 0$. Für $i \in I(x)$ folgt damit nach Lemma 5.1:

$$0 > g_i(\hat{x}) \geq \underbrace{g_i(x)}_{=0} + (\hat{x} - x)^T \cdot \nabla g_i(x).$$

Für $t > 0$ ist dann auch

$$\big(d + t(\hat{x} - x)\big)^T \cdot \nabla g_i(x) < 0, \quad i \in I(x).$$

Hieraus schließen wir, dass $d_t := d + t(\hat{x} - x) \in D(x)$ ist. Andernfalls gäbe es eine Folge von $\varepsilon_k > 0$, $\varepsilon_k \to 0$ $(k \to \infty)$, mit $x + \varepsilon_k d_t \notin M$, d. h.: $g_i(x + \varepsilon_k d_t) > 0$ für ein i. Im Falle $i \notin I(x)$ gilt $g_i(x) < 0$, d. h.: Es folgt ein Widerspruch. Im Falle $i \in I(x)$ gilt $g_i(x) = 0$, d. h.: Es folgt

$$d_t^T \cdot \nabla g_i(x) = \lim_{\varepsilon_k \to 0} \varepsilon_k^{-1}\big(g_i(x + \varepsilon_k d_t) - g_i(x)\big) \geq 0,$$

im Widerspruch zu $d_t^T \cdot \nabla g_i(x) < 0$. Für $t \to 0$, ergibt sich somit $d \in \overline{D(x)}$. Q.E.D.

Satz 5.4: *Die Optimierungsaufgabe (P) sei konvex, und es sei $M^o \neq \emptyset$. Dann sind die Karush-Kuhn-Tucker-Bedingungen notwendig und hinreichend dafür, dass ein Punkt $\hat{x} \in M$ Lösung von (P) ist.*

Beweis: Es bleibt zu zeigen,dass die Karush-Kuhn-Tucker-Bedingungen hinreichend sind. Seien $\hat{x} \in M$ und $\hat{y} \in \mathbb{R}_+^m$ mit

$$\hat{y}^T \cdot \nabla_y L(\hat{x}, \hat{y}) = 0,$$
$$\nabla_x L(\hat{x}, \hat{y}) = 0.$$

Wir wollen zeigen, dass $(\hat{x}, \hat{y})$ ein Sattelpunkt der Euler-Lagrange-Funktion $L(x, y)$ ist. Lemma 5.3 (Sattelpunktkriterium) besagt dann, dass $\hat{x}$ globale Lösung von (P) ist. Die Funktion $\varphi(x) := L(x, \hat{y})$ ist wegen $\hat{y} \geq 0$ konvex und erfüllt nach Lemma 5.1 die Beziehung

$$\varphi(x) \geq \varphi(\hat{x}) + (x - \hat{x})^T \cdot \nabla\varphi(\hat{x}), \quad x \in \mathbb{R}^n.$$

Die Funktion $\psi(y) := L(\hat{x}, y)$ ist affin-linear, so dass

$$\psi(y) = \psi(\hat{y}) + (y - \hat{y})^T \cdot \nabla\psi(\hat{y}), \quad y \in \mathbb{R}^m.$$

Dies zusammengenommen impliziert für $x \in \mathbb{R}^n$, $y \in \mathbb{R}_+^m$:

$$\begin{aligned} L(\hat{x}, y) &= L(\hat{x}, \hat{y}) + (y - \hat{y})^T \cdot \nabla_y L(\hat{x}, \hat{y}) \\ &= L(\hat{x}, \hat{y}) + \underbrace{y^T \cdot g(\hat{x})}_{\leq 0} - \underbrace{\hat{y}^T \cdot g(\hat{x})}_{=0} \\ &\leq L(\hat{x}, \hat{y}) \leq L(x, \hat{y}) - (x - \hat{x})^T \cdot \underbrace{\nabla_x L(\hat{x}, \hat{y})}_{=0} = L(x, \hat{y}), \end{aligned}$$

d. h.: $(\hat{x}, \hat{y})$ ist ein Sattelpunkt von $L(x, y)$. Q.E.D.

Bemerkung 5.1: Unter den Voraussetzungen von Satz 5.4 sind die Karush-Kuhn-Tucker-Bedingungen sogar äquivalent zur Sattelpunktbedingung, denn $\varphi(\hat{x}) = \min_{x \in \mathbb{R}^n} \varphi(x)$ und $\psi(\hat{y}) = \max_{y \in \mathbb{R}^m} \psi(y)$ impliziert notwendig

$$\nabla_x L(\hat{x}, \hat{y}) = \nabla\varphi(\hat{x}) = 0, \quad \hat{y}^T \cdot \nabla_y L(\hat{x}, \hat{y}) = \frac{d}{dr}\psi(\hat{y} + r\hat{y})_{|r=0} = 0$$

Beispiel 5.4: Wir betrachten noch einmal die folgende Optimierungsaufgabe im $\mathbb{R}^2$:

$$x \in \mathbb{R}^2 : \quad f(x) = x_1^2 + x_2^2 - x_1 - x_2 \to \min!, \quad g(x) = 1 + x_1 \leq 0.$$

Beide Funktionen f, g sind konvex und der zulässige Bereich erfüllt $M^o \neq \emptyset$. Die Lagrange-Funktion ist

$$L(x, y) = x_1^2 + x_2^2 - x_1 - x_2 + y(1 + x_1).$$

Wir konstruieren eine Lösung mit Hilfe der Karush-Kuhn-Tucker-Bedingungen:

$$\begin{array}{lll} i) & x \in M : & 1 + x_1 \leq 0, \\ ii) & yg(x) = 0 : & y(1 + x_1) = 0, \ y \geq 0, \\ iii) & \nabla_x L(x, y) = 0 : & 2x_1 - 1 + y = 0, \\ & & 2x_2 - 1 = 0. \end{array}$$

Aus diesen Gleichungen erhalten wir die Lösung $\hat{x} = (-1, 1/2)^T$, $\hat{y} = 3$. Satz 5.4 liefert dann $\hat{x} = (-1, 1/2)^T$ als globales Minimum der Optimierungsaufgabe.

Für konvexe Optimierungsaufgaben ist nach Lemma 5.8 im Fall $M^o \neq \emptyset$ jeder zulässige Punkt $x \in M$ regulär. Sind die Restriktionen affin-linear,

$$g(x) = Ax - b,$$

so kann auf die Slater-Bedingung $M^o \neq \emptyset$ verzichtet werden.

Lemma 5.9: *Mit einer Matrix $A \in \mathbb{R}^{m \times n}$ und einem Vektor $b \in \mathbb{R}^m$ sei die zulässige Menge gegeben durch*

$$M = \{x \in \mathbb{R}^n \mid Ax \leq b\}.$$

Dann ist jeder Punkt $x \in M$ regulär.

Beweis: Zu zeigen ist wieder $D_1(x) \subset \overline{D(x)}$. Sei $d \in D_1(x)$. Mit den Zeilenvektoren a^i, $i = 1, \ldots, m$, von A ist $g_i(x) = a^{iT} \cdot x - b_i$ und $\nabla g_i(x) = a^{iT}$. Es gilt

$$a^{iT} \cdot d \leq 0, \quad i \in I(x), \qquad a^{iT} \cdot x < b_i, \quad i \notin I(x).$$

Also gibt es $\varepsilon(d, x) > 0$, so dass für $0 < \varepsilon \leq \varepsilon(d, x)$ gilt:

$$\begin{aligned} \varepsilon a^{iT} \cdot d &\leq 0, \quad i \in I(x), \\ a^{iT} \cdot x + \varepsilon a^{iT} \cdot d &\leq b_i, \quad i \notin I(x). \end{aligned}$$

Dies impliziert

$$a^{iT} \cdot x + \varepsilon a^{iT} \cdot d \leq b_i, \quad i = 1, \ldots, m, \; 0 < \varepsilon \leq \varepsilon(d, x),$$

bzw. $A(x + \varepsilon d) \leq b$. Also ist $x + \varepsilon d \in M$ für $0 < \varepsilon \leq \varepsilon(d, x)$ und somit $d \in D(x)$. Q.E.D.

Korollar 5.2: *Es sei f konvex und g affin-linear. Dann sind die Karush-Kuhn-Tucker-Bedingungen notwendig und hinreichend dafür, dass ein Punkt $\hat{x} \in M$ Lösung des Optimierungsproblems (P) ist.*

Beweis: Nach Lemma 5.9 ist jedes $x \in M$ regulär. Der Beweis verläuft nun analog zu dem von Satz 5.3, da dort die Slater-Bedingung $M^o \neq \emptyset$ lediglich für die Anwendbarkeit von Lemma 5.7 benötigt wurde. Q.E.D.

Bemerkung 5.2: Für Aufgabe (P) mit affin-linearer Restriktion lässt sich auch der *globale* Karush-Kuhn-Tucker-Satz (Satz 4.3) ohne Verwendung der Slater-Bedingung beweisen.

Eine für Anwendungen wichtige Unterklasse der konvexen Optimierungsaufgaben sind die sog. „quadratischen Programmierungsaufgaben“.

Definition 5.3: *Sei* $C \in \mathbb{R}^{n\times n}$ *eine (symmetrische) positiv semi-definite Matrix und* $c \in \mathbb{R}^n$. *Eine Optimierungsaufgabe mit der Zielfunktion*

$$f(x) = x^T \cdot Cx + c^T \cdot x \to \min!$$

und affin-linearer Restriktion

$$g(x) = Ax - b \leq 0$$

heißt „quadratisch“ (genauer „linear-quadratisch“). In diesem Fall hat die Lagrange-Funktion die Gestalt

$$L(x, y) = x^T \cdot Cx + c^T \cdot x + y(Ay - b).$$

Korollar 5.3: *Ein Punkt* $\hat{x} \in \mathbb{R}^n$ *ist genau dann Minimallösung der quadratischen Programmierungsaufgabe, wenn es einen Vektor* $\hat{y} \in \mathbb{R}^m_+$ *gibt, so dass gilt:*

$$A\hat{x} \leq b, \tag{5.3.24}$$

$$\hat{y}^T \cdot (A\hat{x} - b) = 0, \tag{5.3.25}$$

$$2C\hat{x} + c + A^T\hat{y} = 0. \tag{5.3.26}$$

Beweis: Konsequenz von Korollar 5.2 (Übungsaufgabe). Q.E.D.

5.4 Übungsaufgaben

Aufgabe 5.1: a) Man rekapituliere für eine Funktion $f : D \subset \mathbb{R}^n \to \mathbb{R}$ auf einer offenen, konvexen Menge $D \subset \mathbb{R}^n$ die Eigenschaften „konvex“, „strikt konvex“, „konkav“, „strikt Konkav“ und gebe entsprechende Beispiele an.

b) Man zeige, dass eine konvexe Funktion notwendig stetig ist.

c) Man zeige, dass für konvexe Funktionen f_i $(i = 1, \dots, m)$ auch $\sum_{i=1}^m f_i$ konvex ist.

d) Man zeige, dass die Menge der Minima einer konvexen Funktion konvex ist.

e) Man zeige, dass für eine konvexe Funktion f die Niveaumenge $\{x \in D \mid f(x) \leq a\}$ für jedes $a \in \mathbb{R}$ konvex ist.

Aufgabe 5.2: Man verifiziere, dass die quadratische Funktion

$$f(x) = c^T \cdot x + x^T \cdot Cx, \quad x \in \mathbb{R}^n,$$

mit (symmetrischer) positiv semi-definiter Matrix $C \in \mathbb{R}^{n\times n}$ und Vektor $c \in \mathbb{R}^n$ konvex ist. Unter welcher Zusatzbedingung ist die Funktion sogar *strikt* konvex?

Aufgabe 5.3: Was besagt der lokale Karush-Kuhn-Tucker-Satz der konvexen Optimierung im Fall der *linearen* Aufgabe

$$(P) \qquad x \in \mathbb{R}^n : \quad c^T \cdot x \to \min \quad Ax \geq b\,?$$

Man zeige, dass die Langrange-Multiplikatoren Lösungen der dualen Aufgabe

$$(P^*) \qquad y \in \mathbb{R}^m : \quad b^T \cdot y \to \max! \quad A^T y = c, \quad y \geq 0,$$

sind, und dass die erste KKT-Bedingung (i) mit dem Gleichgewichtssatz der linearen Optimierung äquivalent ist.

Aufgabe 5.4: Sei $f : \mathbb{R}^n \to \mathbb{R}$ eine konvexe Funktion. Man zeige, dass zu jedem $x \in \mathbb{R}^n$ ein $p \in \mathbb{R}^n$ existiert, mit dem gilt:

$$f(y) \geq f(x) - (y - x)^T \cdot p, \quad y \in \mathbb{R}^b.$$

Im Falle $f \in C^1(\mathbb{R}^n)$ ist dieses p eindeutig bestimmt. (Hinweis: Man veranschauliche sich die Aussage grafisch und wende dann in naheliegender Weise den Satz von der trennenden Hyperebene für konvexe Mengen an.)

Aufgabe 5.5: Man zeige, dass das Sattelpunktkriterium

$$L^*(\hat{x}) = L_*(\hat{y})$$

für ein Paar $(\hat{x}, \hat{y}) \in \mathbb{R}^n \times \mathbb{R}^m_+$ äquivalent ist zu der Beziehung

$$\max_{y \in \mathbb{R}^m_+} \min_{x \in \mathbb{R}^n} L(x, y) = \min_{x \in \mathbb{R}^n} \max_{y \in \mathbb{R}^m_+} L(x, y).$$

Aufgabe 5.6: Man löse die nichtlineare Programmierungsaufgabe

$$x \in \mathbb{R}^2 : \quad x_1^2 + x_1 x_2 + x_2^2 - x_1 - x_2 \to \min! \quad 1 + x_1 \geq 0, \quad 1 + x_2 \leq 0,$$

mit Hilfe der Dualitätstheorie („indirekte Methode“). Wie lautet die zugehörige *duale* Aufgabe?

Aufgabe 5.7: Gegeben sei die Standardaufgabe der linearen Programmierung

$$(I) \qquad x \in \mathbb{R}^n : \quad c^T \cdot x \to \max! \quad Ax \leq b, \quad x \geq 0.$$

a) Man schreibe die *lineare* Programmierungsaufgabe (I) in der Standardform einer allgemeinen *nichtlinearen* Programmierungsaufgabe (P).

b) Wie lautet die dazu *duale* Aufgabe (P^*)?

c) Man verifiziere, dass die zu (P^*) duale Aufgabe (P^{**}) in diesem Fall wieder äquivalent zu (P) ist.

d) Was besagt der globale Karush-Kuhn-Tucker-Satz für die Aufgabe (I) (im regulären Fall $M^o \neq \emptyset$)?

Aufgabe 5.8: Was besagt der lokale Karush-Kuhn-Tucker-Satz der konvexen Optimierung im Fall der *linearen* Aufgabe

$$(P) \qquad x \in \mathbb{R}^n : \quad c^T \cdot x \to \min \quad Ax \geq b\,?$$

Man zeige, dass die Langrange-Multiplikatoren Lösungen der dualen Aufgabe

$$(P^*) \qquad y \in \mathbb{R}^m : \quad b^T \cdot y \to \max! \quad A^T y = c, \quad y \geq 0,$$

sind, und dass die erste KKT-Bedingung (i) mit dem Gleichgewichtssatz der linearen Optimierung äquivalent ist.

Aufgabe 5.9: Man löse die quadratische Optimierungsaufgabe

$$x \in \mathbb{R}^2 : \quad x_1^2 + x_1 x_2 + x_2^2 - x_1 - x_2 \to \min! \quad 1 + x_1 \geq 0, \quad 1 + x_2 \leq 0,$$

mit Hilfe der Karush-Kuhn-Tucker-Theorie.

Aufgabe 5.10: Man beweise die folgende Modifikation des lokalen Karush-Kuhn-Tucker-Satzes für Optimierungsaufgaben mit Vorzeichenrestriktionen:

$$(P) \qquad x \in \mathbb{R}^n : \quad f(x) \to \min \quad g(x) \leq 0, \quad x \geq 0.$$

Sei $\hat{x}$ ein lokales Minimum von (P), und sei $\hat{x}$ regulär bzgl. der Restriktion $g(x) \leq 0$. Dann existiert ein $\hat{y} \in \mathbb{R}^m_+$, mit dem gilt

$$\begin{aligned} i) \qquad & \hat{y}^T \cdot g(\hat{x}) = 0, \\ ii) \qquad & \nabla_x L(\hat{x}, \hat{y}) \geq 0\,. \end{aligned}$$

Aufgabe 5.11: Sei $\hat{x}$ ein zulässiger Punkt der Optimierungsaufgabe

$$(P) \qquad x \in \mathbb{R}^n : \quad f(x) \to \min \quad g(x) \leq 0,$$

mit stetig differenzierbaren Funktionen $f : \mathbb{R}^n \to \mathbb{R}$ und $g : \mathbb{R}^n \to \mathbb{R}^m$. Man zeige, dass $\hat{x}$ regulär bzgl. der Restriktion $g(x) \leq 0$ ist, wenn die Gradienten $\nabla g_i(x)$, $i \in I(x)$, linear unabhängig sind. Ist diese Bedingung auch notwendig für die Regularität von $\hat{x}$? (Hinweis: Man versuche, den Beweis von Lemma 5.8 des Textes geeignet zu modifizieren.)

Aufgabe 5.12: Gegeben sei die quadratische Optimierungsaufgabe

$$x \in \mathbb{R}^n : \qquad x^T \cdot Cx + c^T \cdot x \to \min! \quad Ax = b, \quad x \geq 0,$$

mit $C \in \mathbb{R}^{n \times n}$ symmetrisch, positiv definit, $c \in \mathbb{R}^n$, $A \in \mathbb{R}^{m \times n}$ und $b \in \mathbb{R}^m$. Man zeige, mit Hilfe des Karush.Kuhn-Tucker-Satzes, dass ein $\hat{x} \in \mathbb{R}^n_+$ genau dann Minimallösung ist, wenn es Vektoren $\hat{u} \in \mathbb{R}^n_+$ und $\hat{y} \in \mathbb{R}^m$ gibt, mit denen gilt:

$$\begin{aligned} i) \qquad & A\hat{x} = b, \\ ii) \qquad & -2C\hat{x} + \hat{u} - A^T \hat{y} = 0, \\ iii) \qquad & \hat{u}^T \cdot \hat{x} = 0. \end{aligned}$$

Aufgabe 5.13: Man zeige, dass der Punkt $\hat{x} = (4,4)^T$ eine Lösung der folgenden Optimierungsaufgabe ist:

$$x \in \mathbb{R}^2: \quad 2x_1^2 + x_2^2 - 48x_1 - 40x_2 \to \min!$$
$$x_1 \geq 0, \quad x_2 \geq 0, \quad x_1 + x_2 \leq 8, \quad x_1 \leq 6, \quad x_1 + 3x_2 \leq 18.$$

Aufgabe 5.14: Gegeben sei die quadratische Optimierungsaufgabe

$$Q(x) = x^T \cdot Cx + c^T \cdot x \to \min! \quad Ax \leq b.$$

Seien $x^0 \in \mathbb{R}^n$ und $y^0 \in \mathbb{R}_+^m$ Punkte mit den Eigenschaften

$$Ax^0 \leq b, \quad 2Cx^0 + c + A^T y^0 = 0.$$

Man zeige, dass dann für den Optimalwert $Q_{\min} = \inf_{x \in M} Q(x)$ die folgende Einschließung gilt:

$$Q(x^0) + y^{0T} \cdot (Ax^0 - b) \leq Q_{\min}(x^0) \leq Q(x^0).$$

6 Verfahren für nichtlineare Optimierungsaufgaben

6.1 Ein Überblick

Die numerischen Verfahren zur Lösung nichtlinearer Optimierungsaufgaben lassen sich grob in die folgenden Klassen einteilen:

1. Schnittebenenverfahren
2. Dualitätsmethoden
3. Abstiegsmethoden
4. Strafkostenmethoden

1. Schnittebenenverfahren
Die Zielfunktion f sei linear und der zulässige Bereich M beschränkt. Dann lässt sich ein Polyeder S_0 bestimmen mit $M \subset S_0$. Die erste Näherungslösung x^0 wird berechnet als Lösung von

$$f(x) \to \min!, \quad x \in S_0.$$

Im Falle $x^0 \in M$ ist x^0 bereits Lösung der Ausgangsaufgabe. Andernfalls wird die Menge S_0 durch eine zusätzliche affin-lineare Restriktion („Schnittebene") so zu einem Polyeder S_1 eingeschränkt, dass $M \subset S_1$ ist, aber $x^0 \notin S_1$. Die nächste Näherung x^1 wird dann wieder als Lösung von

$$f(x) \to \min!, \quad x \in S_1$$

bestimmt. Dieser Prozess erzeugt sukzessive Lösung linearer Probleme (etwa mit Hilfe des Simplex-Verfahrens) eine Folge $(x^t)_{t\in\mathbb{N}_0}$ von Punkten, welche unter gewissen Voraussetzungen gegen eine Lösung des Ausgangsproblems konvergieren.

2. Dualitätsmethoden
Es wird direkt über die Karush-Kuhn-Tucker-(KKT)-Bedingungen ein Sattelpunkt der Euler-Lagrange-Funktion $L(x, y) = f(x) + y^T \cdot g(x)$ bestimmt. Dazu gehören z. B. das modifizierte "Simplex-Verfahren von Wolfe" für quadratische Aufgaben und der sog. „Lagrange-Algorithmus".

3. Abstiegsmethoden
Ausgehend von einem zulässigen Startvektor $x^0 \in M$ wird eine Folge von Iterierten $x^t \in M$, $t \in \mathbb{N}$, erzeugt durch folgende Vorschrift:

i) $d^t \in D(x^t)$ zulässige Richtung;
ii) $\lambda_t > 0 : \ x^t + \lambda_t d^t \in M, \ f(x^t + \lambda_t d^t) < f(x^t)$;
iii) $x^{t+1} := x^t + \lambda_t d^t$.

Die einzelnen Verfahren unterscheiden sich durch die Vorschriften zur Wahl der Abstiegsrichtungen d^t und der Schittweiten λ_t. Sie erweisen sich als besonders geeignet im Falle linear-affiner Restriktionen. Dazu gehören die sog. „Koordinatenrelaxation", das klassische „Gradientenverfahren" und die verschiedenen Varianten des „CG-Verfahrens".

4. Strafkostenmethoden
Das restringierte Problem wird durch unrestringierte Probleme approximiert (ähnlich der Barrieretechnik beim „zentralen Pfad“ zur Behandlung der Bedingung $x > 0$). Dazu gehören das „Penalty-Verfahren“, die „Barriere-Methode“ und in gewissem Sinne auch die „Methode der Zentren“. Die approximierenden unrestringierten Probleme müssen dann wieder mit den dafür geeigneten Methoden gelöst werden. Das Problem ist dabei deren i. Allg. sehr schlechten, parameterabhängige Konditionierung.

6.2 Die Methode der Schnittebenen

Die sog. „Methode der Schnittebenen“ löst *konvexe* Programmierungsaufgaben der Form

$$(P) \qquad x \in \mathbb{R}^n : \quad c^T \cdot x \to \min!, \quad g(x) \le 0,$$

mit *linearer* Zielfunktion $f(x) = c^T \cdot x$ durch Reduzierung auf eine (i. Allg. unendliche) Folge von *linearen* Programmierungsaufgaben.

Lemma 6.1: *Die folgenden beiden nichtlinearen Optimierungsaufgaben sind äquivalent:*

$$(P_1) \qquad x \in \mathbb{R}^n : \quad f(x) \to \min!, \quad g(x) \le 0,$$
$$(P_2) \qquad (x, \xi) \in \mathbb{R}^{n+1} : \quad \xi \to \min!, \quad g(x) \le 0, \quad f(x) - \xi \le 0.$$

Beweis: Für eine Lösung (x, ξ) von (P_2) gilt $g(x) \le 0$, und $\xi \ge f(x)$ ist minimal. Also ist $\xi = f(x)$, d. h.: x ist Lösung von (P_1). Umgekehrt gilt für eine Lösung x von (P_1) mit $\xi := f(x)$:

$$g(x) \le 0, \quad f(x) \le \xi.$$

Wäre nun (x, ξ) nicht Lösung von (P_2), so gäbe es ein Paar (x', ξ') mit den Eigenschaften $g(x') \le 0$, $f(x') \le \xi'$ und $\xi' < \xi$. Dies ergäbe den Widerspruch (x Lösung von (P_1))

$$\xi > \xi' \ge f(x') \ge f(x),$$

was den Beweis vervollständigt. Q.E.D.

Die Annahme einer linearen Zielfunktion in der Aufgabe (P) bedeutet also keine Einschränkung der Allgemeinheit. Von jetzt an nehmen wir an, dass die folgenden Bedingungen (A) und (B) erfüllt sind.

(A) *Die zulässige Menge* $M := \{x \in \mathbb{R}^n \,|\, g(x) \le 0\}$ *der Aufgabe* (P) *ist beschränkt und in einem Polyeder*

$$S_0 = \{x \in \mathbb{R}^n \,|\, Ax \le b\}$$

enthalten, mit $A \in \mathbb{R}^{q \times n}$, $b \in \mathbb{R}^q$, $q > n$. *Ein Polyeder ist (nach Definition) beschränkt und abgeschlossen, d. h. kompakt.*

(B) *Die Funktionen* g_i, $i = 1, \dots, m$, *sind konvex und stetig differenzierbar.*

Die Methode der Schnittebenen erzeugt, ausgehend von dem Polyeder S_0, eine Folge von Polyedern S_t, $t \in \mathbb{N}$, sowie eine zugehörige Folge von Punkten $x^t \in S_t$ durch folgende Vorschrift:

i) Für $t = 0, 1, 2, \ldots$ sei x^t Minimallösung der Aufgabe

$$(P_t) \qquad x \in \mathbb{R}^n : \quad c^T \cdot x \to \min! \quad x \in S_t.$$

ii) Sei $k \in \{1, \ldots, m\}$ mit $g_k(x^t) = \max_{i=1,\ldots,m} g_i(x^t)$. Dann wird gesetzt

$$S_{t+1} := S_t \cap \{x \in \mathbb{R}^n \mid g_k(x^t) + (x - x^t)^T \cdot \nabla g_k(x^t) \leq 0\}.$$

Offenbar ist S_{t+1} wieder ein Polyeder, das aus S_t durch „Abschneiden" der Punkte mit der Eigenschaft

$$g_k(x^t) + (x - x^t)^T \cdot \nabla g_k(x^t) > 0$$

hervorgeht. Die Gleichung

$$g_k(x^t) + (x - x^t)^T \cdot \nabla g_k(x^t) = 0$$

beschreibt eine Hyperebene im $\mathbb{R}^n$, die man erhält als Schnitt der Tangentialebene an die Fläche $z = g_k(x)$ im $\mathbb{R}^{n+1}$ im Punkt x^t mit der Hyperebene $z = 0$ (s. Abb. 6.1)

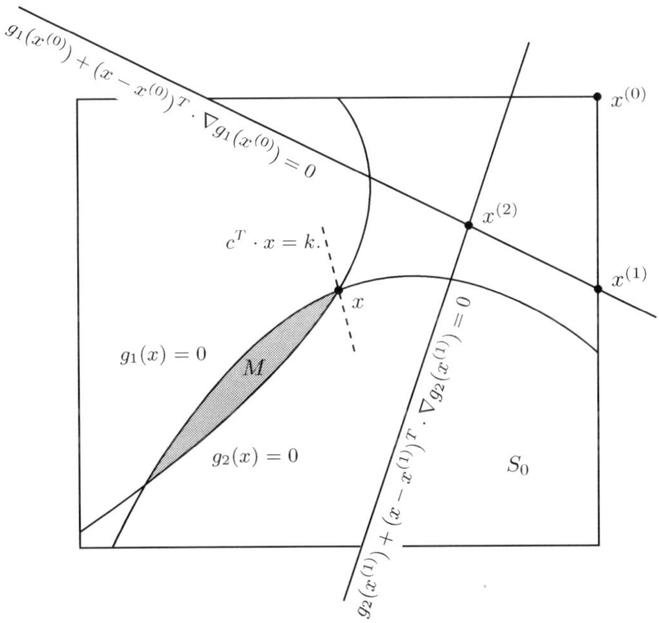

Abbildung 6.1: *Schema des Schnittebenenverfahrens*

Lemma 6.2: *Für alle $t = 0, 1, 2, \ldots$ ist $M \subset S_t$. Ist weiter x^t nicht bereits Lösung von Problem (P), so gilt $S_{t+1} \subset S_t$, $S_{t+1} \neq S_t$.*

Beweis: Nach Voraussetzung ist $M \subset S_0$. Sei $M \subset S_t$. Wegen der Konvexität von g gilt

$$g_k(x) \geq g_k(x^t) + (x - x^t)^T \cdot \nabla g_k(x^t), \qquad x \in \mathbb{R}^n.$$

Für $x \in M$ gilt $g_k(x) \leq 0$ und somit $x \in S_{t+1}$, da $x \in S_t$. Im Falle $x^t \in M$ wäre x^t Lösung von (P), da $M \subset S_t$. Ist nun $x^t \notin M$, so gibt es ein $k \in \{1, \dots, m\}$ mit

$$g_k(x^t) = \max_{i=1,\dots,m} g_i(x^t) > 0.$$

Also ist

$$g_k(x^t) + \underbrace{(x^t - x^t)^T}_{=0} \cdot \nabla g_k(x^t) > 0,$$

was $x^t \notin S_{t+1}$ bedeutet. Q.E.D.

Aufgrund von Lemma 6.2 können im Verlaufe der Iteration der Schnittebenenmethode die folgenden drei Fälle eintreten:

i) $S_t = \emptyset$ für ein $t \quad \Rightarrow \quad M = \emptyset \quad \Rightarrow \quad (P)$ unlösbar.

ii) $x^t \in M$ für ein $t \quad \Rightarrow \quad x^t$ Lösung von (P).

iii) $S_t \neq \emptyset$, $x^t \notin M$, $t = 0, 1, 2 \dots$.

Satz 6.1: *Es sei $S_t \neq \emptyset$ und $x^t \notin M$, $t = 0, 1, 2, \dots$. Dann ist jeder Häufungspunkt der (beschränkten) Folge $(x^t)_{t \in \mathbb{N}}$ notwendig Lösung der Optimierungsaufgabe (P).*

Beweis: Nach Lemma 6.2 ist $(x^t)_{t \in \mathbb{N}_0} \subset S_0$ und somit beschränkt. Sei $\hat{x}$ Häufungspunkt der Folge $(x^t)_{t \in \mathbb{N}}$, d. h.: $x^{t_j} \to \hat{x}$ $(t_j \to \infty)$ für eine Teilfolge. Im Falle $\hat{x} \notin M$ wäre

$$\eta := \max_{i=1,\dots,m} g_i(\hat{x}) > 0\,.$$

Sei $k \in \{1, \dots, m\}$ mit $\eta = g_k(\hat{x})$. Wegen der Stetigkeit von g_k existiert ein t_j mit

$$\|x^{t_j} - \hat{x}\| < \frac{\eta}{2\kappa}, \qquad g_k(x^{t_j}) > \frac{\eta}{2},$$

wobei $\kappa := \max_{x \in S_0} \|\nabla g_k(x)\|$. Für den Index $l \in \{1, \dots, m\}$ mit

$$g_l(x^{t_j}) = \max_{i=1,\dots,m} g_i(x^{t_j})$$

folgt dann $g_l(x^{t_j}) > \eta/2$ und somit

$$g_l(x^{t_j}) + (\hat{x} - x^{t_j})^T \cdot \nabla g_l(x^{t_j}) > \frac{\eta}{2} - \frac{\eta}{2\kappa}\kappa = 0.$$

Also ist $\hat{x} \notin S_{t+1}$. Dies ist aber ein Widerspruch zu $S_0 \supset S_1 \supset \dots \supset S_t \supset S_{t+1} \supset \dots$, was $\hat{x} \in S := \cap_{t=0}^{\infty} S_t$ bedingt. Folglich muss $\hat{x} \in M$ sein. Nach Konstruktion ist $c^T \cdot x^{t_j} \leq c^T \cdot x$ für $x \in S_t$. Also ist auch $c^T \cdot \hat{x} \leq c^T \cdot x$ für $x \in S$. Wegen $M \subset S$ muss also $\hat{x}$ Lösung von (P) sein. Q.E.D.

Ein Startpolyeder S_0 mit $M \subset S_0$ erhält man z. B. durch Linearisierung der Restriktionen in einem beliebigen Punkt $\bar{x} \in \mathbb{R}^n$:

$$S_0 := \big\{ x \in \mathbb{R}^n \,|\, g_i(\bar{x}) + (x - \bar{x})^T \cdot \nabla g_i(\bar{x}) \leq 0,\ i = 1, \dots, m \big\}. \tag{6.2.1}$$

Diese Konstruktion muss aber so angelegt sein, dass S_0 beschränkt ist.

6.2.1 Numerische Realisierung der Schnittebenenmethode

In jedem Schritt der Methode der Schnittebenen ist ein lineares Programmierungsproblem zu lösen, wobei die Anzahl der Nebenbedingungen bei jedem Schritt um eine anwächst. Wir schreiben die Probleme (P_t) in der folgenden Form

$$(P_t^*) \qquad x \in \mathbb{R}^n : \quad -c^T \cdot x \to \max! \\ Ax \le b, \;\; G^t x \le d^t,$$

wobei $A \in \mathbb{R}^{q\times n}$, $b \in \mathbb{R}^q$, $q > n$, das Ausgangspolyeder S_0 bestimmen und $G^t \in \mathbb{R}^{t\times n}$ und $d^t \in \mathbb{R}^t$ gegeben sind durch

$$G^t := \begin{bmatrix} \nabla g_{k_0}(x^0)^T \\ \vdots \\ \nabla g_{k_{t-1}}(x^{t-1})^T \end{bmatrix}, \quad d^t := \begin{bmatrix} x^{0T} \cdot \nabla g_{k_0}(x^0) - g_{k_0}(x^0) \\ \vdots \\ x^{(t-1)T} \cdot \nabla g_{k_{t-1}}(x^{t-1}) - g_{k_{t-1}}(x^{t-1}) \end{bmatrix}.$$

Diese Aufgaben (ohne Vorzeichenbedimgung) sind gerade dual zu den folgenden Problemen:

$$(P_t) \qquad (y,z) \in \mathbb{R}^q_+ \times \mathbb{R}^t_+ : \quad b^T \cdot y + d^{tT} \cdot z \to \min! \\ A^T y + G^{tT} z = -c\,,$$

wobei $x = (y_1, \dots, y_q)^T, z = (z_0, \dots, z_{t-1})^T$. Dies ist eine Aufgabe des Typs, für den das übliche Simplex-Verfahren formuliert wurde. Die Anzahl der Nebenbedingungen ist n für alle $t = 0, 1, 2, \dots$; es tritt nur in jedem Schritt $t \to t+1$ eine neue Variable z_t hinzu. Dieser Umstand gestattet eine besonders effiziente Realisierung des Simplex-Algorithmus.

Zwischenbetrachtung:

Gegeben sei die lineare Programmierungsaufgabe

$$(II) \qquad x \in \mathbb{R}^n_+ : \quad c^T \cdot x \to \min! \quad Ax = b.$$

Durch Anwendung des Simplex-Algorithmus sei eine Ecke x^0 mit zugehörigem Endtableau erreicht, welches dem Optimalitätskriterium $\gamma_k \ge 0$ $(k \notin I^0)$, $x_i^0 \ge 0$ $(i \in I^0)$ genügt. Anschließend sei die folgende erweiterte Aufgabe zu lösen:

$$(\tilde{II}) \qquad \tilde{x} \in \mathbb{R}^{n+1}_+ : \quad \tilde{c}^T \cdot \tilde{x} \to \min! \quad \tilde{A}\tilde{x} = b,$$

wobei $\tilde{c} := (c, c_{n+1})^T$ und $\tilde{A} := [A, a_{n+1}]$, $a_{n+1} \in \mathbb{R}^m$. Die Frage ist, inwieweit sich das Endtableau der Ausgangsaufgabe zur Lösung der erweiterten Aufgabe verwenden lässt.

Sei $x^0 \in M$ eine Eckenlösung des Ausgangsproblems. Dann ist sicher $\tilde{x}^0 := (x^0, 0)^T \in \tilde{M}$ eine Ecke für die erweiterte Aufgabe, mit der man den Simplex-Algrorithmus beginnen kann (Übungsaufgabe). Man behält die Basis $\{a_i, i \in I^0\}$ aus dem Endschema bei und fügt den neuen Vektor a_{n+1} zu den Vektoren a_k $(k \notin I^0)$ hinzu. Zum Endtableau ist dementsprechend eine neue Spalte hinzuzufügen, deren Elemente $\alpha_{i,n+1}$ $(i \in I^0)$ und γ_{n+1} sich wie folgt ergeben:

$$\begin{aligned} a_{n+1} &:= \sum_{i\in I^0} c_{n+1,i}a_i, \qquad \alpha_{i,n+1} := -c_{n+1,i}, \\ \gamma_{n+1} &:= \sum_{i\in I^0} \alpha_{i,n+1}c_i + c_{n+1}\,. \end{aligned} \tag{6.2.2}$$

(reguläres $(m\times m)$-System). Ist zufällig $\gamma_{n+1} \geq 0$, so ist bereits $\tilde{x}^0$ Lösung der erweiterten Aufgabe. Andernfalls müssen noch einige Austauschschritte durchgeführt werden.

Seien nun speziell unter den Spaltenvektoren a_i $(i = 1, \ldots, n)$ der Matrix A die m Einheitsvektoren des $\mathbb{R}^m$, etwa $[a_1, \ldots, a_m] = I_m$. Dann lässt sich das System (6.2.2) direkt lösen. Aus

$$a_{n+1} = \begin{bmatrix} a_{1,n+1} \\ \vdots \\ a_{m,n+1} \end{bmatrix} = \sum_{j=1}^{m} a_{j,n+1}a_j$$

folgt unter Berücksichtigung von

$$a_j = \sum_{i\in I^0} c_{ji}a_i$$

die Beziehung

$$a_{n+1} = \sum_{j=1}^{m} a_{j,n+1} \sum_{i\in I^0} c_{ji}a_i = \sum_{i\in I^0} \Big(\sum_{j=1}^{m} c_{ji}a_{j,n+1} \Big) a_i.$$

Durch Koeffizientenvergleich mit (6.2.2) ergibt sich hieraus

$$\alpha_{i,n+1} = -c_{n+1,i} = -\sum_{j=1}^{m} c_{ji}a_{j,n+1} = \sum_{j=1}^{m} \alpha_{ij}a_{j,n+1},$$

wobei üblicherweise $\alpha_{ij} := \delta_{ij}$ $(j \in I^0)$ gesetzt ist. Die neue Tableauspalte ergibt sich also mehr oder weniger direkt aus dem gegebenen Endtableau.

Um die obigen Überlegungen für die Durchführung der Schnittebenenmethode nutzbar zu machen, wählt man zweckmäßigerweise das Ausgangspolyeder S_0 als Quader, welcher durch die Retriktionen

$$\tilde{c} \leq x \leq c$$

beschrieben wird. In diesem Fall enthält die Matrix A automatisch eine Einheitsmatrix. Außerdem lassen sich dann aus dem Endtableau der Aufgabe (P_t) direkt die Lösungen x^t der dualen Aufgabe (P_t^*) ablesen. Nach Satz 2.3 gilt:

Im Simplex-Tableau gelte $\gamma_k \geq 0$ $(k \notin I^0)$. *Mit* $A_0 := [a_i,\ i \in I^0] \in \mathbb{R}^{m\times m}$ *und* $c^0 := (c_i)_{i\in I^0} \in \mathbb{R}^m$ *ist dann durch*

$$y^0 := (A_0^T)^{-1}c^0 \tag{6.2.3}$$

eine Lösung des dualen Problems (II^*) *gegeben.*

6.2.2 Sonderfall „quadratische" Optimierungsaufgaben

Zur Anwendung der Methode der Schnittebenen auf quadratische Optimierungsaufgaben

$$(P) \qquad x \in \mathbb{R}^n : \quad Q(x) := x^T \cdot Cx + c^T \cdot x \to \min! \quad Ax \leq b,$$

(mit den üblichen Eigenschaften) werden diese zunächst (gemäß Lemma 6.1) in die äquivalente Form

$$(\tilde{P}) \qquad (x, \xi) \in \mathbb{R}^{n+1} : \quad \xi \to \min! \quad Ax \leq b, \quad g(x, \xi) := x^T \cdot Cx + c^T \cdot x - \xi \leq 0,$$

überführt. Die zulässige Menge dieser Aufgabe ist i. Allg. nicht beschränkt. Im Falle, dass die Menge

$$M = \{x \in \mathbb{R}^n \mid Ax \leq b\}$$

beschränkt ist, was im Folgenden stets angenommen sei, wird das Zielfunktional $Q(\cdot)$ auf M beschränkt. Der Transformierten Aufgabe kann dann, ohne ihr Lösungsverhalten zu beeinflussen, die Restriktion

$$\underline{\xi} \leq \xi \leq \overline{\xi}$$

mit $\underline{\xi}$ hinreichend klein und $\overline{\xi}$ hinreichend groß hinzugefügt werden. Da diese Restriktion nicht wirksam wird, kann sie bei der Durchführung der Methode der Schnittebenen auch unberücksichtigt bleiben. Die obige Konvergenzaussagen bleiben trotzdem gültig. Als Startpunkt wählt man etwa ein $x^0 \in M$ und setzt $\xi^0 := Q(x^0)$. Das Polyeder S_1 ist dann bestimmt durch die Regeln:

$$x \in S_1 \quad \Leftrightarrow \quad \begin{cases} Ax \leq b, \\ g(x^0, \xi^0) + (x - x^0)^T \cdot (2Cx^0 + c) - (\xi - \xi^0) \leq 0. \end{cases} \tag{6.2.4}$$

Die zweite Ungleichungsbedingung ist äquivalent zu

$$(2Cx^0 + c)^T \cdot x - \xi - x^{0T} \cdot Cx^0 \leq 0. \tag{6.2.5}$$

Wird einmal $g(x^t, \xi^t) \leq 0$ für ein t, so ist (nach Lemma 6.2) x^t Lösung der Ausgangsaufgabe. Andernfalls konvergiert (nach Satz 6.1) jede konvergente Teilfolge der x^t gegen eine Lösung. Unter gewissen Zusatzvoraussetzungen lässt sich sogar beweisen, dass die Methode der Schnittebenenen bei quadratischen Optimierungsaufgaben stets in *endlich vielen* Schritten die Lösung liefert.

6.3 Dualitätsmethoden (Verfahren von Wolfe)

Das „Verfahren von Wolfe[1]" (1959) ist eine sog. „Dualitätsmethode" zur Lösung von *quadratischen* Programmierungsaufgabe der Form

$$\begin{aligned} (P) \qquad x \in \mathbb{R}^n : \quad & Q(x) = x^T \cdot Cx + c^T \cdot x \to \min! \\ & Ax = b, \quad x \geq 0\,. \end{aligned}$$

[1] Philip Wolfe (1927–2016): US-amerikanischer Mathematiker; Beiträge zu Mathematischer Optimierung und Operations Research, Instructor an der Princeton University und am Institute for Advanced Study, ab 1957 mit George Dantzig bei der Rand Corporation in Santa Monica (Dantzig-Wolfe-Zerlegung), ab 1966 am IBM Thomas J. Watson Research Center, 1968-1977 Prof. an der Columbia University, USA.

Die Matrix $C \in \mathbb{R}^{n\times n}$ ist dabei als positiv-definit angenommen und die Matrix $A \in \mathbb{R}^{m\times n}$ $(m < n)$ habe maximalen Rang m. Unter Ausnutzung der KKT-Bedingungen für Problem (P) wird mit Hilfe einer modifizierten Version des Simplex-Verfahrens ein Sattelpunkt der Lagrange-Funktion und damit eine Lösung von (P) bestimmt.

Lemma 6.3: *Ein Punkt $\hat{x} \in \mathbb{R}^n$ ist genau dann Minimallösung der Aufgabe (P), wenn es Vektoren $\hat{u} \in \mathbb{R}^n$ und $\hat{y} \in \mathbb{R}^m$ gibt, so dass gilt:*

$$\begin{aligned} &i) && A\hat{x} = b, \quad \hat{x} \geq 0, \quad \hat{u} \geq 0, \\ &ii) && \hat{u}^T \cdot \hat{x} = 0, \\ &iii) && -2C\hat{x} + \hat{u} - A^T\hat{y} = 0\,. \end{aligned}$$

Beweis: Übungsaufgabe Q.E.D.

Für das Folgende nehmen wir an, dass der zulässige Bereich der Aufgabe (P) nicht leer ist:

$$M = \{x \in \mathbb{R}^n \mid Ax = b,\ x \geq 0\} \neq \emptyset.$$

Aufgrund der Definitheit von C ist die Zielfunktion strikt konvex und „koerzitiv“, d. h.: $Q(x) \to \infty$ $(\|x\|_2 \to \infty)$. Nach Satz 5.1 besitzt die Aufgabe (P) dann eine eindeutige Minimallösung.

i) Im ersten Schritt des Frank-Wolfe-Verfahrens wird zunächst mit Hilfe der beim Simplex-Verfahren üblichen Vorlaufrechnung (Phase I) eine Ausgangsecke x^0 des Polyeders M berechnet. Die zugehörige Basis von Spaltenvektoren der Matrix A sei $\{a^i, i \in I^0\}$, wobei $I^0 \subset I_n := \{1,\dots,n\}$ wieder die zugehörige Indexmenge der inaktiven Restriktionen ist. Das zur Ecke x^0 gehörende Simplex-Tableau enthält die Einträge α_{ik} und γ_k.

ii) Im nächsten Schritt wird eine Lösung des Systems (i) - (iii) der KKT-Bedingungen bestimmt. Dazu löst man die Optimierungsaufgabe

$$\begin{aligned} (Q) \qquad (x,u,y,\xi)^T \in \mathbb{R}^{2n+m+1}: \quad \xi \to \min! \quad & x \geq 0,\ u \geq 0, \\ Ax &= b, \\ -2Cx + u - A^Ty + \xi(c + 2Cx^0) &= c, \\ u^T \cdot x &= 0. \end{aligned}$$

Diese Aufgabe ist offenbat *nichtlinear*. Es ist jedoch möglich, das Simplex-Verfahren durch eine Zusatzvorschrift so zu ergänzen, dass damit die Aufgabe (Q) gelöst werden kann. Zunächst rechtfertigen wir jedoch die Betrachtung von (Q) als Ansatz zur Lösung von Pronlem (P).

Lemma 6.4: *Die Optimierungsaufgabe (Q) hat die eindeutige Lösung $(\hat{x},\hat{u},\hat{y},0)^T$, wobei $(\hat{x},\hat{u},\hat{y})^T$ die Lösung der KKT-Bedingungen (i) - (iii) bzw. $\hat{x}$ die Lösung der Aufgabe (P) ist.*

Beweis: Sei $(\hat{x}, \hat{u}, \hat{y}) \in \mathbb{R}^n \times \mathbb{R}^m_+ \times \mathbb{R}^m$ die (eindeutige) Lösung der Bedingungen (i) - (iii). Dann ist automatisch $(\hat{x}, \hat{u}, \hat{y}, 0)$ Lösung von (Q). Umgekehrt muss dann jede Lösung von (Q) die Form $(\hat{x}, \hat{u}, \hat{y}, 0)$ haben und somit auch Lösung von (i) - (iii) sein. Dies impliziert auch die Eindeutigkeit der Lösung. Q.E.D.

Bei der Optimierungsaufgabe (Q) unterliegt die Variable $y \in \mathbb{R}^m$ keiner Vorzeichenbedingung. Zur Anwendung des üblichen Simplex-Verfahrens müsste man sie Aufspalten, $y = y^+ - y^-$, in zwei vorzeichenbeschränkte Variablen $y^+, y^- \in \mathbb{R}^m_+$, was zu einer Erhöhung des Rechenaufwands führen könnte. Stattdessen wollen wir eine Variante des Simplex-Verfahrens verwenden, die auch auf Probleme anwendbar ist, bei denen einige der Variablen keiner Vorzeichenbedingung unterliegen.

Zwischenbetrachtung:

Gegeben sei die lineare Programmierungsaufgabe

$$(\tilde{II}) \qquad x \in \mathbb{R}^n: \quad c^T \cdot x \to \min! \quad Ax = b, \quad x_i \geq 0 \ (i \in J),$$

mit einer Matrix $A \in \mathbb{R}^{m \times n}$ $(m < n)$ mit maximalem Rang m, Vektoren $b \in \mathbb{R}^m$, $c \in \mathbb{R}^n$ und einer Indexmenge $J \subset I_n := \{1, \ldots, n\}$, $J \neq I_n$. Das Simplex-Verfahren wird zur Lösung von $(\tilde{II})$ analog zur kanonischen Aufgabe (II) angelegt. Bei den Austauschschritten müssen nur einige Zusatzvorschriften beachtet werden:

1. Für ein $q \notin J$ sei $q \in I^0$. d. h.: $x_q = 0$. Ist $\gamma_q \neq 0$ so kann die zugehörige Salte als Pivotspalte verwendet werden:
   a) Im Fall $\gamma_q < 0$ kann $Q(x^0)$ verkleinert werden, wenn x_q vergrößert wird.
   b) Im Fall $\gamma_q > 0$ kann $Q(x^0)$ verkleinert werden, wenn x_q verkleinert wird.

2. Zur Bestimmung der zugehörigen Pivotzeile verfährt man dann wie folgt:
   a) Fall $\gamma_q < 0$:
   $$p \in J \cap I^0: \quad \frac{x_p}{\alpha_{pq}} = \max_{\alpha_{iq} < 0,\, i \in J \cap I^0} \frac{x_i}{\alpha_{iq}}.$$
   b) Fall $\gamma_q > 0$:
   $$p \in J \cap I^0: \quad \frac{x_p}{\alpha_{pq}} = \max_{\alpha_{iq} > 0,\, i \in J \cap I^0} \frac{x_i}{\alpha_{iq}}.$$

3. Die Transformationsregeln des Austauschschrittes bleiben unverändert.

4. Das Verfahren wird abgebrochen, wenn einer der beiden folgenden Fälle eintritt:
   a) Für $k \notin I^0$ ist $\gamma_k \geq 0 \ (k \in J)$ und $\gamma_k = 0 \ (k \notin J)$. Es liegt eine Minimallösung vor.
   b) Für alle $k \notin I^0$ mit $\gamma_k < 0$ sind $\alpha_{ik} \geq 0 \ (i \in I^0 \cap J)$ und für alle $k \notin I^0$ mit $k \notin J$ und $\gamma_k > 0$ sind $\alpha_{ik} \leq 0 \ (i \in I^0 \cap J)$. Das Zielfunktional ist auf der zulässigen Menge nicht nach unten beschränkt.

Zur begrifflichen Klarstellung sei bemerkt, dass die in diesem Fall auftretenden Punkte x^0 nicht notwendig Ecken des zulässigen Bereichs sind.

Durch $x = x^0 \in \mathbb{R}^n_+$, $u = 0 \in \mathbb{R}^n_+$, $y = 0 \in \mathbb{R}^m$, $\xi = 1 \in \mathbb{R}^1_+$ ist offensichtlich ein zulässiger Punkt für Aufgabe (Q) gegeben. Wir werden eine zugehörige Basis des $\mathbb{R}^{2n+m+1}$ von Spaltenvektoren der Matrix

$$\mathcal{A} := \begin{bmatrix} A & 0_{m,n} & 0_m & 0 \\ -2C & I_n & -A^T & h \end{bmatrix} \in \mathbb{R}^{(m+n)\times(2n+m+1)},$$

mit $h := c + Cx^0$ bestimmen. Dazu wählen wir zunächst folgendes System von $n+m$ Spaltenvektoren:

1. die durh die entsprechenden Spalten von $-2C$ ergänzten m Basisvektoren a^1 $(i \in I^0)$ von A;

2. die $n-m$ Spaltenvektoren von $[0, I_n]^T$ zu Komponenten u_i $(i \notin I^0)$;

3. die m Spaltenvektoren von $[0, -A^T]^T$.

Dieses System ist sicher eine Basis des $\mathbb{R}^{m+n}$. Die gesuchte Basis muss aber den zur Komponente $\xi = 1 \neq 0$ gehörenden Spaltenvektor $[0, h]^T$, enthalten. O. B. d. A. kann $h \neq 0$ angenommen werden; andernfalls wäre der gewählte zulässige Punkt bereits Lösung der Beziehungen (i) - (iii) und das Verfahren könnte abbrechen. Der Vektor $[0, h]^T$ kann also gegen einen geeigneten der unter (2) oder (3) genannten Vektoren ausgetauscht werden und man erhält so die gesuchte Basis zu dem gewählten Punkt, der aber nicht Ecke sein muss. Mit Hilfe dieser Basis wird nun das Ausgangstableau des Simplex-Algorithmus zur Lösung von Aufgabe (Q) erstellt. Bei der anschließenden Durchführung der Austauschschritte ist zur Gewährleistung der nichtlinearen Nebenbedingung $u^T \cdot x = 0$ aber folgende Zusatzregel zu beachten:

(Z) Die Komponeneten x_i, u_i $(i \in I_n)$ dürfen nie gleichzeitig Basisvariablen sein.

Satz 6.2: *Ist die Matrix C positiv definit, so führt das durch die Zusatzregel (Z) ergänzte übliche Simplex-Verfahren in endlich vielen Schritten zu einer Lösung der Aufgabe (Q) mit Minimalwert $\xi = 0$.*

Beweis: Angenommen, dass Verfahren bricht an einem Punkt $(\hat{x}, \hat{u}, \hat{y}, \hat{\xi})$ ab. Das Endtableau kann dann nicht das Optimalitätskriterium erfüllen, da ja ein Lösungspunkt mit $\xi = 0$ existiert. Jeder weitere Austauschschritt zur Verkleinerung von $\hat{\xi}$ würde aber die Bedingung $u^T \cdot x = 0$ verletzen. Das Tableau kann nun als ein „optimales" Tableau der um die Zusatzregel ergänzten (linearen) Aufgabe aufgefasst werden (Übzngsaufgabe).

Wir haben also damit eine Minimallösung der folgenden linearen Programmierungsaufgabe vorliegen:

$$(II) \qquad (x,u,y,\xi) \in \mathbb{R}^n_+ \times \mathbb{R}^n_+ \times \mathbb{R}^m \times \mathbb{R}_+ : \quad \xi \to \min! \\ Ax = b\,, \\ -2Cx + u - A^T y + h\xi = c\,, \\ \hat{u}^T \cdot x + \hat{x}^T \cdot u = 0\,.$$

Die dazu duale Aufgabe

$$(II^*) \qquad (z,w,\eta) \in \mathbb{R}^m \times \mathbb{R}^n \times \mathbb{R} : \quad b^T \cdot z + c^T \cdot w \to \max! \\ A^T z - 2Cw + \hat{u}\eta \le 0\,, \\ w + \hat{x}\eta \le 0\,, \\ Aw = 0\,, \\ h^T \cdot w \le 1\,,$$

(Die Gleichungsbeziehung $Aw = 0$ entsteht aufgrund der Aufspaltung $y = y^+ - y^-$, $y^+, y^- \in \mathbb{R}^m_+$, der nicht vorzeichenbeschränkten Variable y vor der formalen Dualisierung.) hat dann ebenfalls eine Lösung $(\hat{z}, \hat{w}, \hat{\eta})$ mit

$$b^T \cdot \hat{z} + c^T \cdot \hat{w} = \hat{\xi} > 0\,.$$

Nach dem Gleichgewichtssatz für das kanonische Problem (Satz 1.4) sind die Ungleichungen in (II^*), die positiven Komponenten der Lösung von (II) entsprechen, mit dem Gleichheitszeichen erfüllt. Wegen $\hat{\xi} > 0$ gilt also $h^T \cdot \hat{w} = 1$. Weiter tritt für jedes $i \in I_n$ genau einer der folgenden drei Fälle ein:

$$\begin{array}{lll} i) & \hat{x}_i > 0,\ \hat{u}_i = 0 & \Rightarrow \quad (A^T\hat{z} - 2C\hat{w})_i = 0\,, \\ ii) & \hat{x}_i = 0,\ \hat{u}_i > 0 & \Rightarrow \quad \hat{w}_i = 0\,, \\ iii) & \hat{x}_i = 0,\ \hat{u}_i = 0 & \Rightarrow \quad (A^T\hat{z} - 2C\hat{w})_i \le 0, \quad \hat{w}_i \le 0\,. \end{array}$$

Dies impliziert, dass $\hat{w}^T \cdot (A^T\hat{z} - 2C\hat{w}) \ge 0$. Wegen $A\hat{w} = 0$ folgt $\hat{w}^T \cdot C\hat{w} \le 0$ und hiermit $\hat{w} = 0$ (wegen der Definitheit von C). Dies ist aber ein Widerspruch zu $h^T \cdot \hat{w} = 1$, was den Beweis vervollständigt Q.E.D.

6.4 Abstiegsverfahren

Wir betrachten zunächst wieder die allgemeine nichtlineare Optimierungsaufgabe

$$(P) \qquad x \in \mathbb{R}^n : \quad f(x) \to \min! \quad g_i(x) \le 0,\ i = 1,\dots,m,$$

mit stetig differenzierbaren Funktionen f und g_i. Für ein zulässiges $x \in M$,

$$M := \{x \in \mathbb{R}^n \,|\, g_i(x) \le 0,\ i = 1,\dots,m\},$$

sei $D(x)$ wieder die Menge der „zulässigen“ Richtungen, d. h.:

$$d \in D(x) \quad \Rightarrow \quad x + \lambda d \in M, \quad 0 < \lambda \leq \lambda(x,d). \tag{6.4.6}$$

Aufgrund der Taylor-Formel gilt für festes $d \neq 0$;

$$f(x + \lambda d) = f(x) + \lambda d^T \cdot \nabla f(x) + o(\lambda).$$

Im Falle $d^T \cdot \nabla f(x) < 0$ ist also für kleines $\lambda > 0$:

$$f(x + \lambda d) < f(x). \tag{6.4.7}$$

Die „Abstiegsverfahren“ konstruieren ausgehend von einem Startpunkt $x^0 \in M$ eine Folge von Iterierten $x^t \in M$, die unter geeigneten Bedingungen gegen eine Minimallösung $\hat{x}$ von Aufgabe (P) konvergiert. Der Übergang $x^t \to x^{t+1}$ geschieht dabei in zwei Schritten:

i) Wahl der „Abstiegsrichtung“ $d^t \in D(x^t)$ mit

$$d^T \cdot \nabla f(x^t) < 0. \tag{6.4.8}$$

ii) Wahl der „Schrittweite“ $\lambda_t \in [0, \lambda(x^t, d^t)$ mit

$$f(x^t + \lambda_t d^t) < f(x^t), \quad x^{t+1} := x^t + \lambda_t d^t. \tag{6.4.9}$$

Die naheliegende Wahl der Schrittweite λ_t ist gemäß (sog. „Line Search“):

$$f(x^t + \lambda_t d^t) = \min_{0 \leq \lambda \leq \lambda(x^t, d^t)} f(x^t + \lambda d^t). \tag{6.4.10}$$

Die Lösung des n-dimensionalen Problems (P) wird also auf eine (i. Allg. unendliche) Folge von 1-dimensionalen Minimierungen zurückgeführt.

Für $x \in M$ sei wieder $I(x) = \{i \in \{1, \dots, n\} \mid g_i(x) = 0\}$ die Indexmenge der „aktiven“ Restriktionen. Ist x „regulär“ im Sinne, dass

$$\overline{D(x)} = D_1(x) = \{d \in \mathbb{R}^n \mid d^T \cdot \nabla g_i(x) \leq 0, \ i \in I(x)\},$$

so kann die Wahl der „lokal“ optimalen Abstiegsrichtung durch Lösung der linearen Optimierungsaufgabe

$$(D) \qquad d \in \mathbb{R}^n: \quad d^T \cdot \nabla f(x) \to \min! \quad d^T \cdot \nabla g_i(x) \leq 0, \ \ i \in I(x),$$

erfolgen. Dabei wird noch einer der folgenden Normierungsbedingungen verwendet:

α) $\|d\|_2 \leq 1$ (nichtlinear);

β) $-1 \leq d_i \leq 1, \ i = 1, \dots, n$ (linear);

γ) $d_i \leq 1$ für $\partial_{x_i} f(x) \leq 0, \quad -d_i \leq 1$ für $\partial_{x_i} f(x) > 0$ (linear).

Die *linearen* Aufgaben (D_β) oder (D_γ) können nach Dualisierung mit dem üblichen Simplex-Verfahren gelöst werden. Dies muss in jedem Iterationsschritt $x^t \to x^{t+1}$ erfolgen. Da dies i. Allg. viel zu aufwendig wäre, begnügen sich viele Verfahren mit einer nur „fast“ optimalen Wahl der Abstiegsrichtungen. Hierauf wird später noch zurückgekommen. Im Folgenden betrachten wir nur den Fall, dass in der Aufgabe (P) die Restriktionen affin-linear sind:

$$g_i(x) = a^{iT} \cdot x - b_i \leq 0, \quad i = 1, \dots, m. \tag{6.4.11}$$

6.4.1 Das Verfahren von Frank und Wolfe (1956)

Nach Lemma 5.9 sind im Fall *linearer* Restriktionen alle Punkte $x \in M$ regulär. Bei der Bestimmung der Abstiegsrichtungen werden hier in Aufgabe (D) nicht nur die aktiven Restriktionen berücksichtigt. Man löst vielmehr die lineare Programmierungsaufgabe

$$(D) \qquad y \in \mathbb{R}^n: \quad r^T \cdot y \to \min!, \quad Ay \le b,$$

wobei

$$r := \nabla f(x), \quad A := [a^{1T}, \dots, a^{nT}] \in \mathbb{R}^{m \times n}.$$

Ist $M \neq \emptyset$ und beschränkt, so existiert eine Lösung $\hat{y}$ von (D). Dann ist $\hat{d} := \hat{y} - x$ wegen

$$A(x + \lambda\hat{d}) = A(\lambda\hat{y} + (1-\lambda)x) = \lambda A\hat{y} + (1-\lambda)Ax \le b, \quad 0 \le \lambda \le 1,$$

automatisch zulässige Richtung. Im Falle

$$r^T \cdot \hat{y} < r^T \cdot x \quad \text{bzw.} \quad r^T \cdot \hat{d} < 0$$

ist $\hat{y}$ echte Abstiegsrichtung. Im Falle $r^T \cdot \hat{y} = r^T \cdot x$ wird nach Konstruktion $r^T \cdot (y - x) \ge 0,\ y \in M$, d. h.: x erfüllt die notwendige Optimalitätsbedingung

$$d^T \cdot \nabla f(x) \ge 0, \quad d \in D(x) \tag{6.4.12}$$

und folglich (nach Korollar 5.2) auch die KKT-Bedingungen. Üblicherweise wird die lineare Programmierungsaufgabe (D) mit dem Simplex-Verfahren gelöst. Der Minimalpunkt $\hat{y}$ ist dann ein Randpunkt von M, so dass das „Line Search" entlang $x + \lambda\hat{d}$ genau über das Intervall $0 \le \lambda \le 1$ zu erstrecken ist. Das „Verfahren von Frank[2] und Wolfe" arbeitet also wie folgt:

(0) Bestimme $x^0 \in M$ und setze $t = 0$.
Für $t = 0, 1, \dots$:

(1) Berechne $r^t := \nabla f(x^t)$.

(2) Bestimme $y^t \in \mathbb{R}^n$ als Lösung der linearen Programme

$$y^T \cdot x^T \to \min! \quad Ay \le b.$$

(3) Teste:

$$(r^t, y^t)_2 = (x^t, x^t)_2 \quad \Rightarrow \quad \text{Abbruch, da } x^t \text{ Lösung;}$$
$$(r^t, y^t)_2 < (x^t, x^t)_2 \quad \Rightarrow \quad \text{Setze } d^t := x^t - y^t.$$

[2]Marguerite Straus Frank (1927–): US-amerikanisch-französische Mathematikerin; Pionier der konvexen Optimierung und der Mathematischen Programmierung, entwickelte zusammen mit Philip Wolfe 1956 in Princeton den Frank/Wolfe-Algorithmus, seit 1977 Assoc. Prof. an der Columbia University, dann Prof. an der Rider University, New Jersey.

(4) Bestimme $\lambda_t \in \mathbb{R}_+$ gemäß

$$f(x^t + \lambda_t d^t) = \min_{0 \le \lambda \le 1} f(x^t + \lambda d^t).$$

(5) Setze $x^{t+1} := x^t + \lambda_t d^t$ und $t := t + 1$ und gehe zu (1).

Bemerkung 6.1: Im unrestringierten Fall, d. h.: $g \equiv 0$, entspricht das Verfahren von Frank und Wolfe gerade dem klassischen Gradientenverfahren, welches weiter unten in Verbindung mit den Strafterm-Verfahren noch genauer diskutiert wird.

Satz 6.3 (Konvergenz des Verfahrens von Frank und Wolfe): *Es sei $f \in C^1(\mathbb{R}^n)$ und $M := \{x \in \mathbb{R}^n \mid Ax \le b\} \neq \emptyset$ und beschränkt. Dann bricht das Verfahren von Franke und Wolfe entweder in einem Punkt x^t ab, in dem die KKT-Bedingungen erfüllt sind, oder es erzeugt eine (unendliche) Folge $(x^t)_{t\in\mathbb{N}} \subset M$, in deren Häufungspunkten die KKT-Bedingungen erfüllt sind.*

Beweis: i) Das Verfahren bricht in x^t genau dann ab, wenn $(r^t, y^t)_2 = (r^t, x^t)_2$ ist. Dies besagt, wie oben gezeigt:

$$(r^t, t - xt)_2 \ge 0, \quad y \in M,$$

d. h.: x^t genügt den KKT-Bedingungen.

ii) Das Verfahren breche nun nicht ab. Nach Konstruktion ist die Folge $(f(x^t))_{t\in\mathbb{N}}$ monoton fallend und (wegen der Kompaktheit von M) nach unten beschränkt. Folglich existiert $\eta := \lim_{t\to\infty} f(x^t)$. Sei $\hat{x} \in M$ ein Häufungspunkt von $(x^t)_{t\in\mathbb{N}}$ und $\mathbb{N}' \subset \mathbb{N}$ die zugehörige Teilindexfolge mit

$$\hat{x} = \lim_{t\in\mathbb{N}'} x^t, \qquad f(\hat{x}) = \lim_{t\in\mathbb{N}'} f(x^t) = \eta.$$

Da auch die Folgen $(y^t)_{t\in\mathbb{N}} \subset M$ und $(\lambda_t)_{t\in\mathbb{N}} \subset [0,1]$ beschränkt sind, kann o.B.d.A. angenommen werden, dass sie für $t \in \mathbb{N}'$ konvergieren:

$$\hat{y} := \lim_{t\in\mathbb{N}'} y^t \in M, \qquad \hat{\lambda}_t := \lim_{t\in\mathbb{N}'} \lambda_t \in [0,1].$$

Nach Konstruktion von y^t ist

$$(r^t, y^t - x^t)_2 \le (r^t, y - x^t)_2, \quad y \in M,$$

und folglich im Limes für $t \in \mathbb{N}'$:

$$(\nabla f(\hat{x}), \hat{y} - \hat{x})_2 \le (\nabla f(\hat{x}), y - \hat{x})_2, \quad y \in M.$$

Für den Vektor $\hat{d} := \hat{y} - \hat{x}$ gilt also insbesondere

$$(\nabla f(\hat{x}), \hat{d})_2 \le (\nabla f(\hat{x}), d)_2, \quad d \in \overline{D(\hat{x})}.$$

Wir nehmen nun an, dass im Häufungspunkt $\hat{x}$ die KKT-Bedingungen *nicht* erfüllt sind. Dann gibt es (nach Satz 5.4) ein $d \in D(\hat{x})$ mit $(\nabla f(\hat{x}), d)_2 < 0$, d. h.: Es muss gelten:

$$(\nabla f(\hat{x}), \hat{d})_2 < 0. \tag{6.4.13}$$

Nach Konstruktion der λ_t ist mit $d^t := y^t - x^t$:

$$f(x^t + \lambda_t d^t) \leq f(x^t + \lambda d^t), \quad \lambda \in [0,1],$$

und somit im Limes $t \in \mathbb{N}'$:

$$f(\hat{x} + \hat{\lambda}\hat{d}) \leq f(\hat{x} + \lambda\hat{d}), \quad \lambda \in [0,1].$$

Dies bedingt dann aber wegen (5.4):

$$f(\hat{x} + \hat{\lambda}\hat{d}) < f(\hat{x}). \tag{6.4.14}$$

Zu der Folghe $(x^{t+1})_{t\in\mathbb{N}'} \subset M$ gibt es eine weitere Teilfolge $\mathbb{N}'' \subset \mathbb{N}'$, so dass $\tilde{x} := \lim_{t\in\mathbb{N}''} x^{t+1} \in M$ existiert. Damit ist dann

$$\tilde{x} = \lim_{t\in\mathbb{N}''} x^{t+1} = \lim_{t\in\mathbb{N}''} (x^t + \lambda_t d^t) = \hat{x} + \hat{\lambda}\hat{d},$$

bzw.

$$f(\hat{x}) = \lim_{t\in\mathbb{N}''} f(x^t) = \lim_{t\in\mathbb{N}''} f(x^{t+1}) = f(\tilde{x}) = f(\hat{x} + \hat{\lambda}\hat{d})$$

im Widerspruch zu (6.4.14). Q.E.D.

Wir wenden uns nun wieder der Minimierungsaufgabe (D) zur Bestimmung lokal optimaler, zulässiger Abstiegsrichtungen zu:

$$(D_\alpha) \qquad d \in \mathbb{R}^n: \quad r^T \cdot d \to \min! \quad a^{iT} \cdot d \leq 0, \quad i \in I(x), \quad \|d\|_2 \leq 1,$$

wobei wieder $r := \nabla f(x)$ und $I(x)$ die Indexmenge der im Punikt $x \in M$ aktiven Restriktionen bezeichnen. Zur Abkürzung wird die Teilmatrix $A_0 := [a^i, i \in I(x)] \in \mathbb{R}^{p\times n}$, $p := \#I(x)$, der Zeilen a^i, $i \in I(x)$, von A eingeführt. Die Aufgabe (D_α) kann auch als eine „Projektionsaufgabe“ interpretiert werden.

Definition 6.1: *Es sei $K \neq \emptyset$ eine abgeschlossene, konvexe Teilmenge des $\mathbb{R}^n$ und $x^0 \in \mathbb{R}^n$. Die Lösung $\hat{x} \in K$ der Optimierungsaufgabe*

$$x \in K: \quad \|x - x^0\|_2 \to \min! \tag{6.4.15}$$

heißt „Projektion“ von x^0 auf K (oder auch „beste Approximation“ in K zu x^0).

Lemma 6.5: *Ein $\hat{d} \in \mathbb{R}^n$ ist genau dann Lösung der Aufgabe (D_α), wenn es eine Lösung gleicher Richtung der Projektionsaufgabe*

$$(\tilde{D}) \qquad \|d + r\|_2 \to \min! \quad d \in D_1(x) = \{z \in \mathbb{R}^n \mid A_0 z \leq 0\},$$

gibt.

Beweis: Beide Aufgaben (D) und $(\tilde{D})$ haben konvexe Zielfunktionen und konvexe (bzw. lineare) Restriktionen. Man überzeugt sich leicht davon, dass alle zulässigen Punkte regolär sind, so dass die KKT-Bedingungen für beide notwendiges und hinreichendes Optimsalitätskriterium sind. Sie lauten für (D) wie folgt:

$$\begin{aligned} d \in \mathbb{R}^n, y \in \mathbb{R}^p_+, \eta \in \mathbb{R}_+ : \quad A_0 d \le 0, \ \|d\|_2 \le 1, \\ r + A_0^T y + 2\eta d = 0, \\ y^T \cdot A_0 d + \eta(d^T \cdot d - 1) = 0. \end{aligned} \tag{6.4.16}$$

Ersetzt man in $(\tilde{D})$ den Term $\|d+r\|_2$ durch die äquivalente Zielfunktion $\frac{1}{2}\|d+r\|_2^2$, so erhält man die Bedingungen

$$\begin{aligned} d \in \mathbb{R}^n, y \in \mathbb{R}^p_+ : \quad Ad \le 0, \\ d + r + A_0^T y = 0, \\ y^T \cdot A_0 d = 0. \end{aligned} \tag{6.4.17}$$

Erfüllen nun $d \neq 0$ und y die Gleichungen (6.4.17), so erfüllen $\bar{d} := d/\|d\|_2$, y und $\eta := \frac{1}{2}\|d\|$ offenbar die Gleichungen (6.4.16). Ist $d = 0$ so erfüllen $\bar{d} = 0$, y und $\eta = 0$ auch (6.4.16). Die Umkehrung dieser Aussage ergibt sich analog. Q.E.D.

6.4.2 Das Verfahren der „projizierten Gradienten"

Das allgemeine „Projektionsverfahren" zur Bestimmung lokal optimaler Abstiegsrichtungen löst das quadratische Optimierungsproblem $(\tilde{D})$ etwa mit Hilfe des Verfahrens von Wolfe. Eine klassische Variante, welche das Lösen von $(\tilde{D})$ vermeidet ist das sog. „Verfahren der projizierten Gradienten" nach Rosen[3] (1960). Hier wird der negative Gradient $r = -\nabla f(x)$ nicht auf den Kegel $D_1(x) = \{z \in \mathbb{R}^n \mid A_0 z \le 0\}$ sondern auf dem linearen Teilraum

$$L = \{z \in \mathbb{R}^n \mid A_0 z = 0\} \subset D_1(x)$$

projiziert. Wir nehmen dazu an, dass $n > m$ ist, d. h.: $L \neq \{0\}$.

Lemma 6.6: *Die Matrix A_0 habe maximalen Rang p. Dann ist die Lösung der Projektionsaufgabe*

$$(\tilde{D}) \qquad d \in L : \quad \|d + r\|_2 \to \min!,$$

gegeben durch $d = -Pr$ mit der „Projektionsmatrix"

$$P := I - A_0^T (A_0 A_0^T)^{-1} A_0 \in \mathbb{R}^{n \times n}.$$

[3]Judah Benjamin Rosen (1922–2009): US-amerikanischer Mathematiker und Informatiker; Prof. an der University of Minnesota (Minneapolis, USA); Arbeiten zur algorithmischen Optimierung, insbesondere paralleler Algorithmen; J. B. Rosen: *The gradient projection method for nonlinear programming. Part I. Linear constraints. J. Soc. Ind. Appl. Math 8, 181–217 (1960).*

Beweis: Nach Übergang zu der äquivalenten Zielfunktion $\frac{1}{2}\|d+r\|_2^2$ lauten die KKT-Bedingungen zur Aufgabe $(\tilde{D})$:

$$\begin{aligned} d \in \mathbb{R}^n,\; y \in \mathbb{R}^m: \quad A_0 d &= 0, \\ d + A_0^T y &= -r, \\ (y^T \cdot A_0 d &= 0). \end{aligned} \tag{6.4.18}$$

Wegen $\operatorname{Rang} A_0 = p$ ist $A_0 A_0^T$ regulär und es wird

$$\underbrace{A_0 d}_{=0} + A_0 A_0^T y = -A_0 r, \qquad y = -(A_0 A_0^T)^{-1} A_0 r.$$

Dies ergibt $d = -r + A_0^T (A_0 A_0^T)^{-1} A_0 r = -Pr$. Q.E.D.

i) Der Fall $d \neq 0$: Wegen $r + d = -A_0^T y \perp d$ ist

$$r^T \cdot d = (r + d - d)^T \cdot \hat{d} = -\|d\|_2^2 < 0,$$

d. h.: d ist echte Abstiegsrichtung.

ii) Der Fall $d = 0$: In diesem Fall ist $r + A_0^T y = 0$. Hieraus folgt, dass in dem zulässigen Punkt $y \in M$ die KKT-Bedingungen erfüllt sind:

$$\begin{aligned} Ax &\leq b, \\ \nabla f(x) + \sum_{i=1}^{m} \tilde{y}_i \nabla g_i(x) &= r + A_0^T y = 0, \\ \tilde{y}^T \cdot y &= 0, \end{aligned} \tag{6.4.19}$$

mit $\tilde{y} \in \mathbb{R}^m:\ \tilde{y}_i := y_i,\ i \in I(x),\ \tilde{y}_i = 0,\ i \notin I(x)$, wenn

$$y \geq 0.$$

Gilt für ein $y_i < 0$, so ist x noch nicht optimal, aber $d = 0$ ist auch keine Abstiegsrichtung. In diesem Fall verfährt man wie folgt:

$$\begin{aligned} & j \in I(x): \quad y_j := \min_{i \in I(x)} y_i, \qquad \bar{I}(x) := I(x) \setminus \{j\}, \\ & \bar{A}_0 = [a^i,\, u \in \bar{I}(x)], \quad \bar{L} = \{x \in \mathbb{R}^n \,|\, \bar{A}_0 x = 0\}. \end{aligned} \tag{6.4.20}$$

Lemma 6.7: *Der durch Projektion von $-r$ auf $\bar{L}$ definierte Vektor $\bar{d}$ ist zulässige, echte Abstiegsrichtung.*

Beweis: Wegen $d = 0$ gilt $-r = A_0^T y$. Die analogen KKT-Bedingungen für das reduzierte Projektionsproblem ergeben $-r = \bar{d} + \bar{A}_0^T \bar{y}$. Hieraus folgt $\bar{d} \neq 0$, denn andernfalls wäre $A_0^T y = \bar{A}_0^T \bar{y}$ im Widerspruch zur linearen Unabhängigkeit der Zeilen $\{a^i,\ i \in I(x)\}$ von A_0. Aus $\bar{s} \neq 0$ erschließt man wieder $r^T \cdot \bar{d} < 0$, d. h.: $\bar{d}$ ist echte Abstiegsrichtung. Weiter gilt:

$$0 > r^T \cdot \bar{d} = -(A_0^T y)^T \cdot \bar{y} = -y^T \cdot A_0 \bar{d} = -y_j a^j \cdot \bar{d}.$$

Mit $y_j < 0$ folgt hieraus $a^j \cdot \bar{d} < 0$. Zusammen mit $\bar{A}_0\bar{d} = 0$ ergibt dies, dass für $0 \le \lambda \le \lambda_0$ $\bar{d} \in D(x)$ ist:

$$
\begin{aligned}
i \in I(x) \setminus \{j\}: &\quad a^i \cdot (x + \lambda d) = \underbrace{a^i \cdot x}_{= b_i} + \lambda \underbrace{a^i \cdot \bar{d}}_{= 0} = b_i, \\
i = j: &\quad a^j \cdot (x + \lambda \bar{d}) = \underbrace{a^j \cdot x}_{= b_j} + \lambda \underbrace{a^j \cdot \bar{d}}_{< 0} \le b_j, \\
i \notin I(x): &\quad a^i \cdot (x + \lambda \bar{d}) = \underbrace{a^i \cdot x}_{< b_i} + \lambda a^i \cdot \bar{d} \le b_i.
\end{aligned}
$$

Das vervollständigt den Beweis. Q.E.D.

Schrittweitenbestimmung: Es sei $D \in D(x)$ eine Abstiegsrichtung. Wir wollen das Intervall $0 \le \lambda \le \lambda_0$ bestimmen, auf dem der „Line Search“ sdurchgeführt werden muss:

$$x + \lambda d \in M \quad \Leftrightarrow \quad \lambda a^i \cdot d \le b_i - a^i \cdot x, \quad i = 1, \dots, m.$$

Wegen $Ax \le b$ und $a^i \cdot d \le 0,\ i \in I(x)$, ist dies wiederum äquivalent zu

$$\lambda \le \lambda_0 := \min \Big\{ \frac{b_i - a^i \cdot x}{a^i \cdot d} \,\Big|\, a^i \cdot d > 0 \Big\}. \tag{6.4.21}$$

Das „Projektionsverfahren von Rosen“ läuft nun wie folgt ab:

0) Bestimme einen Startpunkt $x^0 \in M$ und setze $t = 0$.
Für $t = 0, 1, 2, \ldots$:

1) Bestimme $r^t = \nabla f(x^t)$, die Indexmenge $I(x^T)$ der aktiven Restriktionen und die zugehörige Matrix $A_0 = [a^i,\ i \in I(x^t)]$.

2) Berechne $y^t = -(A_0 A_0^T)^{-1} A_0 r^t$ und damit die Abstiegsrichtung

$$d^t = -Pr^t = -r^t + A_0^T y^t.$$

a) Fall $d^t \neq 0$: d^t ist zulässige (echte) Abstiegsrichtung. Fahre fort mit (4).

b) Fall $d^t = 0$: Fahre fort mit (3).

3) a) Fall $y^t \ge 0$: In x^t sind die KKT-Bedingungen erfüllt; Abbruch.

b) Fall $y_i^t < 0$ für ein $i \in \{1, \ldots, n\}$: $y_j^t := \min\{y_i^t \mid y_i < 0\}$.
Streiche die Zeile zum Index j in der Matrix A_0 und fahre mit der reduzierten Matrix $\bar{A}_0$ mit (2) fort.

4) Berechne

$$\lambda_0 = \min \Big\{ \frac{b_i - a^i \cdot x^t}{a^i \cdot d^t} \,\Big|\, a^i \cdot d^t > 0 \Big\},$$

und bestimme $\lambda_t \in [0, \lambda_0]$ aus

$$f(x^t + \lambda_t d^t) = \min_{0 \le \lambda \le \lambda_0} f(x^t + \lambda d^t).$$

5) Setze $x^{t+1} := x^t + \lambda_t d^t$ und fahre mit (1) fort.

Beispiel 6.1: Wir betrachten die Optimierungsaufgabe

$$
\begin{aligned}
x \in \mathbb{R}^2: \quad f(x) = \tfrac{1}{2}x_1^2 + \tfrac{1}{2}x_2^2 - x_1 - 2x_2 &\to \min!,\\
2x_1 + 3x_2 &\leq 6,\\
x_1 + 4x_2 &\leq 5,\\
-x_1 \leq 0, \quad -x_2 &\leq 0.
\end{aligned}
\tag{6.4.22}
$$

Startpunkt $x = (9/5, 4/5)^T$ mit $r = \nabla f(x) = (4/5, -6/5)^T$ und Indexmenge $I(x) = \{1, 2\}$ der aktiven Restriktionen. Die zugehörige Matrix ist

$$
A_0 = \begin{bmatrix} 2 & 3 \\ 1 & 4 \end{bmatrix}, \quad \text{Rang}\, A_0 = 2.
$$

Weiter ist

$$
L = \{x \in \mathbb{R}^2 \,|\, A_0 x = 0\} = \{0\} \quad \Rightarrow \quad d = -P_L r = 0,
$$

und

$$
A_0 A_0^T = \begin{bmatrix} 13 & 14 \\ 14 & 17 \end{bmatrix}, \quad (A_0 A_0^T)^{-1} = \frac{1}{25} \begin{bmatrix} 17 & -14 \\ -14 & 13 \end{bmatrix}
$$

$$
(A_0 A_9^T)^{-1} A_0 = \frac{1}{5} \begin{bmatrix} 4 & -1 \\ -3 & 2 \end{bmatrix}, \quad y = -(A_0 A_0^T)^{-1} A_0 r = \frac{1}{25} \begin{pmatrix} -22 \\ 24 \end{pmatrix}.
$$

Wegen $y_1 < 0$ wird die erste Zeile von A_0 gestrichen:

$$
\bar{A}_0 = [1, 4], \quad \bar{A}_0 \bar{A}_0^T = 17, \quad (\bar{A}_0 \bar{A}_0^T)^{-1} = \frac{1}{17},
$$

$$
\bar{A}_0^T (\bar{A}_0 \bar{A}_0^T)^{-1} \bar{A}_0 = \frac{1}{17} \begin{bmatrix} 1 & 4 \\ 4 & 16 \end{bmatrix}, \bar{P}_L = \frac{1}{17} \begin{bmatrix} 16 & -4 \\ -4 & 1 \end{bmatrix}.
$$

Dies ergibt

$$
d = -\bar{P}_L r = \frac{1}{85} \begin{pmatrix} -88 \\ 22 \end{pmatrix}.
$$

Durch „Line Search“ finden wir

$$
a^1 \cdot d = -\frac{176}{85} + \frac{66}{85} < 0, \quad a^2 \cdot d = -\frac{88}{85} + \frac{88}{85} = 0,
$$

$$
a^3 \cdot d = \frac{88}{85} > 0, \quad a^4 \cdot d = -\frac{22}{85} < 0,
$$

was ergibt:

$$
\lambda_0 = \frac{b_3 - a^3 \cdot x}{a^3 \cdot d} = \frac{9 \cdot 8}{5 \cdot b8} = \frac{153}{88}.
$$

Die Abstiegsverfahren, welche die Abstiegsrichtungen durch Lösung der (linearen) Optimierungsaufgabe

$$(D_\alpha) \qquad d \in \mathbb{R}^n: \quad r^T \cdot d \to \min! \quad A_0 d \le 0, \quad \|d\|_2 \le 1,$$

oder, wie beim Verfahren von Rosen,

$$(\tilde{D}_\alpha) \qquad d \in \mathbb{R}^n: \quad \|d + r\|_2 \to \min! \quad A_0 d = 0,$$

gewinnen, sind nicht generell konvergent. Die von ihnen erzeugten Iteriertenfolgen $(x^t)_{t\in\mathbb{N}}$ können unter Umständen auch Häufungspunkte habe, in denen die KKT-Bedingungen nicht erfüllt sind. Doch selbst, wenn Konvergenz gegen eine Minimallösung vorliegt, kann die Konvergenz sehr langsam sein. Wir wollen diese Effekte anhand zweier Beispiele diskutieren.

Beispiel 6.2: Wir betrachten die quadratisch/lineare Optimierungsaufgabe

$$\begin{aligned} x \in \mathbb{R}^2: \quad f(x) = x_1^2 + 2x_2^2 &\to \min! \\ -x_1 + 4x_2 &\le 0, \\ -x_1 - 4x_2 &\le 0, \end{aligned} \tag{6.4.23}$$

mit der (globalen) Minimallösung $\hat{x} = (0,0)^T$. Im Rahmen des „normalen“ Projektionsverfahrens wird der zulässige Startpunkt $x^0 = (4,1)^T$ verwendet. Die resultierenden Iterierten haben die Gestalt

$$x^t = \begin{pmatrix} 4/3^t \\ (-1/3)^t \end{pmatrix}.$$

Beweis: Die Behauptung ist offensichtlich richtig für $t = 0$. Sei sie richtig für ein $t \ge 0$. Wir zeigen, dass in der betrachteten Situation $d^t = -r^t$.

$$r^t = \begin{pmatrix} 8/3^t \\ 4(-1/3)^t \end{pmatrix}, \qquad x^t - \lambda r^t = \begin{pmatrix} 4/3^t - \lambda 8/3^t \\ (-1/3)^t - 4\lambda(-1/3)^t \end{pmatrix}.$$

Wir erhalten

$$\begin{aligned} -(x_1^t - \lambda r_1^t) + 4(x_2^t - \lambda r_2^t) &= \frac{1}{3^t}\big\{-4(1-(-1)^t) + (8 - 16(-1)^t)\lambda\big\}, \\ -(x_1^t - \lambda r_1^t) - 4(x_2^t - \lambda r_2^t) &= \frac{1}{3^t}\big\{-4(1+(-1)^t) + (8 + 16(-1)^t)\lambda\big\}. \end{aligned}$$

a) Im Fall t gerade ist $(-1)^t = 1$ und folglich:

$$\begin{aligned} -(x_1^t - \lambda r_1^t) + 4(x_2^t - \lambda r_2^t) &= -\frac{8\lambda}{3^t} \le 0, \quad \lambda \ge 0, \\ -(x_1^t - \lambda r_1^t) - 4(x_2^t - \lambda r_2^t) &= \frac{1}{3^t}\{-8 + 24\lambda\} \le 0, \quad \lambda \in [0, 1/3]. \end{aligned}$$

b) Im Fall t ungerade ist $(-1)^t = -1$ und folglich:

$$-(x_1^t - \lambda r_1^t) + 4(x_2^t - \lambda r_2^t) = -\frac{8\lambda}{3^t}\{-8 + 24\lambda\} \le 0, \quad \lambda \in [0, 1/3],,$$
$$-(x_1^t - \lambda r_1^t) - 4(x_2^t - \lambda r_2^t) = -\frac{8\lambda}{3^t} \le 0, \quad \lambda \ge 0.$$

Also ist $-r^t \in D(x)$, und wir können die lokal optimale Wahl $d^t = -r^t$ treffen. Der „Line Search“ muss offensichtlich über das Intervall $[0, 1/3]$ erstreckt werden. Wir zeigen $\lambda_t = 1/3$. Dies wird impliziert durch

$$\frac{d}{d\lambda} f(x^t + \lambda d^t)|_{\lambda=\lambda_t} \le 0,$$
$$\begin{aligned}\frac{d}{d\lambda} f(x^t + \lambda d^t)|_{\lambda=1/3} &= \frac{d}{d\lambda}\{(x_1^t + \lambda d_1^t)^2 + 2(x_2^t + \lambda d_2^t)^2\}|_{\lambda=1/3}\\ &= 2d_1^t(x_1^t + \lambda d_1^t) + 4d_2^t(x_2^t + \lambda d_2^t)|_{\lambda=1/3}\\ &= -2\frac{8}{3^t}\Big(\frac{4}{3^t} - \frac{1}{3}\frac{8}{3^t}\Big) - 16\big(-\frac{1}{3}\big)^t\Big(\big(-\frac{1}{3}\big)^t - \frac{4}{3}\big(\frac{1}{3}\big)^t\Big)\\ &= \frac{1}{3^{t+1}}(-64 + 16 + 16) < 0.\end{aligned}$$

Also wird

$$x^{t+1} = x^t + \lambda_t d^t = \Big(\frac{4}{3^t} - \frac{1}{3}\frac{8}{3^t}, \Big(-\frac{1}{3}\Big)^t - \frac{4}{3}\Big(-\frac{1}{3}\Big)^t\Big)^T = \Big(\frac{4}{3^{t+1}}, \Big(-\frac{1}{3}\Big)^{t+1}\Big)^T,$$

was zu zeigen war

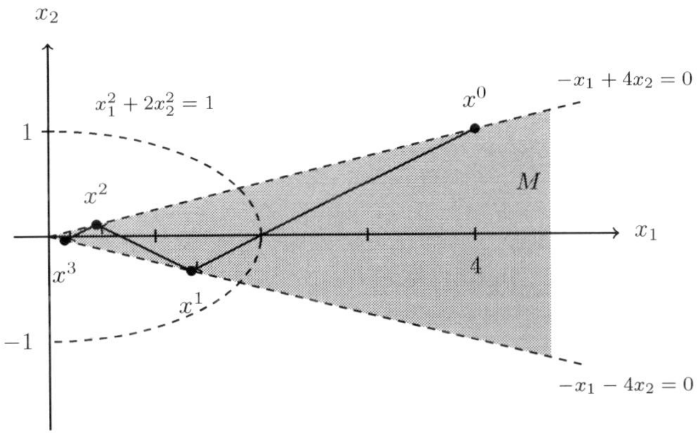

Abbildung 6.2: *Konvergenzverhalten des projizierten Gradientenverfahrens*

Eine „global“ optimale Wahl der Abstiegsrichtung d^0 wäre $d^0 = -(1, 1/4)^T$ gewesen, da in diesem Fall schon im ersten Schritt die Lösung $x^1 = x^0 + \lambda_0 d^0 = \hat{x}$ erreicht worden wäre. Das „Zickzacklaufen“ zwischen den Rändern des zulässigen Bereichs ist eine typische, unliebsame Eigenart der Projektionsmethode. Im Extremfall kann dies sogar Konvergenz verhindern.

Beispiel 6.3: Wir betrachten die konvexe/lineare Optimierungsaufgabe

$$x \in \mathbb{R}^3: \quad f(x) = \tfrac{4}{3}\big(x_1^2 - x_1x_2 + x_2^2\big)^{3/4} + x_3 \to \min!, \quad x \geq 0, \tag{6.4.24}$$

mit der globalen Minimallösung $\hat{x} = (0,0,0)^T$. Der Startpunkt im „normalen" Projektionsverfahren ist $x^0 = (a,0,c)^T$ mit $0 < a < \sqrt{2}/4$ und $c > (1+\sqrt{2}/2)\sqrt{a}$. Die resultierenden Iterierten haben die Gestalt

$$x^t = \begin{cases} \Big(\frac{a}{2^t}, 0, c - \frac{\sqrt{a}}{2}\sum_{k=0}^{t-1}\big(\frac{1}{\sqrt{2}}\big)^k\Big)^T, & t \geq 0 \text{ gerade}, \\ \Big(0, \frac{a}{2^t}, c - \frac{\sqrt{a}}{2}\sum_{k=0}^{t-1}\big(\frac{1}{\sqrt{2}}\big)^k\Big)^T, & t \geq 1 \text{ ungerade}. \end{cases}.$$

Wegen der Voraussetzungen an a und c ist

$$c - \frac{\sqrt{a}}{2}\sum_{k=0}^{t-1}\Big(\frac{1}{\sqrt{2}}\Big)^k > 0.$$

Ferner ist

$$c - \frac{\sqrt{a}}{2}\sum_{k=0}^{\infty}\Big(\frac{1}{\sqrt{2}}\Big)^k = c\frac{\sqrt{a}}{2}\frac{1}{1-1/\sqrt{2}} = c - \frac{\sqrt{a}}{2}(2+\sqrt{2})$$

und somit

$$\lim_{t\to\infty} x^t = \big(0,0,c-\sqrt{a}(1+\sqrt{2}/2)\big)^T \neq 0.$$

Da $\hat{x} = (0,0,0)^T$ eindeutiges Minimum ist, können im obigen Limes die KKZ-Bedingungen nicht erfüllt sein.

Beweis: Die o. a. Lösungsdarstellung ist offensichtlich richtig für $t = 0$- Sei sie richtig für ein $t \geq 0$. Wir haben

$$\nabla f(x) = \begin{pmatrix} (x_1^2 - x_1x_2 + x_2^2)^{-1/4}(2x_1 - x_2) \\ (x_1^2 - x_;1x_2 + x_2^2)^{-1/4}(2x_2 - x_1) \\ 1 \end{pmatrix}.$$

a) Im Fall t ungerade gilt:

$$r^T = \begin{pmatrix} -\big(\frac{a}{2^t}\big)^{-1/2}\frac{a}{2^t} \\ \big(\frac{a}{2^t}\big)^{-1/2}\frac{2a}{2^t} \\ 1 \end{pmatrix},$$

und somit

$$x^t - \lambda r^t \geq 0, \quad 0 \leq \lambda \leq \frac{1}{2}\Big(\frac{a}{2^t}\Big)^{1/2}.$$

Also ist in diesem Fall $-r^t \in D(x^t)$ und die Abstiegsrichtung kann als $d^t = -r^t$ gewählt werden.

b) Im Fall t gerade ergibt sich analog zum Fall (a), dass ebenfalls $d^t = -r^t$ ist.

Wir zeigen jetzt noch, dass

$$\lambda_t = \frac{1}{2}\Big(\frac{a}{2^t}\Big)^{1/2}.$$

Dazu betrachten wir wieder

$$\frac{d}{d\lambda} f(x^t + \lambda d^t)|_{\lambda=\lambda_t} \le 0.$$

a) Im Fall t ungerade gilt

$$x^t + \lambda_t d^t = \begin{pmatrix} \lambda_t\big(\frac{a}{2^t}\big)^{1/2} \\ \frac{a}{2^t} - 2\lambda_t\big(\frac{a}{2^t}\big)^{1/2} \\ c - \frac{\sqrt{a}}{2}\sum_{k=0}^{t-1}\dots - \lambda_t \end{pmatrix} = \begin{pmatrix} \frac{a}{2^{t+1}} \\ 0 \\ c - \frac{\sqrt{a}}{2}\sum_{k=0}^{t+1}\dots \end{pmatrix}$$

und folglich

$$\begin{aligned} \frac{d}{d\lambda} f(x^t + \lambda d^t)|_{\lambda=\lambda_t} &= \nabla f(x^t + \lambda_t d^t)^T \cdot d^t \\ &= \Big(2\Big(\frac{a}{2^t}\Big)^{1/2}, -\Big(\frac{a}{2^t}\Big)^{1/2}, 1\Big) \begin{pmatrix} \big(\frac{a}{2^t}\big)^{1/2} \\ 2\big(\frac{a}{2^t}\big)^{1/2} \\ -1 \end{pmatrix} = -1 < 0. \end{aligned}$$

Also ist λ_t Lösung des „Line Search".

b) Im Fall t gerade ist die Argumentation analog zum Fall (a).

Das erste Beispiel legt zur Vermeidung des „Zickzacklaufens" der Iterierten folgende Strategie nahe:

Wird im Verlaufe des Verfahrens die Ungleichungsrestriktion $a^i \cdot x \le b_i$ aktiv, dann wird in der Aufgabe (D_α) $a^i \cdot d = 0$ statt $a^i \cdot d \le 0$ gefordert. Man versucht also, einmal aktiv gewordene Restriktionen aktiv zu halten, bis sich keine zulässige Abstiegsrichtung mehr finden lässt. Dann werden alle Gleichungsrestriktionen wieder gelockert. Dieses Vorgehen ist eng verwandt mit dem oben besprochenen Verfahren von Rosen. Auch für diese stabilisierte Variante der Projektionsverfahren existiert kein allgemeiner Konvergenzbeweis, obwohl keine Versagensbeispiele bekannt sind.

6.5 Strafterm-Verfahren

Im Folgenden betrachten wir sog. „Straftermmethoden" zur approximativen Lösung restringierter Optimierungsaufgaben. Dabei unterscheiden wir wie bei den Innere-Punkte-Verfahren grob zwischen „zulässigen" und „unzulässigen" Verfahren. Die *zulässigen* Approximationen sind solche, bei denen die Restriktionen in jedem Teilschritt engehalten werden, während bei den *unzulässigen* die Restriktionen nur im Limes exakt, sonst aber nur näherungsweise erfüllt werden.

6.5.1 Penalty-Methode

Die „Penalty-Methoden" gehören zu den *unzulässige* Verfahren. Wir betrachten die allgemeine restringierte Optimierungsaufgabe

$$(P) \qquad f(x) \to \min!, \quad x \in M \subset \mathbb{R}^n,$$

mit einer stetigen Zielfunktion f und einem nicht leeren zulässigen Bereich $M \subset \mathbb{R}^n$. Mit Hilfe der sog. „Indikatorfunktion" von M,

$$\delta_M := \begin{cases} 0, & x \in M, \\ \infty, & x \notin M, \end{cases}$$

lässt sich Aufgabe (P) formal als unrestringiertes Minimierungsproblem formulieren:

$$f(x) + \delta_M(x) \to \min!, \quad x \in \mathbb{R}^n. \tag{6.5.25}$$

Anschaulich gesprochen wird durch Hinzufügung von $\delta_M(\cdot)$ zur Zielfunktion $f(\cdot)$ das Verlassen des zulässigen Bereichs M mit einer unendlich großen Strafe („penalty") geahndet. Numerisch ist dieses Vorgehen wegen der extremen Unstetigkeit von $\delta_M(\cdot)$ am Rande von M natürlich nicht brauchbar, auch dann nicht, wenn „∞" durch eine große Zahl ersetzt wird. Man versucht daher δ_M zu approximieren mit Hilfe einer mindestens stetigen, möglichst auch stetig differenzierbaren Funktion $p: \mathbb{R}^n \to \mathbb{R}$; diese heißt dann „Strafterm" bzgl. M, wenn gilt

$$\begin{array}{ll} \alpha) & p \in C(\mathbb{R}^n), \\ \beta) & p \equiv 0 \ \text{auf} \ M, \\ \gamma) & p > 0 \ \text{auf} \ M^c. \end{array}$$

Die Funktion $p_\varepsilon := \varepsilon^{-1}p$ ist dann für $\varepsilon \to 0$ eine immer besser werdende Approximation von δ_M. Das „Penalty-Verfahren" wählt nun einen solchen Strafterm p sowie ein ausreichend kleines $\varepsilon > 0$ und löst die unrestringierte Optimierungsaufgabe

$$(P_\varepsilon) \qquad f_\varepsilon(x) := f(x) + \frac{1}{\varepsilon}p(x) \to \min!, \quad x \in \mathbb{R}^n.$$

Deren Lösung x^ε wird als Approximation der gesuchten Lösung $\hat{x} \in M$ der Aufgabe (P) betrachtet. Dies ist zunächst nur ein Lösungsansatz für (P). Zu einem numerischen Verfahren wird die Penalty-Methode in Verbindung mit einem geeigneten Lösungsalgorithmus für (P_ε).

Beispiel 6.4: Wir betrachten den Fall gemischter (Ungleichungs- und Gleichungs-) Restriktionen mit der zulässigten Menge

$$M = \{x \in \mathbb{R}^n \,|\, g_i(x) \le 0 \ (i = 1, \dots, p), \ h_j(x) = 0 \ (j = 1, \dots, q)\},$$

mit Funktionen $g_i, h_j \in C^1(\mathbb{R}^n)$. Die gebräuchliche Wahl eines Strafterms hierfür ist

$$p(x) := \sum_{i=1}^{p} g_i^+(x)^2 + \sum_{j=1}^{q} h_i(x)^2,$$

wobei $g_i^+(x) := \max\{0, g_i(x)\}$ gesetzt wird. Offenbar erfüllt $p(\cdot)$ die Bedingungen (α) – (γ) und ist stetig differenzierbar. Sind die Funktionen g_i und h_j konvex, so ist es auch p. Alternativ könnte man auch den Strafterm

$$p(x) := \sum_{i=1}^{p} |g_i^+(x)| + \sum_{j=1}^{q} |h_i(x)|$$

verwenden; dieser besitzt auch die Eigenschaften (α) – (γ), ist aber nicht stetig differenzierbar.

Beispiel 6.5: Wir betrachten die konkrete (konvexe) Optimierungsaufgabe

$$f(x) := x^2 - 10x \to \min!, \qquad x \le 1,$$

mit dem globalen Minimum $\hat{x} \equiv 1$. Der Strafterm wird gewählt als

$$p(x) := \max\{0, x-1\}^2.$$

Die zugehörige penaltisierte Aufgabe

$$(P_\varepsilon) \qquad f_\varepsilon(x) = f(x) + \frac{1}{\varepsilon} p(x) \to \min!, \qquad x \in \mathbb{R}^n,$$

hat dann eine konvexe, stetig differenzierbar Zielfunktion und kann mit den üblichen Mitteln der Analysis gelöst werden:

$$\begin{aligned} \frac{d}{dx} f_\varepsilon(x) &= 2x - 10 + \frac{2}{\varepsilon}\max\{0, x-1\} \\ &= \begin{cases} 2x - 10, & x \le 1, \\ 2x - 10 + \frac{2}{\varepsilon}(x-1), & x > 0, \end{cases} \end{aligned}.$$

Nullsetzen der Ableitung ergibt dann

$$\hat{x}^\varepsilon = \frac{1+5\varepsilon}{1+\varepsilon} = 1 + 4\varepsilon + \mathcal{O}(\varepsilon^2).$$

Für $\varepsilon \to 0$ konvergieren also die Lösungen der penaltisierten Probleme gegen die des Ausgangsproblems mit der Ornung $\mathcal{O}(\varepsilon)$. Für alle $\varepsilon > 0$ sind diese Approximationen unzulässig.

Lemma 6.8: *Seien $x^\varepsilon \in \mathbb{R}^n$ Lösungen der Penalty-Aufgaben (P_ε). Fü $\varepsilon > \varepsilon'$ gilt dann:*

$$\begin{aligned} &i) && f_\varepsilon(x^\varepsilon) \le f_{\varepsilon'}(x^{\varepsilon'}), \\ &ii) && p(x^\varepsilon) \ge p(x^{\varepsilon'}), \\ &iii) && f(x^\varepsilon) \le f(x^{\varepsilon'}). \end{aligned}$$

Beweis: Für $\varepsilon > \varepsilon'$ gilt $1/\varepsilon < 1/\varepsilon'$.
i) Für $\varepsilon > \varepsilon'$ gilt:

$$f_{\varepsilon'}(x^{\varepsilon'}) = f(x^{\varepsilon'}) + \frac{1}{\varepsilon'}p(x^{\varepsilon'}) \geq f(x^{\varepsilon'}) + \frac{1}{\varepsilon}p(x^{\varepsilon'}) = f_\varepsilon(x^{\varepsilon'}) \geq f_\varepsilon(x^\varepsilon).$$

ii) Wegen der Minimalität von x^ε und $x^{\varepsilon'}$ gilt:

$$f(x^\varepsilon) + \frac{1}{\varepsilon}p(x^\varepsilon) \leq f(x^{\varepsilon'}) + \frac{1}{\varepsilon}p(x^{\varepsilon'}),$$
$$f(x^{\varepsilon'}) + \frac{1}{\varepsilon'}p(x^{\varepsilon'}) \leq f(x^\varepsilon) + \frac{1}{\varepsilon'}p(x^\varepsilon).$$

Dies impliziert

$$\Big(\frac{1}{\varepsilon} - \frac{1}{\varepsilon'}\Big)p(x^\varepsilon) \leq \underbrace{\Big(\frac{1}{\varepsilon} - \frac{1}{\varepsilon'}\Big)}_{<0} p(x^{\varepsilon'})$$

und folglich $p(x^\varepsilon) \geq p(x^{\varepsilon'})$.
iii) Es gilt:

$$f(x^{\varepsilon'}) + \frac{1}{\varepsilon}p(x^{\varepsilon'}) \geq f(x^\varepsilon) + \frac{1}{\varepsilon}p(x^\varepsilon) \geq f(x^\varepsilon) + \frac{1}{\varepsilon}p(x^{\varepsilon'})$$

Dies impliziert $f(x^{\varepsilon'}) \geq f(x^\varepsilon)$, was den Beweis vervollständigt. Q.E.D.

Satz 6.4: *Der zulässige Bereich M der Aufgabe (P) sein beschränkt. oder andernfalls sei die Zielfunktion f koerzitiv:*

$$f(x) \to \infty \quad \textit{für} \quad \|x\|_2 \to \infty. \tag{6.5.26}$$

Dann besitzen die Probleme (P) und (P_ε) Lösungen $\hat{x} \in M$ bzw $\hat{x}^\varepsilon \in \mathbb{R}^n$. Für jede (momotone) Nullfolge $(\varepsilon_t)_{t\in\mathbb{N}}$ ist die zugehörige Folge $(\hat{x}^{\varepsilon_t})_{t\in\mathbb{N}}$ beschränkt und jeder ihrer Häufungspunkte ist globales Minimum von (P).

Beweis: Die Existenzaussage folgt wieder mit Hilfe eines Minimalfolgenatguments analog zum Beweis von Satz 5.1. Sei $\mu := \inf_{x\in M} f(x)$ Für eine (monotone) Nullfolge $(\varepsilon_t)_{t\in\mathbb{N}}$ seinen $x^t := x^{\varepsilon_t}$ zugehörige Lösungen von $(P_t) =:= (P_{\varepsilon_t})$. Wir setzen entsprechend $f_t := f_{\varepsilon_t}$. Wegen

$$f(x^t) \leq f_t(x^t) \leq f(x), \quad x \in M,$$

und der Koerzitivität von f ist die Folge $(x^t)_{t\in\mathbb{N}}$ beschränkt. Sei $\bar{x}$ ein Häufungspunkt: $\bar{x} = \lim_{t\in\mathbb{N}'} x^t$ $(\mathbb{N}' \subset \mathbb{N})$. Dann ist

$$f(\bar{x}) = \lim_{t\in\mathbb{N}'} x^t,$$

und, da $(f_t(x^t))_{t\in\mathbb{N}}$ nach Lemma 6.8 monoton wachsend (und beschränkt) ist, folgt

$$\sigma := \lim_{t\in\mathbb{N}'} f_t(x^t) \leq \inf_{x\in M} f(x) = \mu.$$

Also gilt

$$\lim_{t\in\mathbb{N}'} \frac{1}{\varepsilon_t} p(x^t) = \sigma - f(\bar{x})$$

und somit

$$\lim_{t\in\mathbb{N}'} p(x^t) = p(\bar{x}) = 0.$$

Dies bedeutet, dass $\bar{x} \in M$ und wegen

$$f(\bar{x}) = \lim_{t\in\mathbb{N}'} f(x^t) \leq \lim \sup_{t\in\mathbb{N}'} f_t(x^t) \leq \mu$$

auch globales Minimum von f auf M ist. Q.E.D.

6.5.2 Barriere-Methode

Die „Barriere-Methoden“ gehören zu den *zulässigen* Verfahren. Wir betrachten wieder die allgemeine Optimierungsaufgabe

$$(P) \qquad f(x) \to \min!, \quad x \in M \subset \mathbb{R}^n,$$

mit stetiger Zielfunktion $f(\cdot)$ und nicht leerer zulässiger Menge M. Zusätzlich wird angenommen, dass M „robust“ ist, d. h.:

$$M^o \neq \emptyset, \qquad M = \overline{M^o}. \tag{6.5.27}$$

Statt wie bei der Penalty-Methode einen Lösungspunkt $\hat{x}$ von außerhalb des zulässigen Bereichs M anzunähern, startet man jetzt in einem inneren Punkt von M und verhindert ein Verlassen von M mit Hilfe eines sog. „Barriere-Terms“ $b : M^o \to \mathbb{R}$ mit den folgenden Eigenschaften:

$$\begin{aligned} &\alpha) \qquad b \in C(M^o), \\ &\beta) \qquad b \geq 0 \text{ auf } M^o, \\ &\gamma) \qquad b(x) \to \infty \text{ für } x \to \partial M. \end{aligned}$$

Das „Barriere-Verfahren“ wählt nun eine Barriere-Funktion b sowie einen ausreichend kleines $\varepsilon > 0$ und löst die unrestringierte Aufgabe

$$(P_\varepsilon) \qquad f_\varepsilon(x) := f(x) + \varepsilon b(x) \to \min!, \quad x \in M^0.$$

Deren Lösung $x^\varepsilon \in M^o$ wird dann wieder als Approximation der gesuchten Lösung $\hat{x} \in M$ von (P) betrachtet.

Beispiel 6.6: Barriere-Methoden sind naturgemäß nur auf Probleme mit Ungleichungsrestriktionen, d. h.: mit zulässigen Bereichen der Art

$$M = \{x \in \mathbb{R}^n \mid g_i(x) \leq 0, \ i = 1, \dots, m\}$$

anwendba. Gebräuchliche Barrierefunktionen sind

$$b(x) := -\sum_{i=1}^{m} \frac{1}{g_i(x)}, \qquad b(x) := -\sum_{i=1}^{m} \ln(-g_i(x)).$$

Zur Lösung der Aufgabe

$$(P) \qquad f(x) := x^2 - 10x \to \min!, \quad x \leq 1,$$

mit dem (globalen) Minimum $\hat{x} \equiv 1$ verwende man die Barriere-Funktion $b(x) := -\ln(1-x)$ und den zugehörigen Barriere-Ansatz

$$f_\varepsilon(x) := f(x) + \varepsilon b(x) = x^2 - 10x - \varepsilon \ln(1-x) \to \min! \quad x < 1.$$

Die Zielfunktion $f_\varepsilon(\cdot)$ ist auf $M^o := \{x \in \mathbb{R} \,|\, x < 1\}$ stetig differenzierbar. Obwohl das Barriere-Problem eigentlich eine restringierte Optimierungsaufgabe ist, kann es wegen $f_\varepsilon(x) \to \infty$ für $x \to 1$ mit den Methoden der unrestringierten Optimierung gelöst werden:

$$\frac{d}{dx} f_\varepsilon(x) = 2x - 10x + \frac{\varepsilon}{1-x} = \frac{(1-x)(2x-10)+\varepsilon}{1-x} = 0$$

liefert

$$\hat{x}^\varepsilon = 3 - 2\sqrt{1+\varepsilon/8} = 1 - \frac{\varepsilon}{8} + \mathcal{O}(\varepsilon^2).$$

Für $\varepsilon \to 0$ sind die Approximationen $\hat{x}^\varepsilon$ zulässig und konvergieren gegen die Lösung $\hat{x}$ des Ausgangsproblems mit der Ordnung $\mathcal{O}(\varepsilon)$.

Satz 6.5: *Der zulässige Bereich M erfülle die Voraussetzung (6.5.27) und sei beschränkt; andernfalls sei die Zielfunktion f wieder koerzitiv. Dann besitzen die Aufgaben (P) und (P_ε) Lösungen $\hat{x} \in M$ bzw. $\hat{x}^\varepsilon \in M^o$. Für jede (monotone) Nullfolge $(\varepsilon_t)_{t\in\mathbb{N}}$ ist die zugehörige Folge $(x^{\varepsilon_t})_{t\in\mathbb{N}}$ beschränkt und jeder ihrer Häufungspunkte ist globales Minimum von (P).*

Beweis: Die Existenzaussage folgt wieder mit Hilfe eines Minimalfolgenatguments analog zum Beweis von Satz 5.1. Sei $x^o \in M^o$ fest gewählt. Zur Vereinfachung setzen wir $x^t := x^{\varepsilon_t}$ und $f_t := f_{\varepsilon_t}$. Dann gilt

$$f(x^t) \leq f_t(x^t) \leq f_t(x^0) \leq f_1(x^0),$$

d. h.: Die Folge $(x^t)_{t\in\mathbb{N}}$ ist wegen der Koerzitivität von f beschränkt. Sei $\tilde{x}$ ein Häufungspunkt, der o.B.d.A. Limes der ganzen Folge ist: $\tilde{x} = \lim_{t\to\infty} x^t$. Für $\varepsilon' > \varepsilon$ gilt beim Barriere-Verfahren

$$f_\varepsilon(x^\varepsilon) = f(x^\varepsilon) + \varepsilon b(x^\varepsilon) > f(x^\varepsilon) + \varepsilon' b(x^\varepsilon) \geq f_{\varepsilon'}(x^{\varepsilon'}).$$

Die Folge der Werte $f_t(x^t)$ ist also monoton fallend und durch $\mu := \inf_{x\in M} f(x)$ nach unten beschränkt. Sei nun $\hat{x} \in M$ ein Minimum von Aufgabe (P). Wegen $M = \overline{M^o}$ lässt sich eine Folge $(\bar{x}^t)_{t\in\mathbb{N}}$ konstruieren mit den Eigenschaften

$$\bar{x} = \lim_{t\to\infty} \bar{x}^t, \qquad \lim_{t\to\infty} \varepsilon_t b(\bar{x}^t) = 0.$$

Damit gilt dann

$$\begin{aligned} f(\tilde{x}) &= \lim_{t\to\infty} f(x^t) \le \lim_{t\to\infty} f_t(x^t) \\ &\le \lim \inf_{t\in\mathbb{N}} f_t(\bar{x}^t) = f(\bar{x}) = \mu. \end{aligned}$$

Folglich ist $\tilde{x} \in M$ globales Minimum von (P). Q.E.D.

6.5.3 Das Gradientenverfahren zur Lösung der Penalty-Probleme

Die Penalty- oder Barriere-Methoden erzeugen unrestringierte Optimierungsaufgaben, mit (P_ε) bezeichnet, welche in der Regel mit Hilfe von Abstiegsverfahren gelöst werden. Dabei treten aber aufgrund der „singulären" Struktur der Aufgaben (P_ε) für $0 < \varepsilon \ll 1$ typische Schwierigkeiten auf, die wir im Folgenden für das „klassische" Gradientenverfahren diskutieren wollen. Es sei allerdings betont, dass dieses Abstiegsverfahren heute keine praktische Bedeutung mehr hat und hier nur als ein noch verhältnismäßig einfach zu analysierender Modellfall herangezogen wird.

Sei $f : \mathbb{R}^n \to \mathbb{R}$ als stetig differenzierebar und (der Einfachheit halber) als koerzitiv angenommen, so dass ein Minimum $\hat{x}$ von f existiert. Das Gradientenverfahren erzeugt ausgehend von einem (beliebigen) Startpunkt $x^0 \in \mathbb{R}^n$ eine Folge von Iterierten x^t durch die Vorschrift

$$\begin{aligned} (i) &\quad r^t := \nabla f(x^t), \\ (ii) &\quad \lambda_t \in \mathbb{R}_+ : \quad f(x^t - \lambda_t r^t) = \min_{\lambda \ge 0} f(x^t - \lambda r^t), \\ (iii) &\quad x^{t+1} := x^t - \lambda_t r^t. \end{aligned}$$

Satz 6.6: *Unter den obigen Voraussetzungen ist die Folge der Iterierten $(x^t)_{t\in\mathbb{N}}$ beschränkt und in jedem ihrer Häufungspunkte $\hat{x}$ gilt $\nabla f(\hat{x}) = 0$.*

Beweis: Nach Konstruktion ist die Folge $f(x^t)_{t\in\mathbb{N}}$ monoton fallend und wegen der Koerzivität von f ist folglich die Folge $(x^t)_{t\in\mathbb{N}}$ beschränkt. Sei $\hat{x}$ ein Häufungspunkt, $\hat{x} = \lim_{t\in\mathbb{N}'} x^t$ $(\mathbb{N}' \subset \mathbb{N})$. Dann gilt $\lim_{t\in\mathbb{N}'} x^t = f(\bar{x})$' und $\lim_{t\in\mathbb{N}'} r^t = \nabla f(\hat{x}) =: \hat{r}$. Im Fall $\nabla f(\hat{x}) \neq 0$ ist auch die Folger $(\lambda_t)_{t\in\mathbb{N}'}$ beschränkt, und o.B.d.A, kann $\lim_{t\in\mathbb{N}'} \lambda_t = \hat{\lambda}$ angenommen werden. Nach Konstruktion gilt

$$f(x^t - \lambda_t r^t) \le f(x^t - \lambda r^t), \quad \lambda \in \mathbb{R}_+,$$

und somit im Limes für $t \in \mathbb{N}'$:

$$f(\hat{x} - \hat{\lambda}\hat{r}) \le f(\hat{x} - \lambda\hat{r}), \quad \lambda \in \mathbb{R}_+.$$

Wegen

$$f(\hat{x} - \lambda\hat{r}) = f(\hat{x}) - \lambda \underbrace{\|\nabla f(\hat{x})\|_2^2}_{\neq 0} + o(\lambda)$$

folgt

$$f(\hat{x} - \bar{\lambda}\bar{r}) < f(\hat{x}).$$

Zu der Folge $(x^{t+1})_{t\in\mathbb{N}'}$ gibt es nun wieder eine Teilfolge $(x^t)_{t\in\mathbb{N}''}$ ($\mathbb{N}'' \subset \mathbb{N}'$) mit Limes $\tilde{x} = \lim_{t\in\mathbb{N}''} x^{t]1}$. Damit ist dann

$$\tilde{x} = \lim_{t\in\mathbb{N}''} x^{t+1} = \lim_{t\in\mathbb{N}''} (x^t - \lambda_t r^t) = \bar{x} - \bar{\lambda}\bar{r},$$

woraus sich wieder der Widerspruch

$$f(\hat{x}) = \lim_{t\in N''} f(x^t) = \lim_{t\in\mathbb{N}''} f(x^{t+1}) = f(\tilde{x}) = f(\hat{x} - \hat{\lambda}\hat{r})$$

ergibt. Q.E.D.

Zur Abschätzung der Konvergenzgeschwindigkeit des Gradientenverfahrens nehmen wir an, dass f zweimal stetig differenzierbar ist, so dass die Hesse-Matrix

$$H_f(x) := \Big(\frac{\partial^2 f}{\partial x_i \partial x_k}(x)\Big)_{i,k=1}^n$$

existiert und symmetrisch ist. Ist in einem Häufungspunkt $\hat{x}$ der Iteriertenfolge $(x^t)_{t\in\mathbb{N}}$ die Hesse-Matrix positiv definit, d. h.: die Funktion f bei $\hat{x}$ (lokal) strikt konvex, so muss zwangsläufig die gesamte Folge gegen $\hat{x}$ konvergieren.

Satz 6.7: *[Gradientenverfahren für strikt konvexe Probleme] Die Iteriertenfolge $(x^t)_{t\in\mathbb{N}}$ des Gradientenverfahrens konvergieren gegen ein lokales Minimum $\hat{x}$ von f. Ist die Hesse-Matrix $H_f := H_f(\hat{x})$ positiv definit so konvergiert $f(x^t) \to f(\bar{x})$ linear,*

$$|f(x^t) - f(\hat{x})| \le \rho^{2t} |f(x^0) - f(\hat{x})|, \quad t \in \mathbb{N}, \tag{6.5.28}$$

mit einer Konvergenzrate

$$0 \le \rho := \frac{1 - 1/\kappa_f}{1 + 1/\kappa_f} < 1, \qquad \kappa_f := \mathrm{cond}_2(H_f) = \frac{\Lambda}{\lambda}, \tag{6.5.29}$$

mit den maximalen und minimalen Eigenwerten $\Lambda := \lambda_{\max}(H_f)$ bzw. $\lambda_{\min}(H_f) > 0$ von H_f. Die Größe κ_f ist die „Spektralkondition" der Matrix H_f.

Beweis: Zum Beweis des Satzes benötigen wir das folgende Hilfsresultat.

Lemma 6.9: *[Ungleichung von Kantorowitsch] Sei $A \in \mathbb{R}^{n\times n}$ eine symmetrische, positiv-definite Matrix mit kleinstem und größtem Eigenwert $0 < \lambda \le \Lambda$. Dann gilt die folgende Ungleichung von Kantorowitsch*

$$\frac{\|x\|_2^2}{(x, Ax)_2 (x, A^{-1}x)_2} \ge \frac{4\lambda\Lambda}{(\lambda + \Lambda)^2}, \quad x \in \mathbb{R}^n. \tag{6.5.30}$$

Beweis: Die Eigenwerte der positiv-definiten Matrix A seien $0 < \lambda := \lambda_1 \leq \ldots \leq \lambda_n =: \Lambda$. Dazu existiert ein Orthonormalsystem von Eigenvektoren $\{w^1, \ldots, w^n\}$. Für ein $x \in \mathbb{R}^n$ seien ξ_i die Koordinaten bzgl. dieses Systems: $x = \sum_{i=1}^m \xi_i w^i$. Dann gilt mit der Setzung $\bar{\xi}_i := \xi_i^2 \|\xi\|_2^{-2}$:

$$\frac{\|x\|_2^2}{(x, Ax)_2(x, A^{-1}x)_2} = \frac{\left(\sum_{i=1}^m \xi_i^2\right)^2}{\left(\sum_{i=1}^m \lambda_i \xi_i^2\right)\left(\sum_{i=1}^m \lambda_i^{-1} \xi_i^2\right)}$$
$$= \frac{\left(\sum_{o=1}^m \bar{\xi}_i \lambda_i\right)^{-1}}{\sum_{i=1}^m \bar{\xi}_i \lambda_i^{-1}} =: \frac{\Phi(\bar{\xi})}{\Psi(\bar{\xi})}.$$

Die Funktionen $\Phi(\bar{\xi})$ und $\Psi(\bar{\xi})$ sind gebildet mit den konvexen Linearkombinationen $\sum_{o=1}^m \bar{\xi}_i \lambda_i$ bzw. $\sum_{i=1}^m \bar{\xi}_i \lambda_i^{-1}$ der λ_i bzw. ihrer Reziproken λ_l^{-1}. Da $\sum_{i=1}^m \bar{\xi}_i \lambda_i$ zwischen λ_1 und λ_n liegt, ist $\Phi(\bar{\xi})$ auf der Kurve $\chi(\lambda) = \lambda^{-1}$ im schraffierten Bereich in Abb. 6.3:

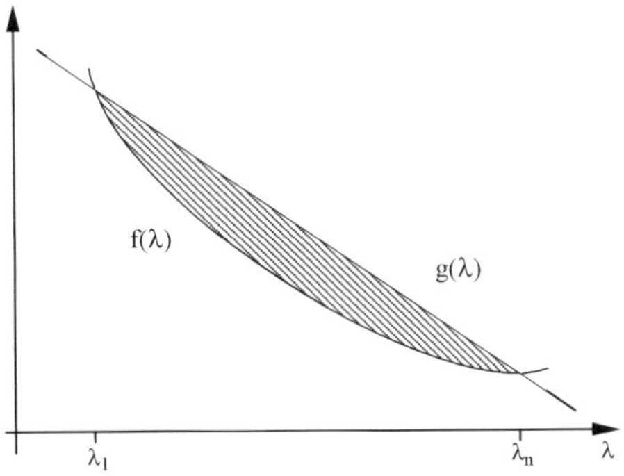

Abbildung 6.3: *Skizze zum Beweis der Ungleichung von Kantorowitsch*

Der Wert $\Psi(\bar{\xi})$ ist eine konvexe Linearkombination von Werten auf der Kurve und gehört daher zu einem Punkt im schraffierten Bereich. Für denselben Vektor $\bar{\xi} \in \mathbb{R}^n$ sind $\Phi(\bar{\xi})$ und $\Psi(\bar{\xi})$ Werte von Punkten auf derselben Vertikalen. Folglich gilt:

$$\frac{\Phi(\bar{\xi})}{\Psi(\bar{\xi})} \geq \min_{\lambda_1 \leq \lambda \leq \lambda_n} \frac{1/\lambda}{(\lambda_1 + \lambda_n - \lambda)/(\lambda_1 \lambda_n)}.$$

Das Minimum wird angenommen für $\lambda = (\lambda_1 + \lambda_2)/2$, so dass folgt:

$$\frac{\Phi(\xi)}{\Psi(\xi)} \geq \frac{4\lambda_1 \lambda_n}{(\lambda_1 + \lambda_n)^2}.$$

Dies vervollständigt den Beweis. Q.E.D.

Wir fahren mit dem Beweis von Satz 6.7 fort. Wir geben das Argument nur für den Spezialfall einer quadratischen Zielfunktion:

$$f(x) = \tfrac{1}{2} x^T \cdot Cx + c^T \cdot x$$

mit einer symmetrischen, positiv-definiten Matrix $C \in \mathbb{R}^{n\times n}$ und einem Vektor $c \in \mathbb{R}^n$. In diesem Fall ist $H_f(\cdot) \equiv C$, und das Minimum $\hat{x}$ ist gegeben als Lösung des linearen Gleichungssystems

$$C\hat{x} = -c. \tag{6.5.31}$$

Der Gradient von f ist gerade $\nabla f(x) = Cx + c$. In diesem Fall kann die optimale Schrittweite λ_t beim Gradientenverfahren explizit angegeben werden. Für die Funktion

$$f(x^t - \lambda r^t) = \tfrac{1}{2}(x^t - \lambda r^t)^T \cdot C(x^t - \lambda r^t) - c^T \cdot (x^t - \lambda r^t) = 0$$

ergibt sich durch Ableiten

$$\frac{d}{d\lambda} f(x^t - \lambda r^t) = -r^{tT} \cdot C(x^t - \lambda r^t) - c^T \cdot r^t = 0$$

die Formel

$$\lambda_t = \frac{\|r^t\|_2^2}{(r^t, Cr^t)_2}.$$

Ein Gradientenschritt hat also die Gestalt

$$x^{t+1} = x^t - \frac{\|r^t\|_2^2}{(r^t, Cr^t)_2} r^t, \qquad r^t = Cx^t - c.$$

Durch Taylor-Entwicklung finden wir

$$\begin{aligned} f(x^{t+1}) &= f(x^t - \lambda_t r^t) \\ &= f(x^t) - \lambda_t r^{tT} \cdot r^t + \tfrac{1}{2}\lambda_t^2 r^{tT} \cdot H_f(\hat{x}) r^t (x^t - \hat{x}), \\ &= f(x^t) - \frac{1}{2} \frac{\|r^t\|_2^2}{(x^t, Cx^t)_2} \end{aligned}$$

sowie

$$\begin{aligned} f(x^t) - f(\hat{x}) &= \nabla f(\hat{x})(x^t - \hat{x}) + \tfrac{1}{2}(x^t - \hat{x})^T \cdot H_f(\hat{x})(x^t - \hat{x}) \\ &= \tfrac{1}{2}(x^t - \hat{x})^T \cdot C(x^t - \hat{x}). \end{aligned}$$

Nun ist

$$r^t = \nabla f(x^t) = \nabla f(x^t) - \nabla f(\hat{x}) = H_f(\hat{x})(x^t - \hat{x})$$

und somit

$$x^t - \hat{x} = C^{-1} r^t.$$

Also:

$$f(x^t) - f(\hat{x}) = \tfrac{1}{2}(r^t, C^{-1} r^t)_2.$$

Division ergibt dann mit Hilfe von Lemma 6.9;

$$\frac{f(x^{t+1}) - f(x^t)}{f(x^t) - f(\hat{x})} = -\frac{\|r^t\|_2^2}{(r^t, Cr^t)_2 (r^t, C^{-1} r^t)_2} \le -\frac{4\lambda\Lambda}{(\lambda + \Lambda)^2}.$$

Hieraus folgt schließlich

$$f(x^{t+1}) - f(\hat{x}) \le \Big\{1 - \frac{4\lambda\Lambda}{(\lambda + \Lambda)^2}\Big\}(f(x^t) - f(\hat{x})) = \Big(\frac{1 - \lambda/\Lambda}{1 + \lambda/\Lambda}\Big)^2 (f(x^t) - f(\hat{x})),$$

was zu beweisen war. Q.E.D.

Bemerkung 6.2: Aus der Fehlerabschätzung (6.7) für die Zielfunktionswerte gewinnt man auch eine Fehlerabschätzung für die Näherungspunkte selbst. Taylor-Entwicklung ergibt

$$f(x^t) = f(\hat{x}) + (x^t - \hat{x})^T \cdot \nabla f(\hat{x}) + \tfrac{1}{2}(x^t - \hat{x})^T \cdot \nabla^2 f(\xi)(x^t - \hat{x}), \quad \xi \in \overline{(x^t, \hat{x})},$$

und weiter wegen $\nabla f(\hat{x}) = 0$:

$$\tfrac{1}{2}(x^t - \hat{x})^T \cdot \nabla^2 f(\xi)(x^t - \hat{x}) = f(x^t) - f(\hat{x}) \leq \rho^{2t}|f(x^0) - f(\hat{x})|.$$

Für die strikt konvexe Funktion $f(\cdot)$ folgt damit auch

$$\|x^t - \hat{x}\|_2 \leq \kappa\rho^t, \quad t \in \mathbb{N}. \tag{6.5.32}$$

Die Effizienz des Gradientenverfahrens bei der Lösung der Penalty- oder Barriere-Aufgaben (P_ε) wird also durch die Verteilung der Eigenwerte der Hesse-Matrix der Funktionen

$$f_\varepsilon(x) = f(x) + \varepsilon^{-1}p(x), \qquad f_\varepsilon(x) = f(x) + \varepsilon b(x)$$

bestimmt. Wir beschränken uns im Folgenden auf die Betrachtung der Penalty-Methode mit der Penalty-Funktion,

$$p(x) = \sum_{i=1}^m g_i^+(x)^2, \quad g_i \in C^2(\mathbb{R}^n),$$

für Probleme mit Ungleichungsnebenbedingunegn $g_i(x) \leq 0$. Für andere Penalty-Funktionen und für die verschiedenen Barriere-Funktionen gelten ganz analoge Resultate.

Die Funktion $p(\cdot)$ ist zwar stetig differenzierbar, doch ihre zweiten Ableitungen sind unstetig am Rand des zulässigen Bereichs:

$$\frac{\partial^2 g_i^+}{\partial x_k \partial x_l}(x) = \begin{cases} \frac{\partial^2 g_i^+}{\partial x_k \partial x_l}(x) & \text{für} \quad g_i(x) > 0, \\ 0 \quad \text{für} \quad g_i(x) < 0. \end{cases}$$

Da die Lösungen der Penalty-Probleme (P_ε) die Lösung von (P) von außerhalb des zulässigen Bereichs approximieren, ist (bis auf gewisse Ausnahmefälle) die Hesse-Matrix in einer Umgebung von x^ε wohl definiert. Die Lösung x^ε des Penalty-Problems (P_ε) sind charakterisiert durch die Eigenschaft

$$\nabla f_\varepsilon(x^\varepsilon) = \nabla f(x^\varepsilon) + \frac{2}{\varepsilon}\sum_{i=1}^m g_i^+(x^\varepsilon)\nabla g_i(x^\varepsilon) = 0.$$

Mit der Abkürzung

$$y_l^\varepsilon := \frac{2}{\varepsilon} g_i^+(x^\varepsilon), \quad i = 1, \dots, m,$$

kann dies in der Form

$$\nabla_x L(x^\varepsilon, y^\varepsilon) = \nabla f(x^\varepsilon) + \sum_{i=1}^m y_i^\varepsilon \nabla g_i(x^\varepsilon) = 0$$

geschrieben werden. Wir wollen zeigen, dass die Punkte y^ε für $\varepsilon \to 0$ gegen Lagrange-Multiplikatoren konvergieren. Betrachtet wird die Optimierungsaufgabe

$$(P) \qquad f(x) \to \min!, \quad g_i(x) \le 0 \;\; (i = 1, \dots, m),$$

mit $f, g_i \in C^2(\mathbb{R}^n)$ streng konvex. Dann ist das Minimum $\hat{x}$ von (P) eindeutig bestimmt und es gilt $x^\varepsilon \to \hat{x}$ $(\varepsilon \to 0)$.

Satz 6.8: *Ist das Minimum $\hat{x}$ von Problem (P) in dem Sinne regulär, dass die Vektoren $\{\nabla g_i(\hat{x}),\, i \in I(\hat{x})\}$ linear unabhängig sind, so konvergiert $y^\varepsilon \to \hat{y} \in \mathbb{R}^m_+$ für $\varepsilon \to 0$, und im Punkt $(\hat{x}, \hat{y})$ sind die KKT-Bedingungen erfüllt.*

Beweis: ohne Q.E.D.

Wir bezeichnen mit $H_\varepsilon(x)$ die Hesse-Matrix der Penalty-Funktion $f_\varepsilon(x)$:

$$H_\varepsilon(x) = H_f(x) + \varepsilon^{-1} H_p(x).$$

In den uns interessierenden Punkten x ist

$$g_i(x) > 0, \;\; i \in I(x), \qquad g_i(x) < 0, \;\; i \notin I(x).$$

Folglich reduziert sich $p(x)$ zu

$$p(x) = \sum_{i \in I(x)} g_i(x)^2.$$

Wir haben

$$\frac{\partial^2 g_i^2}{\partial x_k \partial x_l} = 2 g_i \frac{\partial^2 g_i}{\partial x_k \partial x_l} + 2 \frac{\partial g_i}{\partial x_k} \frac{\partial g_i}{\partial x_l}$$

und somit

$$H_p(x) = \underbrace{2 \sum_{i \in I(x)} g_i(x) H_{g_i}(x)}_{=:\, H_1(x)} + \underbrace{2 \sum_{i \notin I(x)} \nabla g_i(x) \nabla g_i(x)^T}_{=:\, H_2(x)}.$$

Wir definieren wieder den Vektor $y^\varepsilon \in \mathbb{R}^m_+$ durch

$$y_i^\varepsilon := \begin{cases} \frac{2}{\varepsilon} g_i(x), & i \in I(x), \\ 0, & i \notin I(x), \end{cases}$$

und erhalten die Darstellung

$$H_\varepsilon(x) = H_{L_\varepsilon}(x) + \frac{2}{\varepsilon} H_2(x)$$

mit der Hesse-Matrix

$$H_{L_\varepsilon}(x) := H_f(x) + \sum_{i=1}^m y_i^\varepsilon H_{g_i}(x)$$

der Lagrange-Funktion

$$L(x,y^\varepsilon) = f(x) + \sum_{i=1}^m y_i^\varepsilon g_i(x).$$

Nach Satz 6.8 konvergiert für $\varepsilon \to 0$:

$$H_{L_\varepsilon}(x^\varepsilon) \;\to\; H_f(\hat{x}) + \sum_{i=1}^m \hat{y}_i H_{g_i}(\hat{x}) = H_L(\hat{x}),$$

wobei $H_L(\hat{x})$ die Hesse-Matrix der Lagrange-Funktion $L(\hat{x},\hat{y})$ des Ausgangsproblems (P) ist. Wir untersuchen nun das Verhalten der Matrizen

$$\frac{2}{\varepsilon}H_2(x^\varepsilon) = \frac{2}{\varepsilon}\sum_{i\in I(x)} \nabla g_i(x^\varepsilon)\nabla g_i(x^\varepsilon)^T = \frac{2}{\varepsilon}\sum_{i=1}^m \nabla g_i^+(x^\varepsilon)\nabla g_i^+(x^\varepsilon)^T.$$

Offenbar konvergiert für $\varepsilon \to 0$:

$$\sum_{i=1}^m \nabla g_i^+(x^\varepsilon)\nabla_i^+(x^\varepsilon)^T \;\to\; \sum_{i=1}^m \nabla g_i^+(\hat{x}\nabla_i^+(\hat{x})^T$$

und folglich $\frac{2}{\varepsilon}H_2(x^\varepsilon) \to \infty$. Die Matrix

$$H_2(\hat{x}) = \sum_{i\in I(x)} \nabla g_i^+(\hat{x})\nabla g_i^+(\hat{x})^T = \sum_{i\in I(x)} \nabla g_i(\hat{x})\nabla g_i(\hat{x})^T$$

lässt sich in der folgenden Form schreiben:

$$H_2(\hat{x}) = AA^T, \quad A := [\nabla g_i(\hat{x}),\, i\in I(x)] \in \mathbb{R}^{q\times n}.$$

Da A nach Voraussetzung an $\hat{x}$ maximalen Rang hat, ist $H_2(\hat{x}) \in \mathbb{R}^{q\times q}$ symmetrisch und positiv-definit und damit regulär. Ebenso ist aufgrund der strikten Konvexität von f und der g_i die Matrix $H_L(\hat{x})$ positiv definit. Hieraus erschließt man folgendes Resultat.

Lemma 6.10: *Die Hesse-Matrix*

$$H_\varepsilon(x^\varepsilon) = H_{L_\varepsilon}(x^\varepsilon) + \frac{2}{\varepsilon}H_2(x^\varepsilon) \in \mathbb{R}^{n\times n}$$

von $f_\varepsilon(\cdot)$ im Minimum x^ε hat $n-q$ eigenwerte, welche mit $\varepsilon \to 0$ gegen Eigenwerte der Hesse-Matrix $H_L(\hat{x})$ konvergieren, und q Eigenwerte, welche wie $\mathcal{O}(1/\varepsilon)$ gegen unendlich gehen.

Beweis: ohne Q.E.D.

Zusammen mit Satz 6.7 besagt dies, dass das einfache Gradientenverfahren zur Approximation der Penalty-Lösung x^ε mit $\varepsilon \to 0$ immer langsammer konvergiert. Auswege aus diesem Dilemma bieten das „Verfahren der konjugierten Gradienten“ (CG-Verfahren) sowie die sog. „Quasi-Newton-Verfahren“ und deren beschleunigte („vorkonditionierte“) Varianten.

6.6 Übungsaufgaben

Aufgabe 6.1: Man führe einen Schritt der Methode der Schnittebenen aus für die Optimierungsaufgabe:

$$
\begin{aligned}
x \in \mathbb{R}^n : \quad -x_1 + x_2 &\to \min! \\
x_1^2 + x_2^2 - 2x_2 - 4x_1 &\le 5, \\
x_1^2 + x_2^2 - 2x_2 - 2x_2 &\le 3, \\
x_1^2 + x_2^2 - 2x_2 + 2x_1 + 2x_2 &\le 2.
\end{aligned}
$$

Das Startpolyeder S_0 werde durch Linearisierung der Restriktionen im Punkt $\bar{x} = (0,0)^T$ gewonnen. Man skizziere die zulässige Menge M und die Polyeder S_0 und S_1.

Aufgabe 6.2: Die Anwendung des Simplex-Verfahrens auf die lineare Programmierungsaufgabe

$$(II) \qquad x \in \mathbb{R}^n : \quad c^T \cdot x \to \min!, \quad Ax = b, \;\; x \ge 0,$$

führe auf ein Tableau, bei dem alle γ_k in der letzten Zeile bis auf ein γ_{k_0} nicht negativ sind. Man zeige, dass damit ein optimales Tableau für die redizierte Aufgabe

$$(\tilde{II}) \qquad x \in \mathbb{R}^n : \quad c^T \cdot x \to \min!, \quad Ax = b, \;\; x \ge 0, \;\; x_{k_0} = 0,$$

vorliegt.

Aufgabe 6.3: Welche Vereinfachung ergibt sich bei der Anwendung des Dualitätsverfahrens von Wolfe auf quadratische Programmierungsaufgaben mit Ungleichungsrestriktionen:

$$x \in \mathbb{R}^n : \quad x^T \cdot Cx + c^T \cdot x \to \min!, \quad Ax \le b, \;\; x \ge 0,$$

mit $C \in \mathbb{R}^{n \times n}$ symmetrisch, positiv definit, $c \in \mathbb{R}^n$, $A \in \mathbb{R}^{m \times n}$ und $b \in \mathbb{R}^m$?

Aufgabe 6.4: Man löse die quadratische Programmierungsaufgabe

$$
\begin{aligned}
x \in \mathbb{R}^2 : \quad & Q(x) := x_1^2 + x_2^2 - 20x_1 - 4x_2 \to \min! \\
& x_1 \ge 0, \;\; x_2 \ge 0, \;\; x_1 \le 4, \;\; x_1 + x_2 \le 10,
\end{aligned}
$$

mit dem Dualitätsverfahren von Wolfe.

Aufgabe 6.5: Man löse die Programmierungsaufgabe aus Aufgabe 6.1 mit dem Abstiegsverfahren von Frank und Wolfe. Als Startvektor nehme man $x^0 = (0,0)^T$ und führe drei Iterationsschritte aus. Wie gut nähert dann $Q(x^3)$ den tatsächlichgen Minimalwert an?

Aufgabe 6.6: Zur Verständniskontrolle gebe man kurze Antworten auf die folgenden Fragen:

1. Wie lautet ein „Lineares Programm“ (lineare Optimierungsaufgabe) in Normalform als Grundlage des Simplex-Verfahrens und wie lautet die dazu „duale“ Aufgabe?

2. Was ist bei linearen Programmen eine „Schlupfvariable“ und wozu dient sie?

3. Wodurch ist beim Simplex-Verfahren das Endtableau zu einer „optimalen“ zulässigen Ecke charakterisiert? Was ist die Aufgabe der primalen Auswahlregel (R)?

4. Wodurch unterscheiden sich „primales“ und „duales“ Simplex-Verfahren, und in welchem Zusammenhang wird letzteres benötigt?

5. Wann nennt man ein Zweipersonen-Spiel „fair“ und wie kann man das im konkreten Fall feststellen?

6. Welche konkrete Gestalt hat die „Lagrange-Funktion“ einer einer linearen Optimierungsaufgabe in Standardform und wodurch ist ein zugehöriger Sattelpunkt definiert?

7. Was ist der Ausgangspunkt eines „Innere-Punkte-Verfahrens“ zur iterativen Lösung eines Linearen Programms und was versteht man in diesem Zusammenhang unter der "Dualitätslücke“?

8. Wie lautet das sog. „Sattelpunkt-Kriterium“ der konvexen Optimierung und was impliziert es?

9. Wie lautet der (globale) Karush-Kuhn-Tucker-Satz der konvexen Optimierung und was ist die sog. „Slater-Bedingung“?

10. Was ist die Idee des „Schnittebenenverfahrens“ zur Lösung linear/konvexer Programme?

Aufgabe 6.7: Zur Verständniskontrolle gebe man kurze Antworten auf die folgenden Fragen:

1. Wie lautet ein „Lineares Programm“ (lineare Optimierungsaufgabe) in „Standardform“ und wie wird diese konkret in die sog. „Normalform“ überführt?

2. Welche Formulierung eines Linearen Programms liegt dem Simplex-Verfahren zugrunde? Wie geht man vor, wenn für eine Variable x_i keine Vorzeichenbedingung vorliegt?

3. Woran sieht man, dass ein im Verlaufe des Simplex-Verfahres erhaltenes Tableau zu einer zulässigen und optimalen Ecke gehört? Was ist eine zugehörige „Basis“ zu dieser Ecke?

4. Wann wird eine Ecke des zulässigen Bereichs eines Linearen Programms „entartet“ genannt? Welche Konsequenz kann das Auftreten entarteter Ecken für das Simplex-Verfahren haben?

5. Was ist ein „Matrixspiel", was sind seine zugehörige „Auszahlungstafel" und seine „Wertigkeit"? Existiert letztere immer?

6. Was besagt der „Alternativsatz" für das Standardproblem der linearen Optimierung? Gilt ein analoger Satz auch für das „kanonische Problem"?

7. Was versteht man im Rahmen der Innere-Punkte-Methode zur Lösung eines Linearen Programms unter dem „zentralen Pfad" und wozu dient die dabei verwendete Regularisierung?

8. Was versteht man bei einer konvexen Optimierungsaufgabe unter dem zugehörigen „KKT-System" und wie ist der Zusammenhang zwischen dessen Lösungen und den Lösungen der Optimierungsaufgabe?

9. Wie gewinnt man aus einer vom Simplex-Verfahren gelieferten optimalen Eckenlösung x^0 eines Linearen Programms eine Lösung des zugehörigen dualen Aufgabe?

10. Was besagt der „Satz von der trennenden Hyperebene"? Man illustriere seine Aussage in zwei Dimensionen.

A Lösungen der Übungsaufgaben

Im Folgenden sind Lösungen für einige der am Ende der einzelnen Kapitel formulierten Aufgaben zusammengestellt. Es handelt sich dabei nur um Lösungsvorschäge ohne Anspruch auf Vollständigkeit zur Anregung weiterer eigener Überlegungen.

A.1 Kapitel 1

Lösung A.1.1: Es ist:

1. $\text{Kern}\, A := \{x \in \mathbb{R}^n \mid Ax = 0\}$, $\text{Bild}\, A := \{y \in \mathbb{R}^m \mid \exists x \in \mathbb{R}^n, \text{ s. d. } Ax = y\}$, $\text{Rang}\, A := \dim(\text{Bild}\, A)$.
2. $A^T \in \mathbb{R}^{n\times m}$, $A^T := (a_{ij}^T)$, $a_{ij}^T = a_{ji}\, \forall\, i,\, j$.
3. $\text{Bild}\, A \oplus \text{Kern}\, A^T \;=\; R^m$.
4. $\text{Kern}\, A = 0 \quad \Leftrightarrow \quad \text{Bild}\, A = \mathbb{R}^n$.

Lösung A.1.2: Eine lineare Optimierungsaufgbe in kanonischer Form hat die Gestalt: Suche $x \in \mathbb{R}^n$ mit

$$\begin{aligned} Q(x) &= c^T \cdot x \longrightarrow \min!, \\ x &\geq 0, \ \ Ax = b, \end{aligned}$$

mit vorgegebenen $c \in \mathbb{R}^n$, $b \in \mathbb{R}^m$ und $A \in \mathbb{R}^{m\times n}$. Die zugehörige duale Aufgabe lautet: Suche $y \in \mathbb{R}^m$ mit

$$\begin{aligned} &b^T \cdot y \longrightarrow \max!, \\ &A^T y \leq c. \end{aligned}$$

a) 1. Version: Aufspalten von x_3 in einen positiven und negativen Anteil $x_3^+ - x_3^-$ mit $x_3^+ \geq 0$, $x_3^- \geq 0$ und Einführen dreier Schlupfvariablen x_4, x_5 und x_6 werden die Ungleichungen in Gleichungen überführt:

$$Q(x) = x_1 + x_2 + x_3^+ - x_3^- \to \min!, \quad x \geq 0,$$

$$\begin{array}{ccccccccccccc} x_1 & + & 2x_2 & & & & & + & x_4 & & & = & 5 \\ & & x_2 & + & x_3^+ & - & x_3^- & & & + & x_5 & = & 0 \\ & & 3x_2 & - & 4x_3^+ & + & 4x_3^- & & & & + \; x_6 & = & 1 \end{array}$$

2.Version: Die Ungleichungen $x_2 \geq 0$ und $x_2 + x_3 \leq 0$ implizieren $x_3 \leq 0$. Durch Substitution $x_3 \to -x_3$ erhält man die Bedingung $x \geq 0$. Durch Einführen von Schlupfvariablen

x_4, x_5, x_6 erhält man das äquivalente System

$$Q(x) = x_1 + x_2 - x_3 \to \min!, \quad x \geq 0,$$

$$\begin{array}{rcrcrcrcrcrcl} x_1 & + & 2x_2 & & & + & x_4 & & & & & = & 5 \\ & & x_2 & - & x_3 & & & + & x_5 & & & = & 0 \\ & & 3x_2 & + & 4x_3 & & & & & + & x_6 & = & 1 \end{array}$$

b) Aufspalten von x_i in $x_i^+ - x_i^-$ mit der Bedingung $x_i^\pm \geq 0$, sowie Einführen zweier Schlupfvariablen für die Ungleichungen liefert:

$$Q(x) = x_1^+ + x_1^- + x_2^+ + x_2^- + x_3^+ + x_3^- \to \min!, \quad x \geq 0,$$

$$\begin{array}{rcrcrcrcrcrcrcrcl} x_1^+ & - & x_1^- & + & x_2^+ & - & x_2^- & & & & & + & x_4 & & & = & 1, \\ 2x_1^+ & - & 2x_1^- & & & & & + & x_3^+ & - & x_3^- & & & + & x_5 & = & 3. \end{array}$$

Lösung A.1.3: Lösung ist der Schnittpunkt der Geraden

$$-2x_1 + x_2 = -2,$$
$$-x_1 - x_2 = -5.$$

Dies ist $(x_1^*, x_2^*) = (7/3, 8/3)$ mit $Q_{\min} = 22/3$.

Die Aufgabe ist für $Q(x) \to \max!$ offensichtlich nicht lösbar.

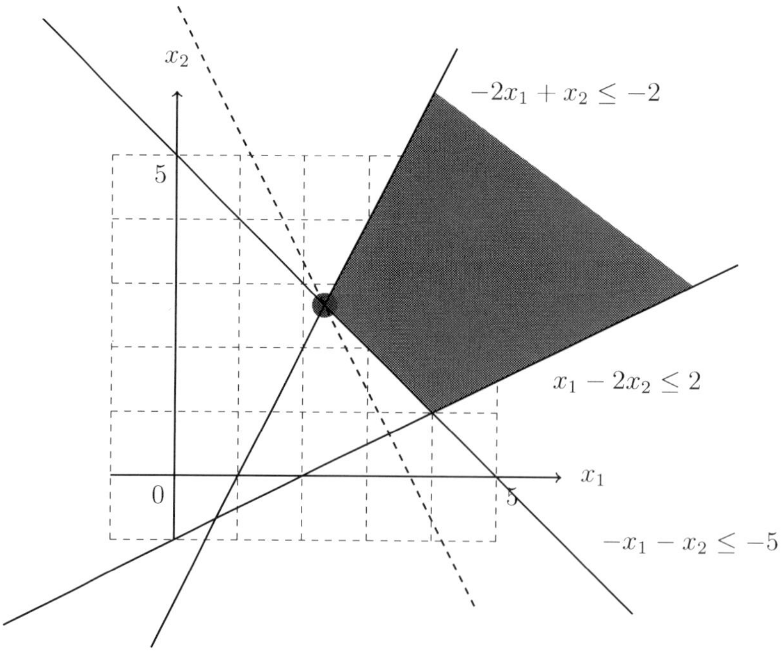

Lösung A.1.4: Es bezeichne x_1 die Anzahl der Morgen Weizen und x_2 die Anzahl der angebauten Morgen Gemüse. Das zugehörige lineare Programm lautet:

$$40x_1 + 120x_2 \to \max!$$

$$\begin{aligned} x_1 &\geq 0, \\ x_2 &\geq 0, \\ x_1 + x_2 &\leq 100, \\ x_1 + 4x_2 &\leq 200, \\ 100x_1 + 200x_2 &\leq 12000. \end{aligned}$$

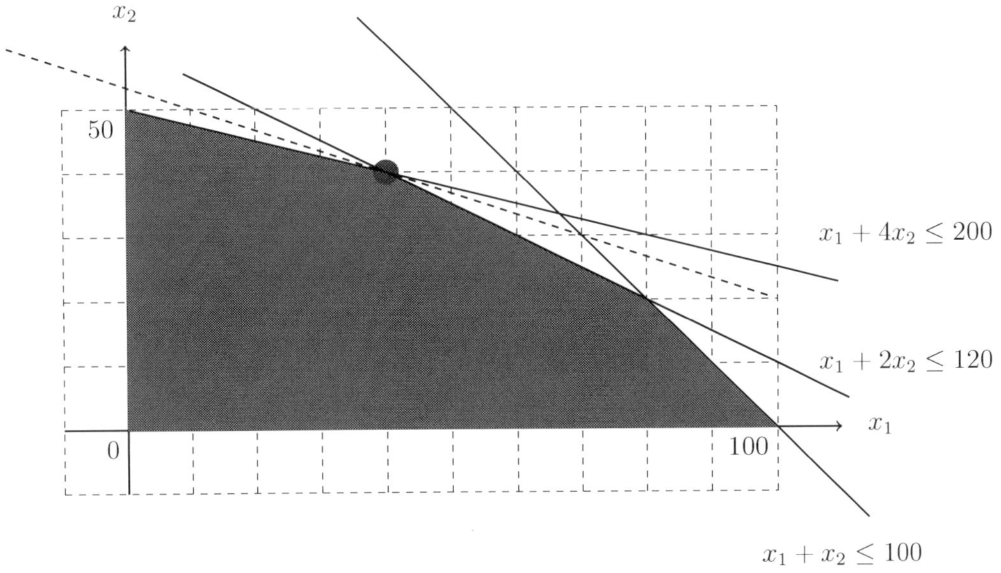

Lösung ist der Schnittpunkt der Geraden

$$\begin{aligned} x_1 + 4x_2 &= 200, \\ x_1 + 2x_2 &= 120. \end{aligned}$$

Dies ist $(x_1^*, x_2^*) = (40, 40)$ mit $Q_{\max} = 6400$.

Lösung A.1.5: Man argumentiert völlig analog zu Satz 1.1:
i) Es folgt

$$b^T \cdot y \geq (Ax)^T \cdot y = x^T \cdot A^T y \geq x^T \cdot c = c^T \cdot x.$$

ii) Sei nun $b^T \cdot y = c^T \cdot x$. Angenommen x ist keine Lösung von (II). Dann gibt es ein $\tilde{x}$ mit

$$b^T \cdot y = c^T \cdot x > c^T \cdot \tilde{x},$$

im Widerspruch zu (i). Die Argumentation für das duale Problem verläuft analog.

Lösung A.1.6: Nach Lemma 1.2 gelten die Alternativen:

i) Die Aufgabe $\begin{pmatrix} A \\ c^T \end{pmatrix} x = \begin{pmatrix} 0 \\ 1 \end{pmatrix}$, $x \geq 0$ ist lösbar.

ii) Die Aufgabe $\begin{pmatrix} A^T & c \end{pmatrix} \tilde{y} \geq 0$, $\begin{pmatrix} 0 \\ 1 \end{pmatrix} \cdot \tilde{y} < 0$, ist lösbar.

Mit $\tilde{y} = (y, y_N)$ gilt $y_N < 0$. Damit überführt man (ii) in die gewünschte Form:

$$\begin{aligned} & \begin{pmatrix} A^T & c \end{pmatrix} \tilde{y} \geq 0, \quad \begin{pmatrix} 0 \\ 1 \end{pmatrix} \cdot \tilde{y} < 0 \quad \text{ist lösbar} \\ \Leftrightarrow \quad & \begin{pmatrix} A^T & c \end{pmatrix} \begin{pmatrix} y \\ y_N \end{pmatrix} \geq 0, \quad y_N < 0 \quad \text{ist lösbar} \\ \Leftrightarrow \quad & A^T \frac{y}{-y_N} \geq c \quad \text{ist lösbar} \\ \Leftrightarrow \quad & A^T y \geq c \quad \text{ist lösbar} \end{aligned}$$

Lösung A.1.7: Nach Lemma 1.2 gelten die Alternativen:

i) Die Aufgabe $\begin{pmatrix} 1 & 2 & -1 \\ 1 & 1 & -2 \end{pmatrix} x = \begin{pmatrix} 1 \\ 2 \end{pmatrix}$, $x \geq 0$ ist lösbar.

ii) Die Aufgabe $\begin{pmatrix} 1 & 1 \\ 2 & 1 \\ -1 & -2 \end{pmatrix} y \geq 0$, $\begin{pmatrix} 1 \\ 2 \end{pmatrix} \cdot y < 0$, ist lösbar.

Letztere hat die Lösung $y_1 = 1$, $y_2 = -1$. Damit kann (i) nicht lösbar sein.

Lösung A.1.8: Wir zeigen die Unlösbarkeit der Optimierungsaufgabe durch den Nachweis, dass die zulässige Menge des dualen Problem M^* leer ist. Die Optimierungsaufgabe lautet in Normalform (man beachte, dass $b \geq 0$ gelten muss):

$$c^t \cdot y \to \min!, \quad y \geq 0, \quad Ay = b,$$

$$c = (-1, -2, 3), \quad A = \begin{pmatrix} -4 & 4 & 2 \\ -5 & 7 & 1 \end{pmatrix}, \quad b = \begin{pmatrix} 8 \\ 12 \end{pmatrix}.$$

Die zulässige, duale Menge ist $M^* = \{x \in \mathbb{R}^2 \, : \, A^T x \leq c\}$, d. h. alle $x \in \mathbb{R}^2$ mit

$$4x_1 + 5x_2 \leq -1, \qquad 4x_1 + 7x_2 \leq -2, \qquad -2x_1 - 1x_2 \leq 3.$$

Man überzeugt sich graphisch, dass dieses System keine Lösung hat.

Lösung A.1.9: Sei (x^*, y^*) ein stationärer Punkt der Lagrange-Funktion $L(x, y)$. Dann gilt:

$$\begin{aligned} & L(x, y^*) \leq L(x^*, y^*) \quad \forall x \in \mathbb{R}^n, x \geq 0 \\ \Leftrightarrow \quad & c^T \cdot x - y^{*T} Ax \leq c^T \cdot x^* - y^{*T} Ax^* \quad \forall x \in \mathbb{R}^n, x \geq 0 \\ \Leftrightarrow \quad & 0 \leq (Ay^* - c)(x - x^*) \quad \forall x \in \mathbb{R}^n, x \geq 0 \end{aligned}$$

Hieraus folgt sofort $Ay^* - c \geq 0$. Denn andernfalls gäbe es eine Komponente i mit $(Ay^* - c)_i < 0$ und die Wahl $x_i = x_i^* + 1$, $x_j = 0$, $j \neq i$, führte zu einem Widerspruch. Analog folgert man für die zweite Ungleichung

$$0 \leq (b - Ax^*)(y - y^*) \quad \forall y \in \mathbb{R}^n, y \geq 0,$$

und damit $b - Ax^* \geq 0$. Aus den Ungleichungen $Ay^* \geq c$ und $b \geq Ax^*$ folgt nun bekannterweise

$$b^T \cdot y^* \geq c^T \cdot x^*.$$

Weiterhin ist der Punkt $(x, y) = 0$ zulässig in der Sattelpunktsdefinition und es folgt somit durch Einsetzen in die Ungleichungskette

$$b^T \cdot y^* \leq c^T \cdot x^*,$$

d. h.: $b^T \cdot y^* = c^T \cdot x^*$. Damit sind (x^*, y^*) Lösung des primalen und dualen Problems.

Lösung A.1.10: a) Die Optimierungsaufgabe liegt in Standardform vor:

$$c^t \cdot y \to \max!, \quad y \geq 0, \quad Ay \leq b,$$

$$c = (2, -2, -6), \quad A = \begin{pmatrix} 2 & -1 & -1 \\ -1 & 2 & -1 \end{pmatrix}, \quad b = \begin{pmatrix} -1 \\ 1 \end{pmatrix}.$$

Die zugehörige dualisierte Aufgabe,

$$b^t \cdot x \to \min!, \quad x \geq 0, \quad A^t x \geq c,$$

wird nun grafisch gelöst. Lösung ist der Schnittpunkt der Geraden

$$\begin{aligned} x_1 - x_2 &= 2, \\ x_1 + x_2 &= 6. \end{aligned}$$

Dies ist $(x_1^*, x_2^*) = (14/3, 4/3)$ mit $Q_{\min} = -10/3$. Nach dem Dualitätssatz ist das ursprüngliche Problem somit ebenfalls lösbar und es gilt

$$2y_1^* - 2y_2 * -6y_3^* = -\frac{10}{3}.$$

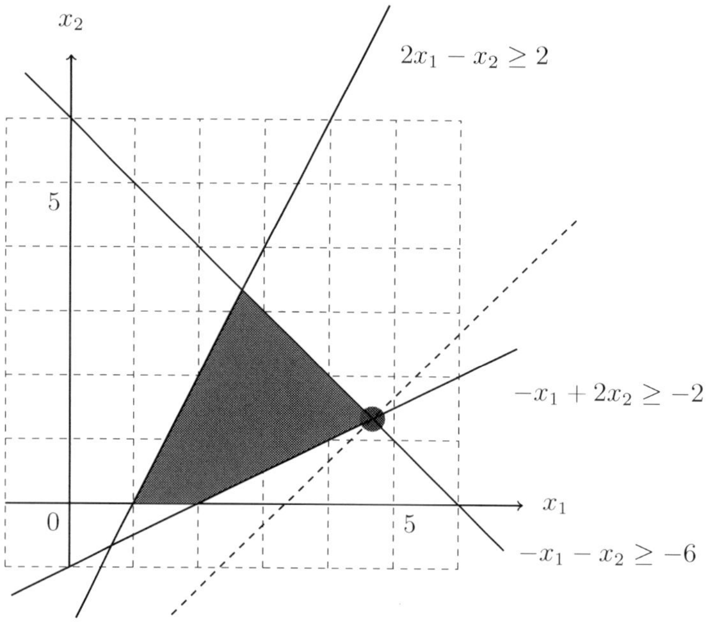

Weiterhin folgt nach dem Gleichgewichtssatz aus $x^* > 0$ die strikte Gleichheit in der Nebenbedingung, d. h. $Ay^* = b$. Zusammen erhält man das LGS

$$\begin{aligned} 3y_1^* - 3y_2^* - 9y_3^* &= -5, \\ 2y_1^* - y_2^* - y_3^* &= -1, \\ -1y_1^* + 2y_2^* - y_3^* &= 1. \end{aligned}$$

Dieses hat die Lösung $y^* = (0, 2/3, 1/3)$. Dies ist die Lösung des ursprünglichen Problems.

b) Überführt in Standardform lautet die Optmierungsaufgabe

$$c^t \cdot y \to \max!, \quad y \geq 0, \quad Ay \leq b,$$

$$c = (-2, 2, 6), \quad A = \begin{pmatrix} 2 & -1 & -1 \\ -1 & 2 & -1 \end{pmatrix}, \quad b = \begin{pmatrix} -1 \\ 1 \end{pmatrix}.$$

Die zulässige, duale Menge ist $M^* = \{x \in \mathbb{R}^2 \ : \ x \geq 0, \ A^T x \geq c\}$, d. h. alle $x \in \mathbb{R}^2$ mit

$$\begin{aligned} x &\geq 0, \\ 2x_1 - x_2 &\geq -2, \\ -x_1 + 2x_2 &\geq 2, \\ -x_1 - x_2 &\geq 6. \end{aligned}$$

Aufgrund der ersten und vierten Bedingung ist $M^* = \emptyset$. Damit ist das primale Problem nicht lösbar.

Lösung A.1.11: Nach Satz 1.1 genügt es, ein $y \in M^*$ zu finden, so dass $b^t \cdot y = c^t \cdot x$. Denn dann sind x und y simultan Lösungen des primalen und des dualen Problems. Die duale Aufgabe lautet

$$3y_1 + y_2 + y_3 + y_4 + 3y_5 \to \min!, \quad y \geq 0,$$

$$\begin{aligned} y_1 + y_4 &\geq 1, \\ y_1 + y_3 &\geq 1, \\ y_2 + y_3 + y_4 + y_5 &\geq 1, \\ y_2 + y_5 &\geq 1. \end{aligned}$$

Wenn x Lösung des primalen Problems sein soll, dann muss nach dem Gleichgewichtssatz in den Zeilen 1, 2 und 4 bereits Gleichheit gelten. Zusammen mit der Forderung $b^t \cdot y = c^t \cdot x$ führt dies auf das (unterbestimmte) Gleichungssystem:

$$\begin{aligned} 3y_1 + y_2 + y_3 + y_4 + 3y_5 &= 3, \\ y_1 + y_4 &= 1, \\ y_1 + y_3 &= 1, \\ y_2 + y_5 &= 1. \end{aligned}$$

Dieses hat eine Lösung $y = (0, 1, 1, 1, 0)$. Nach obiger Überlegung ist die Existenz eines solchen y bereits hinreichend dafür, dass x Lösung des dualen Problems ist.

A.2 Kapitel 2

Lösung A.2.1: Normalform:

$$\eta \to \min!, \qquad \begin{pmatrix} y \\ \eta \end{pmatrix} \geq 0, \quad \begin{pmatrix} A^T & 0 \\ -b^T & 1 \end{pmatrix} \begin{pmatrix} y \\ \eta \end{pmatrix} = \begin{pmatrix} 0_n \\ 1 \end{pmatrix}.$$

Die hierzu duale Aufgabe (II*) ist:

$$\xi \to \max!, \qquad \begin{pmatrix} A & -b \\ 0 & 1 \end{pmatrix} \begin{pmatrix} z \\ \xi \end{pmatrix} \leq \begin{pmatrix} 0_m \\ 1 \end{pmatrix}.$$

Nun ist offensichtlich $(0_m, 1) \in M$ und $0 \in M^*$. Damit besitzt nach dem Dualitätssatz beide Aufgaben mindestens eine Lösung $(\hat{y}, \hat{\eta})$ und $(\hat{z}, \hat{\xi})$. Es gilt dann $\hat{\eta} = \hat{\xi}$.

b) Sei $\hat{x}$ eine Lösung von (U) und $(\hat{y}, \hat{\xi})$ eine Lösung von (II). Dann gilt

$$-b^T \cdot \hat{y} + \hat{\eta} = 1 \quad \Longrightarrow \quad b^T \cdot \hat{y} = \hat{\eta} - 1 \quad \Longrightarrow \quad \underbrace{(A\hat{x})}_{=0} \cdot y \leq \hat{\eta} - 1 \quad \Longrightarrow \quad 1 \leq \hat{\eta}.$$

Umgekehrt gilt aufgrund des Dualitätssatzes mit einer Lösung $(\hat{z}, \hat{\xi})$ des dualen Problems $\hat{\eta} = \hat{\xi} \leq 1$.

c) Sei nun $\hat{\eta} > 0$. Dann folgt aufgrund des Dualitätssatzes für eine Lösung $(\hat{z}, \hat{\xi})$ des dualen Problems $\hat{\xi} = \hat{\eta} > 0$ und damit

$$A\hat{z} - b \cdot \hat{\xi} \leq 0 \quad \Rightarrow \quad A\hat{z} - b \cdot \hat{\xi} \leq 0 \quad \Rightarrow \quad A(\hat{z}/\hat{\xi}) \leq b.$$

Somit ist $\hat{x} = \hat{z}/\hat{\xi}$ eine Lösung von (U).

Lösung A.2.2: a) Gauß-Jordan-Algorithmus:

$$\begin{array}{cccc} x_1 & x_2 & x_3 & \\ 1 & 0 & -1 & y_1 \\ \mathbf{2} & 2 & 0 & y_2 \\ 1 & 2 & 1 & y_3 \end{array} \quad \rightarrow \quad \begin{array}{cccc} y_2 & x_2 & x_3 & \\ 1/2 & -1 & -1 & y_1 \\ 1/2 & -1 & 0 & x_1 \\ 1/2 & \mathbf{1} & 1 & y_3 \end{array} \quad \rightarrow \quad \begin{array}{cccc} y_2 & y_3 & x_3 & \\ 1 & -1 & 0 & y_1 \\ 1 & -1 & 1 & x_1 \\ -1/2 & 1 & -1 & x_2 \end{array}$$

Die Matrix A hat Rang 2, da der Algorithmus nach dem zweiten Schritt abbricht. Aus der ersten Zeile erschließt man, dass das Gleichungssystem $Ax = y$ genau dann lösbar ist, wenn $y_2 + y_3 = y_1$ gilt. Aus den beiden übrigen Zeilen ergibt sich, dass dann $(y_2 - y_3, 1/2y_2 + y_3, 0)$ eine Lösung ist und der Kern von $(1, -1, 1)$ erzeugt wird.

Lösung A.2.3: Aufgabe ist es, ein Element in

$$M = \{x \in \mathbb{R}^5 \;:\; x \geq 0,\; Ax = b\}$$

zu finden. Durch Einführen zweier zusätzlicher Freiheitsgrade $v = (x_6, x_7)$ kann die Aufgabe in ein äquivalentes Optimierungsproblem überführt werden:

$$Q(x) = x_6 + x_7 \rightarrow \min!, \qquad x \geq 0, \qquad \begin{pmatrix} A & I_2 \end{pmatrix} \begin{pmatrix} x \\ v \end{pmatrix} = b.$$

Falls im Optimum $Q(\hat{x}) = 0$ gilt, so ist die ursprüngliche Aufgabe lösbar mit $(\hat{x}_1, \ldots, \hat{x}_5) \in M$. Dank des Hilfsvektors ist das Raten einer Startecke einfach: $x^0 = (0, 0, 0, 0, 0, 2, 5)^T$ mit Basis $\hat{B}(x^0) = \{a_4, a_5\}$. (Es ist $x^0 \geq 0$ und $Ax = b$. Weiterhin ist $\hat{B}(x^0)$ linear unabhängig.) Das Starttableau ist

	x_1	x_2	x_3	x_4	x_5	
x_6	$\mathbf{-5}$	-1	-6	0	5	$x_6^0 = 2$
x_7	-7	-1	-2	1	2	$x_7^0 = 5$
	$\gamma_1 = -12$	$\gamma_2 = -2$	$\gamma_3 = -8$	$\gamma_4 = 1$	$\gamma_5 = 7$	$c^T \cdot x^0 = 7$

Es liegt Fall 2b vor. Wir wählen $q = 1$ und nach der Auswahlregel (R) $r = 6$.

	x_6	x_2	x_3	x_4	x_5	
x_1	$-1/5$	$-1/5$	$-6/5$	0	1	$x_1^1 = 2/5$
x_7	$7/5$	$2/5$	$32/5$	1	-5	$x_7^1 = 11/5$
	$\gamma_1 = 12/5$	$\gamma_2 = 2/5$	$\gamma_3 = 32/5$	$\gamma_4 = 1$	$\gamma_5 = -5$	$c^T \cdot x^0 = 11/5$

Es liegt Fall 2b vor. Einzige mögliche Wahl ist $q = 5$ und nach der Auswahlregel (R) $r = 7$.

	x_6	x_2	x_3	x_4	x_7	
x_1			$*$			$x_1^2 = 21/25$
x_5						$x_7^2 = 11/25$
	$\gamma_1 = 1$	$\gamma_2 = 0$	$\gamma_3 = 0$	$\gamma_4 = 0$	$\gamma_5 = 1$	$c^T \cdot x^0 = 0$

Hier bricht der Simplex-Algorithmus notwendigerweise ab. Das Ergebnis ist

$$x^2 = (21/25, 0, 0, 0, 11/25, 0, 0)$$

mit $Q(x^2) = 0$, d. h.: Nach obiger Überlegung ist damit $(x_1^2, \dots, x_5^2) \in M$.

Lösung A.2.4: Durch Einführen zweier Schlupfvariablen x_4 und x_5 überführt man das Optimierungsproblem in Normalform:

$$Q(x) = c^T \cdot x \to \min!, \quad x \geq 0, \quad Ax = b, \qquad \text{mit}$$

$$c = (-1, -3, -1, 0, 0)^T, \qquad A = \begin{pmatrix} 5 & 3 & 0 & 1 & 0 \\ 1 & 2 & 4 & 0 & 1 \end{pmatrix}, \qquad b = (3, 4)^T.$$

Dank der beiden Schlupfvariablen ist das Raten einer Startecke einfach: $x^0 = (0, 0, 0, 3, 4)^T$ mit Basis $\hat{B}(x^0) = \{a_4, a_5\}$. (Es ist $x^0 \geq 0$ und $Ax = b$. Weiterhin ist $\hat{B}(x^0)$ linear unabhängig.) Das Starttableau ist

	x_1	x_2	x_3	
x_4	-5	-3	0	$x_4^0 = 3$
x_5	-1	-2	-4	$x_5^0 = 4$
	$\gamma_1 = -1$	$\gamma_2 = -3$	$\gamma_3 = -1$	$c^T \cdot x^0 = 0$

Es liegt Fall 2b vor. Wir wählen $q = 2$ und nach der Auswahlregel (R) $p = 4$:

	x_1	x_4	x_3	
x_2	$-5/3$	$-1/3$	0	$x_2^1 = 1$
x_5	$7/3$	$2/3$	-4	$x_5^1 = -2$
	$\gamma_1 = 4$	$\gamma_2 = 1$	$\gamma_3 = -1$	$c^T \cdot x^1 = -3$

Es liegt Fall 2b vor. Wir wählen $q = 3$ (da γ_3 negativ) und nach Auswahlregel (R) $p = 5$.

	x_1	x_4	x_5	
x_2		$*$		$x_2^2 = 1$
x_3				$x_3^2 = 1/2$
	$\gamma_1 = 41/12$	$\gamma_2 = 5/6$	$\gamma_3 = 1/4$	$c^T \cdot x^1 = -7/2$

Hier bricht nun der Simplex-Algorithmus ab. Als Eckenlösung ergibt sich also $x^3 = (0, 1, 1/2, 0, 0)^T$ mit $Q(x^3) = -7/2$.

Lösung A.2.5: Das lineare Programm liegt in Normalform vor:

$$Q(x) = c^T \cdot x \to \min!, \quad x \geq 0, \quad Ax = b,$$

mit

$$c = (4, 1, 1)^T, \quad A = \begin{pmatrix} 2 & 1 & 2 \\ 3 & 3 & 1 \end{pmatrix}, \quad b = (4, 3)^T.$$

Da keine Startecke ersichtlich ist löst man zunächst das Hilfsproblem: *Durch Einführen zweier zusätzlicher Freiheitsgrade* $v = (x_4, x_5)$ *wird die Starteckensuche in ein äquivalentes Optimierungsproblem überführt:*

$$x_4 + x_5 \to \min!, \quad x \geq 0, \quad \begin{pmatrix} A & I_2 \end{pmatrix} \begin{pmatrix} x \\ v \end{pmatrix} = b.$$

Dank der beiden Schlupfvariablen ist das Raten einer Startecke einfach: $x^0 = (0, 0, 0, 4, 3)^T$ mit Basis $\hat{B}(x^0) = \{a_4, a_5\}$. (Es ist $x^0 \geq 0$ und $Ax = b$. Weiterhin ist $\hat{B}(x^0)$ linear unabhängig.) Das Starttableau ist

	x_1	x_2	x_3	
x_4	-2	-1	-2	$x_4^0 = 4$
x_5	$[\mathbf{-3}]$	-3	-1	$x_5^0 = 3$
	$\gamma_1 = -5$	$\gamma_2 = -4$	$\gamma_3 = -3$	$\tilde{c}^T \cdot x^0 = 7$

Es liegt Fall 2b vor. Wir wählen $q = 1$ und nach der Auswahlregel (R) $p = 5$:

	x_5	x_4	x_3	
x_4	$2/3$	1	$[\mathbf{-4/3}]$	$x_4^1 = 2$
x_1	$-1/3$	-1	$-1/3$	$x_1^1 = 1$
	$\gamma_1 = 5/3$	$\gamma_2 = 1$	$\gamma_3 = -4/3$	$\tilde{c}^T \cdot x^1 = 2$

Es liegt Fall 2b vor. Wir wählen $q = 3$ (da γ_3 negativ) und nach Auswahlregel (R) $p = 4$.

	x_5	x_2	x_4	
x_3	$1/2$	$3/4$	$-3/4$	$x_3^2 = 3/2$
x_1	$-1/2$	$-5/4$	$1/4$	$x_1^2 = 1/2$
	$\gamma_1 = 1$	$\gamma_2 = 0$	$\gamma_3 = 1$	$\tilde{c}^T \cdot x^1 = 0$

Eine Startecke des ursprünglichen Problems ist demnach

$$x^0 = (1/2, 0, 3/2).$$

Das zugehörige Starttableau ergibt sich direkt aus obigem finalen Tableau durch Streichen der Spalten für x_4 und x_5:

$$\begin{array}{c|c|c} & x_2 & \\ x_3 & 3/4 & x_3^0 = 3/2 \\ x_1 & [\mathbf{-5/4}] & x_1^0 = 1/2 \\ & \gamma = -13/4 & c^T \cdot x^1 = 7/2 \end{array}$$

Fall 2b mit $q = 2$ und nach Auswahlregel (R) $p = 1$:

$$\begin{array}{c|c|c} & x_1 & \\ x_3 & -3/5 & x_3^1 = 9/5 \\ x_2 & -4/5 & x_2^1 = 2/5 \\ & \gamma = 13/5 & c^T \cdot x^1 = 11/5 \end{array}$$

Die Optimierungsaufgabe wird durch die Eckenlösung $x^* = (0, 2/5, 9/5)$ mit dem Wert $Q(x^*) = -11/5$ gelöst.

Lösung A.2.6: Die duale Aufgabe lautet in Normalform:

$$Q(x) = b^T \cdot x \to \max!, \qquad A^T x \le c, \qquad \text{mit}$$

$$c = (-1, -3, -1, 0, 0)^T, \qquad A = \begin{pmatrix} 5 & 3 & 0 & 1 & 0 \\ 1 & 2 & 4 & 0 & 1 \end{pmatrix}, \qquad b = (3, 4)^T.$$

In Aufgabe 2.4 haben wir als Ergebnis $x^* = (0, 1, 1/2, 0, 0)^T$ mit $Q(x^3) = -7/2$ und aktiver Indexmenge $I^0 = \{2, 3\}$ erhalten. Nach Satz 2.3 des Textes ist eine Lösung y^* der dualen Aufgabe gegeben durch:

$$A_0^T y^* = c_0$$

$$A_0 := \left[a^i | i \in I^0\right] = \begin{pmatrix} 3 & 0 \\ 2 & 4 \end{pmatrix}, \qquad c_0 := (c_i)_{i \in I^0} = (-3, -1)^T.$$

Dieses hat die Lösung $y = (-5/6, -1/4)^T$.

Lösung A.2.7: Überführt auf Normalform lautet die Optimierungsaufgabe: Suche $x \in \mathbb{R}^7$, so dass

$$c^T \cdot x \to \min!, \quad x \ge 0, \quad Ax = b$$

mit

$$c = (-3/4, 20, -1/2, 6, 0, 0, 0)^T$$

$$A = \begin{pmatrix} 1/4 & -8 & -1 & 9 & 1 & 0 & 0 \\ 1/2 & -12 & -1/2 & 3 & 0 & 1 & 0 \\ 0 & 0 & 1 & 0 & 0 & 0 & 1 \end{pmatrix}, \quad b = \begin{pmatrix} 0 \\ 0 \\ 1 \end{pmatrix}.$$

Eine Ausgangsecke ist (vgl. vorangegangene Aufgaben) $x^0 = (0_4, b)^T \in \mathbb{R}^7$.

a) Löse mit Simplexverfahren mittels Regel (R) + minimales $p \in I^0$. Das q sei so bestimmt, dass γ_q minimal ist.

	x_1	x_2	x_3	x_4	
x_5	$[\mathbf{-1/4}]$	8	1	-9	$x_5^0 = 0$
x_6	$-1/2$	12	$1/2$	-3	$x_6^0 = 0$
x_7	0	0	-1	0	$x_7^0 = 1$
γ	$-3/4$	20	$-1/2$	6	$c^T \cdot x^0 = 0$

(I) Auswahl: $q = 1$, $p = 5$

	x_5	x_2	x_3	x_4	
x_1	-4	32	4	-36	$x_1^1 = 0$
x_6	2	$[\mathbf{-4}]$	$-3/2$	15	$x_6^1 = 0$
x_7	0	0	-1	0	$x_7^1 = 1$
γ	3	-4	$-7/2$	33	$c^T \cdot x^0 = 0$

(II) Auswahl: $q = 2$, $p = 6$

	x_5	x_6	x_3	x_4	
x_1	12	-8	$[\mathbf{-8}]$	84	$x_1^2 = 0$
x_2	$1/2$	$-1/4$	$-3/8$	$15/4$	$x_2^2 = 0$
x_7	0	0	-1	0	$x_7^2 = 1$
γ	1	1	-2	18	$c^T \cdot x^0 = 0$

(III) Auswahl: $q = 3$, $p = 1$

	x_5	x_6	x_1	x_4	
x_3	$3/2$	-1	$-1/8$	$21/2$	$x_3^3 = 0$
x_2	$-1/16$	$1/8$	$3/64$	$[\mathbf{-3/16}]$	$x_2^3 = 0$
x_7	$-3/2$	1	$1/8$	$-21/2$	$x_7^3 = 1$
γ	-2	3	$1/4$	-3	$c^T \cdot x^0 = 0$

(IV) Auswahl: $q = 4$, $p = 2$

	x_5	x_6	x_1	x_2	
x_3	$[\mathbf{-2}]$	6	$5/2$	-56	$x_3^3 = 0$
x_4	$-1/3$	$2/3$	$1/4$	$-16/3$	$x_4^3 = 0$
x_7	2	-6	$-5/2$	56	$x_7^3 = 1$
γ	-1	1	$-1/2$	16	$c^T \cdot x^0 = 0$

(V) Auswahl: $q = 4$, $p = 2$

	x_3	x_6	x_1	x_2	
x_5	$-1/2$	3	$5/4$	-28	$x_5^3 = 0$
x_4	$1/6$	$[\mathbf{-1/3}]$	$1/6$	4	$x_4^3 = 0$
x_7	-1	0	0	0	$x_7^3 = 1$
γ	$1/2$	-2	$-7/4$	44	$c^T \cdot x^0 = 0$

(VI) Auswahl: $q = 6$, $p = 4$

	x_3	x_4	x_1	x_2	
x_5	1	-9	$-1/4$	8	$x_5^0 = 0$
x_6	$1/2$	-3	$-1/2$	12	$x_6^0 = 0$
x_7	-1	0	0	0	$x_7^0 = 1$
γ	$-1/2$	6	$-3/4$	20	$c^T \cdot x^0 = 0$

Endlosschleife!

b) Löse mit Simplexverfahren mittels Regel $(\tilde{R})$. Das q sei so bestimmt, dass γ_q minimal ist.

	x_1	x_2	x_3	x_4	
x_5	$-1/4$	8	1	-9	$x_5^0 = 0$
x_6	$[\mathbf{-1/2}]$	12	$1/2$	-3	$x_6^0 = 0$
x_7	0	0	-1	0	$x_7^0 = 1$
γ	$-3/4$	20	$-1/2$	6	$c^T \cdot x^0 = 0$

(I) Auswahl: $q = 1,\ r = 6$

	x_6	x_2	x_3	x_4	
x_5	$1/2$	2	$3/4$	$-15/2$	$x_5^1 = 0$
x_1	-2	24	1	-6	$x_1^1 = 0$
x_7	0	0	$[\mathbf{-1}]$	0	$x_7^1 = 1$
γ	$3/2$	2	$-5/4$	$21/2$	$c^T \cdot x^0 = 0$

(II) Auswahl: $q = 3,\ r = 7$

	x_3	x_4	x_1	x_2	
x_5	$1/2$	2	$-3/4$	$-15/2$	$x_5^2 = 3/4$
x_1	-2	24	-1	-6	$x_1^2 = 1$
x_3	0	0	-1	0	$x_3^2 = 1$
γ	$3/2$	2	$5/4$	$21/2$	$c^T \cdot x^0 = \mathbf{-5/4}$

Optimales Tableau!

Wir haben die Eckenlösung $x^2 = (1, 0, 1, 0, 3/4, 0, 0)^T$ mit $Q(x^2) = -5/4$ gefunden.

Lösung A.2.8: i) Seien x_{ij} $(i = 1, \ldots, m,\ j = 1, \cdots n)$ die Menge Öl in Barrel, die von Quelle Q_i zu Raffinerie R_j transportiert wird. Die lineare Optimierungsaufgabe zur Bestimmung minimaler Transportkosten z lautet:

$$z = \sum_{i=1}^{m} \sum_{j=1} nk_{ij} x_{ij} \to \min!,$$

$$x_{ij} \geq 0 \quad i = 1, \ldots, m, \; j = 1, \ldots, n,$$

$$\sum_{j=1}^{n} x_{ij} \leq q_i, \quad i = 1, \ldots, m,$$

$$\sum_{i=1}^{m} x_{ij} \geq r_j, \quad j = 1, \ldots, n.$$

Bemerkung: O.b.d.A. können wir annehmen, dass $q_i > 0$, $r_j > 0$, sonst wird die entsprechende Quelle oder Raffinerie gestrichen. Dies kann durch die Einführen folgender Vektoren in die übliche Form überführt werden:

$$\begin{aligned} c &:= \big(-k_{11}, \ldots, -k_{1n}, -k_{21}, \ldots, -k_{m1}, \ldots, k_{mn}\big)^T, \\ x &:= \big(x_{11}, \ldots, x_{1n}, x_{21}, \ldots, x_{m1}, \ldots, x_{mn}\big)^T, \\ b &:= \big(q_1, q_2, \ldots, q_m, -r_1, -r_2, \ldots, -r_n\big). \end{aligned}$$

Das Optimierungsproblem in Standardform lautet dann

$$Q(x) = c^T \cdot x \to \max!, \quad x \geq 0, \quad Ax \leq b,$$

mit der Systemmatrix $A \in \mathbb{R}^{(m+n)\times(m\cdot n)}$,

$$A = \begin{pmatrix} B_1 & B_2 & B_3 & \ldots & B_m \\ -I_n & -I_n & -I_n & \ldots & -I_n \end{pmatrix},$$

mit Blöcken $B_k \in \mathbb{R}^{m\times n}$, $B_k = (\delta_{ik})_{ij}$.

ii) Die Bedingung $\sum_i q_i \geq \sum_j r_j$ ist notwendig und hinreichend für die Existenz zulässiger Vektoren. Die Notwendigkeit ist durch Aufsummieren der beiden Nebenbedingungen sofort ersichtlich. Umgekehrt sieht man, dass der Vektor

$$\hat{x}_{ij} := \frac{q_i r_j}{\sum_k r_k} \quad (i = 1, \ldots, m, \; j = 1, \ldots, n)$$

zulässig ist, d. h.: $M \neq \emptyset$. Weiterhin ist M abgeschlossen, und mit $0 \leq x_{ij} \leq q_i$, $x \in M$, beschränkt, also kompakt. Damit ist das Transportproblem lösbar.

bi) Das Optimierungsproblem für die Reederei ist v_j und u_i so zu bestimmen, dass der Gewinn maximal ist, aber die Nebenbedingung $v_j - u_i \leq k_{ij}$ stets erfüllt bleibt, d. h.:

$$\begin{aligned} \sum_j r_j v_j - \sum_i q_i u_i &\to \max!, \\ u_i &\geq 0, \\ v_j &\geq 0, \\ v_j - u_i \leq k_{ij} &\quad (i = 1, \ldots, m, \; j = 1, \ldots, n). \end{aligned}$$

Mit dem Vektor

$$y := \big(u_1, u_2, \ldots, u_m, v_1, v_2, \ldots, v_n\big),$$

lautet das Optimierungsproblem der Reederei:

$$b^T \cdot y \to \min!, \quad y \geq 0, \quad A^T y \geq c.$$

Die Programmieraufgabe der Reederei ist gerade dual zum Programm der Ölgesellschaft.

bii) Da beide Programmieraufgaben dual zueinander sind, sind die Optimalwerte des Problems der Reederei und der des Problems der Ölgesellschaft gerade gleich. D. h.: Die Ölgesellschaft macht keinen Gewinn.

Lösung A.2.9: Es gelte o.B.d.A. $a_i = e_i$, $i = 1, \ldots, m$. Mit

$$A_0 = [a_i \,:\, i \in I^0], \quad c^0 = (c_i)_{i \in I^0}$$

ist nach Satz 2.3 damit $y_0 = (A_0^T)^{-1} \cdot c^0$ eine Lösung der dualen Aufgabe. Weiterhin werden im Beweis von Satz 2.3 bereits die Identitäten (noch einmal rekapitulieren!)

$$\begin{aligned} (A^T y^0)_i &= c_i & \forall i \in I^0, \\ (A^T y^0)_i &= c_i - \gamma_i & \forall i \notin I^0 \end{aligned}$$

hergeleitet. Mit der Definition $\gamma_i = 0$ für $i \in I^0$ folgt also unmittelbar

$$y_i^0 = c_i - \gamma_i, \quad i = 1, \ldots, m.$$

Lösung A.2.10: Es gilt nach Definition

$$(\tilde{\sigma}_{ik})_{i \in \tilde{I}^0, k=1,\ldots,m} \cdot [a_i \,:\, i \in \tilde{I}^0] = I = (\sigma_{ik})_{i \in I^0, k=1,\ldots,m} \cdot [a_i \,:\, i \in I^0],$$

bzw.

$$\sum_{i \in \tilde{I}^0} \tilde{\sigma}_{ik}\, a_i = \sum_{i \in I^0} \sigma_{ik}\, a_i, \quad k = 1, \ldots, m.$$

Weiterhin gilt nach Lemma 2.2 $a_q = -\sum_{i \in I^0} \alpha_{iq} a_i$ und somit:

$$\sum_{i \in \tilde{I}^0 \cap \tilde{I}^0} \tilde{\sigma}_{ik}\, a_i - \sum_{i \in I^0} \tilde{\sigma}_{qk} \alpha_{iq} a_i = \sum_{i \in I^0 \cap \tilde{I}^0} \sigma_{ik}\, a_i + \sigma_{pk} a_p, \quad k = 1, \ldots, m.$$

Umstellen:

$$\sum_{i \in \tilde{I}^0 \cap \tilde{I}^0} (\tilde{\sigma}_{ik} - \tilde{\sigma}_{qk} \alpha_{iq})\, a_i - \tilde{\sigma}_{qk} \alpha_{pq} a_p = \sum_{i \in I^0 \cap \tilde{I}^0} \sigma_{ik}\, a_i + \sigma_{pk} a_p, \quad k = 1, \ldots, m.$$

Aufgrund der linearen Unabhängigkeit von $\{a_i, i \in I^0 \cap \tilde{I}^0, a_p\}$ folgt schließlich

$$\tilde{\sigma}_{qk} = -\frac{\sigma_{qk}}{\alpha_{pq}}, \quad k = 1, \ldots, m,$$

und

$$\tilde{\sigma}_{ik} = \sigma_{ik} + \tilde{\sigma}_{qk} \alpha_{iq} = \sigma_{ik} - \frac{\sigma_{pk}\, \alpha_{iq}}{\alpha_{pq}}, \quad k = 1, \ldots, m, \quad i \in I^0 \cap \tilde{I}^0.$$

Lösung A.2.11: Die Aufgabe lautet in Normalform:

$$Q(x) = c^T \cdot x \to \min!, \quad x \geq 0, \quad Ax = b,$$

$$c = (-2, -1, -3, -1, -2, 0_3)^T, \quad A = \begin{pmatrix} 1 & 2 & 1 & & 1 & 1 & & \\ & 1 & 1 & 1 & 1 & & 1 & \\ 1 & & 1 & 1 & & & & 1 \end{pmatrix}, \quad b = (100, 80, 50)^T.$$

Der revidierte Simplexalgorithmus liefert: Start mit

$$A_0^{-1} = \begin{pmatrix} 1 & & \\ & 1 & \\ & & 1 \end{pmatrix},$$

$$x^0 = (0, 0, 0, 0, 0, 100, 80, 50)^T.$$

	x_1	x_2	x_3	x_4	x_5	
x_6			-1			100
x_7			-1			80
x_8			$[-\mathbf{1}]$			50
γ	-2	-1	-3	-1	-2	0

(I) Auswahl: $q = 3,\ p = 8,$

$$A_0^{-1} = \begin{pmatrix} 1 & 0 & -1 \\ 0 & 1 & -1 \\ 0 & 0 & 1 \end{pmatrix},$$

$$x^1 = (0, 0, 50, 0, 0, 50, 30, 0)^T.$$

	x_1	x_2	x_8	x_4	x_5	
x_6					-1	50
x_7					$[-\mathbf{1}]$	30
x_3					0	50
γ	1	2	3	2	-2	-150

(II) Auswahl: $q = 5,\ p = 7,$

$$A_0^{-1} = \begin{pmatrix} 1 & -1 & 0 \\ 0 & 1 & -1 \\ 0 & 0 & 1 \end{pmatrix},$$

$$x^2 = (0, 0, 50, 0, 30, 20, 0, 0)^T.$$

	x_1	x_2	x_8	x_4	x_7	
x_6	$[-\mathbf{1}]$					20
x_5	1					30
x_3	-1					50
γ	-1	1	1	2	0	-210

(III) Auswahl: $q = 1,\ p = 6,$

$$A_0^{-1} = \begin{pmatrix} 1 & -1 & 0 \\ 1 & 0 & -1 \\ -1 & 1 & 1 \end{pmatrix},$$

$$x^3 = (20, 0, 30, 0, 50, 0, 0, 0)^T.$$

	x_6	x_2	x_8	x_4	x_7	
x_1						20
x_5						50
x_3						30
γ	1	2	1	1	1	-230

(IV) Ende

Lösung A.2.12: Lemma 2.6 besagt, dass es unter der Haarschen Bedingung keine entartete Ecke des zulässigen Bereiches der Optimierungsaufgabe ($\tilde{A}$) gibt. Nun ist weiterhin o.B.d.A. $b \notin \text{Bild}A^T$ und damit der Rang der erweiterten Matrix, welche in ($\tilde{A}^*$) und ($\tilde{A}$) betrachtet wird $m+1$. Daraus folgt, dass eine Eckenlösung des Problems ($\tilde{A}$) $m+1$ aktive Indizes aufweisen muss.

Nach dem Gleichgewichtssatz für das kanonische Problem (Satz 1.4) muss nun in $m+1$ Nebenbedingungen des dualen Problems ($\tilde{A}^*$) Gleichheit herrschen. Die Behauptung folgt nun aufgrund der Äquivalenz von ($\tilde{A}^*$) und (A).

Lösung A.2.13: Die Auszahlungsmatrix ist

$P_1 \setminus P_2$	0	1	2	3	4	5
0	1	−1	1	−1	1	−1
1	−1	1	−1	1	−1	1
2	1	−1	1	−1	1	−1
3	−1	1	−1	1	−1	1
4	1	−1	1	−1	1	−1
5	−1	1	−1	1	−1	1

oder in verkürzter Form (da gerade und ungerade gleich häufig vorkommt):

$P_1 \setminus P_2$	gerade	ungerade
gerade	1	−1
ungerade	−1	1

b+c) Das Spiel ist fair. Man kann z. B. über die vorangegangene Aufgabe argumentieren, dass die Auszahlungsmatrix nach Substitution von gerade $\leftrightarrow$ ungerade für einen der Spieler schiefsymmetrisch ist.

Alternativ stellt man die Hypothese $\mu_A = 0$ auf und rechnet nach, dass mit $x^0 = y^0 = (1/2, 1/2)^T$ gerade gilt

$$x^T \cdot Ay^0 \leq 0 \leq x^{0T} \cdot Ay, \quad x \in D_1, y \in D_2.$$

Dies sind dann nach Satz 2.6 ebenfalls optimale Strategien.

Lösung A.2.14: Analog zum Vorgehen aus dem Text wird das Optimierungsproblem ($\bar{P}^*$) gelöst, d. h.:

$$\bar{y} \in \mathbb{R}^n : \quad -\sum_{k=1}^{n} \bar{y}_n \to \min!, \ \bar{y} \geq 0, \ A\bar{y} \leq 1_m.$$

Nach Einführen von Schlupfvariablen $\bar{y}_5$, $\bar{y}_6$, $\bar{y}_7$ löst man mit Hilfe des Simplexalgorithmus:

I	$\bar{y}_1$	$\bar{y}_2$	$\bar{y}_3$	$\bar{y}_4$	
$\bar{y}_5$	-1	1	-3	0	1
$\bar{y}_6$	1	$[\mathbf{-2}]$	0	1	1
$\bar{y}_7$	3	0	1	-1	1
	-1	-1	-1	-1	0

II	$\bar{y}_1$	$\bar{y}_6$	$\bar{y}_3$	$\bar{y}_4$	
$\bar{y}_5$	$-1/2$	$-1/2$	-3	$1/2$	$3/2$
$\bar{y}_2$	$1/2$	$-1/2$	0	$1/2$	$1/2$
$\bar{y}_7$	-3	0	1	$[\mathbf{-1}]$	1
	$-3/2$	$1/2$	-1	$-3/2$	$-1/2$

III	$\bar{y}_1$	$\bar{y}_6$	$\bar{y}_3$	$\bar{y}_7$	
$\bar{y}_5$	-2	$-1/2$	$-5/2$	$-1/2$	2
$\bar{y}_2$	-1	$-1/2$	$1/2$	$-1/2$	1
$\bar{y}_4$	-3	0	1	1	1
	3	$1/2$	$-5/2$	$3/2$	-2

IV	$\bar{y}_1$	$\bar{y}_6$	$\bar{y}_5$	$\bar{y}_7$	
$\bar{y}_3$					$4/5$
$\bar{y}_2$		$*$			$7/5$
$\bar{y}_4$					$9/5$
	5	1	1	2	-4

Rücktransformation und Benutzung der vorangegangenen Übungsaufgabe liefert dann die optimalen Strategien

$$\hat{y} = \frac{1}{4}(0, 7/5, 4/5, 9/5)^T, \quad \hat{x} = \frac{1}{4}(1, 1, 2)^T.$$

Der Wert des Spiels beträgt 4; es ist also nicht fair.

Lösung A.2.15: Bemerkung: Für schiefsymmetrische Matrizen A gilt nach Definition $A = -A^T$ und damit stets $x^T \cdot Ay = y^T \cdot Ax = -y^T \cdot Ax$ für beliebige x, y. Insbesondere ist $x^T \cdot Ax = 0$ für beliebige x.

Das Spiel ist fair, d. h.: Es gilt $\mu_A = 0$: Zunächst gilt aufgrund $\Sigma_1 = \Sigma_2$, dass $D_1 = D_2 =: D$. Nach dem Hauptsatz der Spieltheorie gibt es μ_A, x^0 und y^0 mit

$$x^{0T} \cdot Ay \le \mu_A \le x^T \cdot Ay^0, \quad x, y \in D.$$

Testen mit $y = x^0$ und $x = y^0$ liefert gerade:

$$0 = x^{0T} \cdot Ax^T \le \mu_A \le y^{0T} \cdot Ay^0 = 0,$$

d. h. $\mu_A = 0$. Weiterhin gilt für beliebiges $y \in D$:

$$x^{0T} \cdot Ay \le 0 \quad \Leftrightarrow \quad y^T \cdot A^T x^0 \le 0 \quad \Leftrightarrow \quad 0 \le y^T \cdot Ax^0.$$

Somit ist x^0 auch zwingend eine optimale Strategie für y^0.

Lösung A.2.16: Wir wollen analog zum Beispiel 2.4 aus dem Text das Optimierungsproblem $(\bar{P}^*)$ lösen, d. h.:

$$\bar{y} \in \mathbb{R}^n : \quad -\sum_{k=1}^{n} \bar{y}_n \to \min!, \ \bar{y} \ge 0, \ A\bar{y} \le 1_m.$$

Wir vermuten, dass das Skin-Spiel ohne Zusatzregel fair ist, d. h. $\mu_A = 0$. Damit ist aber $(\bar{P}^*)$ direkt nicht aufstellbar. Deshalb shiften wir die Auszahlungsmatrix um $+1$:

$P_1 \setminus P_2$	KA	PA	$P2$
KA	2	0	−1
PA	0	2	2
$P2$	3	0	−1

Mit Einführen von Schlupfvariablen $\bar{y}_4,\ \bar{y}_5,\ \bar{y}_6$ löst man mit Hilfe des Simplexalgorithmus:

I	x_1	x_2	x_3	
x_4	-2	0	1	1
x_5	0	$[-\mathbf{2}]$	-2	1
x_6	-3	0	1	1
	-1	-1	-1	0

II	x_1	x_4	x_3	
x_4	-2	0	1	1
x_2	0	$-\frac{1}{2}$	-1	$\frac{1}{2}$
x_6	$[-\mathbf{3}]$	0	1	1
	-1	$\frac{1}{2}$	-1	$-\frac{1}{2}$

III	x_6	x_4	x_3	
x_4	-2	0	$\frac{1}{3}$	$\frac{1}{3}$
x_2	0	$-\frac{1}{2}$	$[-\mathbf{1}]$	$\frac{1}{2}$
x_1	$-\frac{1}{3}$	0	$\frac{1}{3}$	$\frac{1}{3}$
	$\frac{1}{3}$	$\frac{1}{2}$	$-\frac{1}{3}$	$-\frac{5}{6}$

IV	x_1	x_2	x_3	
x_4	2	0	-1	$\frac{1}{2}$
x_3	0	2	2	$\frac{1}{2}$
x_1	3	0	-1	$\frac{1}{2}$
	$\frac{1}{3}$	$\frac{2}{3}$	$\frac{1}{3}$	-1

Das geshiftete Spiel hat also $\mu_A = 1$; das Skinspiel ohne Zusatzregel also $\mu_A = 0$. Die optimale Strategie für Spieler P_2 ist also $\hat{y} = (1/2, 0, 1/2)^T$. Für Spieler P_1 erhält man $\hat{x} = (0, 1/2, 1/2)^T$.

A.3 Kapitel 3

Lösung A.3.1: Es gilt nach Definition der α_{ik} für beliebige Vektoren x mit $Ax = b$:

$$x_i = \sum_{k \notin I^0} \alpha_{ik} x_k + x_i \quad i \in I^0.$$

Insbesondere ist also für alle x mit $I(x) \subset I^0 \cup \{q\}$ und $Ax = b$ die Identität $x_p - x_p^0 = \alpha_{pq} x_q$; bzw. da $\alpha_{pq} \neq 0$,

$$x_q = \frac{1}{\alpha_{pq}}(x_p - x_p^0).$$

Einsetzen in $Ax = Ax^0$ liefert:

$$\sum_{i \in I^0, i \neq p} \{x_i - x_i^0\} a_i + \{x_p - x_p^0\} a_p = -\frac{1}{\alpha_{pq}} \{x_i - x_i^0\} a_q$$

für alle x mit $Ax = b$ und $I(x) \subset I^0 \cup \{q\}$. Abschließend ist noch festzustellen, dass man durch Variation von x^0 in der p-ten Komponente ein solches x konstruieren mit $x_p - x_p^0 \neq 0$. Dann ist obige Gleichung aber eine Linearkombination von a_p in Termen von $\tilde{B} = \{a_i,\ i \in \tilde{I}^0 = (I^0 \setminus \{p\}) \cup \{q\}\}$. Insbesondere ist damit $\tilde{B}$ also eine Basis.

Lösung A.3.2: (Duales Simplex-Verfahren)

Nicht verfügbar.

Lösung A.3.3: Addition der ersten m Zeilen ergibt einen Vektor der Länge mn mit lauter Einsen und analog bei Addition der letzten n Zeilen. Folglich existiert ein $c \in \mathbb{R}^{m+n}, c \neq 0$ mit $cA = 0$, d. h.: Rang$(A) \leq m + n - 1$. Zum Nachweis der Gleichheit Rang$(A) = m + n - 1$ genügt es, eine reguläre Teilmatrix der Größe $(m + n - 1) \times (m + n - 1)$ zu identifizieren. Wir streichen die m-te Zeile. Dann enthalten die letzten n Zeilen die Einheitsmatrix I_n in den n letzten Spalten. Bei Wahl der zu den Variablen $x_{11}, x_{12}, \ldots, x_{1,n-1}$ gehörenden Spalten erhalten wir eine untere Dreiecksteilmatrix der Größe $(m + n - 1) \times (m + n - 1)$ mit lauter Einsen auf der Hauptdiagonale.

Lösung A.3.4: Nach Einführen von Schlupfvariablen x_3, x_4, x_5 lautet die Aufgabe in Normalform wie folgt:

$$Q(x) = c^T \cdot x \to \text{min!}, \quad x \geq 0, \quad Ax = b,$$

mit

$$c = (-3, 1, 0, 0, 0)^T, \quad A = \begin{pmatrix} 3 & -2 & 1 & 0 & 0 \\ -5 & -4 & 0 & 1 & 0 \\ 2 & 1 & 0 & 0 & 1 \end{pmatrix}, \quad b = (3, -10, 5)^T.$$

Löse zunächst die Aufgabe ohne Restriktion auf ganzahlige Werte. Billiger Trick hier: $x^0 = (0, 0, b)^T$ erfüllt zwar $Ax = b$. ist aber nicht zulässig. Wir starten trotzdem direkt in Phase II des primalen Simplex-Algorithmus und hoffen auf das Beste!

I	x_1	x_2	
x_3	**[−3]**	2	3
x_4	5	4	−10
x_5	−2	−1	5
	−3	1	0

II	x_3	x_2	
x_1	−1/3	2/3	1
x_4	5/3	22/3	−5
x_5	−2/3	−7/3	3
	1	−1	−3

III	x_3	x_5	
x_1	−1/7	−2/7	13/7
x_4	3/7	−22/7	31/7
x_2	2/7	−3/7	9/7
	5/3	3/7	−30/7

Glück gehabt! Wir erhalten das nicht ganzzahlige Optimum $\hat{x} = (13/7, 9/7)$.

Aufstellen des Starttableaus für den ersten Gomory-Schnitt: Selektiere $p = 1$ nach Faustregel:

	x_3	x_5		gebr. A.
x_1	$-1/7$	$-2/7$	$13/7$	[**6/7**]
x_4	$3/7$	$-22/7$	$31/7$	$4/7$
x_2	$2/7$	$-3/7$	$9/7$	$2/7$
s1	**1/7**	**2/7**	**−6/7**	
	$5/3$	$3/7$	$-30/7$	

Durchführen des dualen Simplexalgorithmus:

I	x_3	x_5	
x_1	$-1/7$	$-2/7$	$13/7$
x_4	$3/7$	$-22/7$	$31/7$
x_2	$2/7$	$-3/7$	$9/7$
s_1	$1/7$	[**2/7**]	$-6/7$
	$5/3$	$3/7$	$-30/7$

II	x_3	s_1	
x_1	0	-1	1
x_4	[**2**]	-11	-5
x_2	$1/2$	$-3/2$	0
x_5	$-1/2$	$7/2$	3
	$1/2$	$3/2$	-3

III	x_4	s_1	
x_1	0	-1	1
x_3	$1/2$	$11/2$	$5/2$
x_2	$1/4$	$5/4$	$5/4$
x_5	$-1/4$	$3/4$	$7/4$
	$1/4$	$17/4$	$-7/4$

Zweiter Gomory-Schnitt: $p = 5$:

III	x_4	s_1		gebr. A.
x_1	0	-1	1	$--$
x_3	$1/2$	$11/2$	$5/2$	$1/2$
x_2	$1/4$	$5/4$	$5/4$	$1/4$
x_5	$-1/4$	$3/4$	$7/4$	[**3/4**]
s2	**1/4**	**1/4**	**−3/4**	
	$1/4$	$17/4$	$-7/4$	

Durchführen des dualen Simplexalgorithmus:

I	x_4	s_1	
x_1	0	-1	1
x_3	$1/2$	$11/2$	$5/2$
x_2	$1/4$	$5/4$	$5/4$
x_5	$-1/4$	$3/4$	$7/4$
s_2	[**1/4**]	$1/4$	$-3/4$
	$1/4$	$17/4$	$-7/4$

II	s_2	s_1	
x_1			1
x_3			4
x_2	$*$		2
x_5			1
x_4			3
	1	4	-1

Die Lösung des ganzzahligen Problems ist also $\hat{x} = (1,2)^T$. Im Gegensatz zur „abgeschnittenen" Lösung $(1,1)^T$, die sich aus der „kontinuierlichen" Lösung ergibt. Letztere hat zwar Maximum 2 ist aber *nicht* zulässig.

A.4 Kapitel 4

Lösung A.4.1: Die Hessematrix von $\Phi(\cdot)$ ist durch

$$H_\Phi(y) = \sum_{i=1}^{n} \frac{a_i a_i^T}{(c_i - a_i^T \cdot y)^2}$$

gegeben. Sie ist positiv definit, weil es wegen der Beschränktheit von D zu jedem $\Delta y \neq 0$ mindestens einen Index i mit $a_i^T \cdot \Delta y \neq 0$ gibt. Folglich ist $\Phi(\cdot)$ streng konvex. Am Rand von D sterbt mindestens einer der Terme $c_i - a_i^T \cdot y$ gegen Null und der Logarithmus davon gegen $-\infty$.

Lösung A.4.2: Die Abbildung $\Psi_0 \; : \; M_0 \times M_0^* \to \mathbb{R}^n \times \mathbb{R}^m \to \mathbb{R}^n$ ist, da komponentenweise beliebig differenzierbar von der Klasse $C^\infty(M_0 \times M_0^*)^{n \times m \times n}$. Damit ist die Jakobi-Matrix

$$D\Psi_0 \; : \; M_0 \times M_0^* \to (M_0 \times M_0^* \to \mathbb{R}^n \times \mathbb{R}^m \times \mathbb{R}^n)$$

wohldefiniert und kann komponentenweise mit Hilfe der Gâteauxableitung

$$D\Psi_0(x,y,z)[\delta x, \delta y, \delta z] := \lim_{s \to 0} \frac{\Psi_0\big((x,y,z) + s(\delta x, \delta y, \delta z)\big) - \Psi_0(x,y,z)}{s}$$

berechnet werden. Hierbei hilft, dass Ψ_0 in fast allen Komponenten linear ist. Es folgt durch einfaches Nachrechnen

$$D\Psi_0(x,y,z)[\delta x, \delta y, \delta z] = \begin{pmatrix} A & 0 & 0 \\ 0 & A^T & I \\ Z & 0 & X \end{pmatrix} \begin{pmatrix} \delta x, \delta y, \delta z \end{pmatrix}$$

und damit die Behauptung.

Lösung A.4.3: Anwenden des mehrdimensionalen Mittelwertsatzes auf g liefert:

$$g(z) = g(x^k) + g'(\xi^k) \cdot (z - x^k), \qquad \xi^k \in \overline{x^k z}.$$

Umformen und $g(z) = 0$ ausnutzen ergibt:

$$0 = g(x^k) + g'(x^k) \cdot (z - x^k) + \big(g'(\xi^k) - g'(x^k)\big) \cdot (z - x^k).$$

Umstellen:

$$g'(x^k)^{-1} g(x^k) + z - x^k = -g'(x^k)^{-1} \big(g'(\xi^k) - g'(x^k)\big) \cdot (z - x^k).$$

Damit erhält man:

$$\begin{aligned} z - x^{k+1} &= z - x^k + g'(x^k)^{-1} g(x^k) \\ &= -g'(x^k)^{-1} \big(g'(\xi^k) - g'(x^k)\big) \cdot (z - x^k). \end{aligned}$$

Also

$$\frac{\|z - x^{k+1}\|}{\|z - x^k\|} \leq \|g'(x^k)^{-1}\| \|g'(\xi^k) - g'(x^k)\|. \tag{I}$$

Hieraus folgert man, dass es ein δ gibt, so dass mit einer Wahl $x^0 \in K_\delta(z)$ das Newton-Verfahren stets superlinear konvergiert:

$\|g'(x^k)^{-1}\|$ ist auf $K_\delta(z)$ (für δ klein genug) nach Annahme beschränkt. Weiterhin folgt aufgrund der Stetigkeit von g', dass für hinreichend kleines δ stets gilt:

$$\Big[\max_{\mu \in K_\delta(z)} \|g'(\mu)^{-1}\|\Big] \|g'(x) - g'(u)\| \leq \kappa < 1, \quad x,\, y \in K_\delta(z)$$

Mit $x_0 \in K_\delta(z)$ liegt also induktiv durch (I) auch jedes x^k und damit auch jedes $\xi^k \in \overline{x^k z}$ in $K_\delta(z)$. (I) liefert schließlich

$$\frac{\|z - x^{k+1}\|}{\|z - x^k\|} \leq \kappa < 1.$$

Das Verfahren ist also kontraktiv. Die Superlinearität folgt dann sofort aus

$$\|g'(\xi^k) - g'(x^K)\| \to 0 \quad \text{für } x^k \to z.$$

Lösung A.4.4: a) Die Abbildung

$$f(x, \lambda) = \begin{pmatrix} Ax - \lambda x \\ \|x\|_2^2 - 1 \end{pmatrix}$$

hat die Jacobi-Matrix

$$Df(x, \lambda) = \begin{pmatrix} A - \lambda I & -x \\ x & 0 \end{pmatrix}$$

Das Newton-Verfahren lautet damit: Ausgehend von gegebenen (x^0, λ^0) iteriere:

$$\begin{cases} Df(x^i, \lambda^i) \cdot \begin{pmatrix} \delta x^i \\ \delta \lambda^i \end{pmatrix} = -f(x^i, \lambda^i), \\ \begin{pmatrix} x^{i+1} \\ \lambda^{i+1} \end{pmatrix} = \begin{pmatrix} x^i \\ \lambda^i \end{pmatrix} + \begin{pmatrix} \delta x^i \\ \delta \lambda^i \end{pmatrix}. \end{cases}$$

b) —

Lösung A.4.5: Die Abbildung Ψ_μ unterscheidet sich von Ψ_0 nur um einen konstanten Faktor in der letzten (Block-)Komponente. Damit haben beide Abbildungen dieselbe Ableitung

$$D\Psi_\mu(x,y,z) = \begin{pmatrix} A & 0 & 0 \\ 0 & A^T & I \\ Z & 0 & X \end{pmatrix}$$

. Das Newton-Verfahren lautet damit: Ausgehend von gegebenen (x^0, y^0, z^0) iteriere:

$$\begin{cases} D\Psi_\mu(x^i, y^i, z^i) \cdot \begin{pmatrix} \delta x^i \\ \delta y^i \\ \delta z^i \end{pmatrix} = -\Psi_\mu(x^i, y^i, z^i), \\ \begin{pmatrix} x^{i+1} \\ y^{i+1} \\ z^{i+1} \end{pmatrix} = \begin{pmatrix} x^i \\ y^i \\ z^i \end{pmatrix} + \begin{pmatrix} \delta x^i \\ \delta y^i \\ \delta z^i \end{pmatrix}. \end{cases}$$

Unter den Voraussetzungen $(x^i, z^i) > 0$ und $\text{rang}(A) = m$ ist die Jacobi-Matrix $D\Psi_\mu$ stets regulär (Lemma 4.1). Damit ist das lineare Teilproblem, das in jedem Newton-Schritt auftritt lösbar. Die Matrix ist allerdings weder symmetrisch, noch definit. Weiterhin kann auch der Spektralradius der Matrix, ihrer Jacobi-Iterations-Matrix, oder Gauß-Seidel-Iterationsmatrix aufgrund fehlender Struktur in A nicht abgeschätzt werden. D. h.: Bis auf sehr robuste Iterationsverfahren, wie z. B. GMRES, muss a priori keines der bekannten Iterationsverfahren konvergieren.

Lösung A.4.6: a) Der Lagrange-Formalismus besteht in der Aufstellung der Lagrange-Funktion $L(x,\lambda) = f(x) + \lambda g(x)$ und der Bestimmung stationärer Punkte von L als möglicher Extremalpunkte, d. h.: $\nabla_x L(\hat{x}, \hat{\lambda}) = \nabla_\lambda L(\hat{x}, \hat{\lambda}) = 0$.

b) Zur Bestimmung der Extrema von $f(x,y) = x - y$ auf K, d. h. unter der Nebenbedingung $x^2 + y^2 = 1$, wird der Lagrange-Ansatz verwendet. Die Lagrange-Funktion ist

$$L(x,y,\lambda) = x - y + \lambda(x^2 + y^2 - 1).$$

Ihre stationären Punkte $(\hat{x}, \hat{y}, \hat{\lambda})$ erhält man durch Nullsetzen der partiellen Ableitungen:

$$\begin{aligned} \partial_x L(x,y,\lambda) &= 1 + 2\lambda x = 0, \\ \partial_y L(x,y,\lambda) &= -1 + 2\lambda y = 0, \\ \partial_\lambda L(x,y,\lambda) &= x^2 + y^2 - 1 = 0. \end{aligned}$$

Offenbar muss $\hat{\lambda} \neq 0$ sein. Addition der ersten beiden Gleichungen ergibt also $\hat{x} = -\hat{y}$ und somit mit Hilfe der dritten Gleichung $(\hat{x}, \hat{y}) = (\pm 1/\sqrt{2}, \mp 1/\sqrt{2})$. Für die beiden stationären Punkte ist

$$f(1/\sqrt{2}, -1/\sqrt{2}) = \sqrt{2}, \qquad f(-1/\sqrt{2}, 1/\sqrt{2}) = -\sqrt{2}.$$

Da K kompakt ist, nimmt f auf K sein Maximum und Minimum an. Da die beiden Punkte die einzigen Kandidaten für Extrema auf K sind, ist also der erste eine Maximal- und der zweite eine Minimalstelle.

Lösung A.4.7: Es seien definiert

$$\begin{aligned} f &: \mathbb{R}^3 \to \mathbb{R}, \quad (x,y,z) \mapsto x \cdot y \cdot z, \\ g &: \mathbb{R}^3 \to \mathbb{R}, \quad (x,y,z) \mapsto x + y + z - a. \end{aligned}$$

Die Optimierungsaufgabe lautet dann

$$\begin{aligned} f(x) &\to \max!, \\ (x,y,z) \geq 0, &\quad g(x) = 0. \end{aligned}$$

Die Lagrange-Funktion ist

$$L(x,y,z,\lambda) = f(x,y,z) + \lambda(g(x,y,z)).$$

Die notwendigen Optimalitätsbedingungen

$$\nabla_{(x,y,z)} L(x,y,z,\lambda) = \begin{pmatrix} yz - \lambda \\ xz - \lambda \\ xy - \lambda \end{pmatrix} = 0, \quad \nabla_{\lambda} L(x,y,z,\lambda) = x + y + z - a = 0,$$

haben die Lösungen $\lambda = 0$ mit $(a,0,0)$, $(0,a,0)$ oder $(0,0,a)$, welche offensichtlich Minima sind. Für $\lambda \neq 0$ müssen notwendigerweise $x, y, z \neq 0$ sein. Dann folgt mit $yz = xz = xy = \lambda$ aber bereits Gleichheit $x = y = z$ und damit aufgrund der Nebenbedingung $x = y = z = a/3$. Da die Menge der zulässigen Punkte kompakt und f stetig ist, werden Minima und Maxima angenommen. Damit ist der letzte Punkte das gesuchte Maximum.

Lösung A.4.8: Für eine strikt konvexe Funktion f gilt mit $t \in (0,1)$ beliebig:

$$tf(x) + (1-t)f(x') > f(tx + (1-t)x').$$

Dies impliziert für eine stetig differenzierbare Funktion f, dass für alle $x \neq x'$ stets

$$f(x') > f(x) + \nabla f(x)^T \cdot (x' - x)$$

gilt. (Die Ungleichung ist sogar äquivalent; wir brauchen aber nur die Hinrichtung.)

Beweis: Für eine stetig differenzierbare und strikt konvexe Funktion f gilt mit $\xi := (x' - x)/\|x' - x\|$ stets, dass die Abbildung

$$s \to \frac{f(x + s\xi) - f(x)}{s}$$

strikt monoton wachsend ist. Damit ist insbesondere aber für den Grenzwert $s \to 0$ und ansonstem festgehaltenen $s = \|x' - x\|$:

$$f'(x)^T \cdot \xi < \frac{f(x') - f(x)}{\|x' - x\|}.$$

□

Es gilt also für beliebige x, x' mit $x \neq x'$:

$$\begin{aligned} &f(x') > f(x) + \nabla f(x)^T \cdot (x' - x), \text{ oder mit Vertauschen,} \\ &f(x) > f(x') + \nabla f(x')^T \cdot (x - x'). \end{aligned}$$

Addition dieser beiden Ungleichungen und Umordnung von Termen ergibt

$$(\nabla f(x') - \nabla f(x))^T \cdot (x' - x) > 0.$$

Lösung A.4.9: Man argumentiert analog zum Text: Die Zielfunktion $Q_\mu(y, z)$ in (II_μ^*) ist strikt konkav. (Dies ergibt sich ebenfalls aus einer früheren Übungsaufgabe.) Damit liefert das zur dualen Aufgabe (II_μ^*) zugehörige KKT-System nicht nur notwendige, sondern auch hinreichende Bedinungen für ein Optimum. Bestimmen wir diese:

Die Lagrange-Funktion ist

$$L(y, z, x) = Q_\mu(y, z) - x^T \cdot g(y, z)$$

mit

$$\begin{aligned} Q_\mu(y, z) &= b^T \cdot y + \mu \sum \log(z_i), \\ g(y, z) &= A^T y + z - c. \end{aligned}$$

Das KKT-System lautet:

$$\begin{aligned} \nabla_y L &= \nabla_y Q_\mu(y, z) - x^T \nabla_y g(y, z) = b - (x^T A^T)^T = 0, \\ \nabla_z L &= \nabla_z Q_\mu(y, z) - x^T \nabla_z g(y, z) = \mu Z^{-1} e - Xe = 0, \\ \nabla_x L &= -g(y, z) = -A^T y - z + c = 0. \end{aligned}$$

Insgesamt also

$$\Psi_\mu(x, y, z) = \begin{pmatrix} Ax - b \\ A^T y + z - c \\ XZe - \mu e \end{pmatrix} = 0.$$

Somit ist die eindeutige Lösbarkeit von (II_μ^*) äquivalent zur Existenz einer eindeutigen Nullstelle von Ψ_μ, d. h. $\Psi_\mu(x, y, z) = 0$.

Lösung A.4.10: $(\hat{x}_\mu, \hat{y}_\mu, \hat{z}_\mu)$ is Lösung des nichtlinearen Gleichungssystems

$$\begin{aligned} A\hat{x}_\mu &= b, \\ A^T\hat{y}_\mu + \hat{z}_\mu &= c, \\ \hat{X}_\mu \cdot \hat{Y}_\mu e - \mu e &= 0. \end{aligned}$$

Man argumentiert nun:

Stetigkeit: Die Abbildung $\mu \to (\hat{x}_\mu, \hat{y}_\mu, \hat{z}_\mu)$ ist wohldefiniert und aufgrund des Satzes von der impliziten Funktion stetig (sogar stetig differenzierbar).

Beschränktheit: Die $\hat{x}_\mu$ und $\hat{z}_\mu$ sind aufgrund von $\hat{x}_\mu > 0$, $\hat{z}_\mu > 0$ und der dritten Gleichung beschränkt. Mit der 2. Gleichung, $\hat{z}_\mu = c - A^T\hat{y}_\mu$ folgt dann die Existenz einer Konstanten $C_0 > 0$, so dass

$$\big\|(\hat{x}_\mu, \hat{y}_\mu, \hat{z}_\mu)\big\| \le C \quad \forall \mu_0 \ge \mu > 0.$$

Konvergenz: Damit konvergiert nach Bolzano-Weierstraß eine Teilfolge $(\hat{x}_{\mu_k}, \hat{y}_{\mu_k}, \hat{z}_{\mu_k})$ mit Indizes $(\mu_k)_{k\in\mathbb{N}}$ gegen einen Grenzwert $(\hat{x}_0, \hat{y}_0, \hat{z}_0)$, d. h.

$$(\hat{x}_{\mu_k}, \hat{y}_{\mu_k}, \hat{z}_{\mu_k}) \to (\hat{x}_0, \hat{y}_0, \hat{z}_0).$$

Der Grenzwert erfüllt aufgrund der Stetigkeit aller Konstituenten in obiger Gleichung ebenfalls die drei Gleichungen (mit $\mu = 0$).

Bemerkung: Ist die Lösung $(\hat{x}_0, \hat{y}_0, \hat{z}_0)$ des ursprünglichen Problems eindeutig bestimmt, so konvergiert bereits die ganze Folge mit Index $\mu > 0$ (d. h. jede abzählbare Teilfolge ist konvergent.

Lösung A.4.11: Die Matrix ADA^T is symmetrisch:

$$(ADA^T)^T = A\big(AD\big)^T = AD^TA^T = ADA^T.$$

Weiterhin ist A^T aufgrund des maximalen Ranges injektiv. Damit folgt notwendigerweise für $x \in \mathbb{R}^m$ beliebig:

$$\big(ADA^Tx, x\big) = 0 \quad\Longrightarrow\quad \big(D(A^Tx), (A^Tx)\big) = 0 \quad\Rightarrow\quad A^Tx = 0 \quad\Longrightarrow\quad x = 0,$$

d. h.: ADA^T ist definit. Die Positivdefinitheit von ADA^T folgt unmittelbar aus der Positivdefinitheität von D.

Lösung A.4.12: Der erste Newton-Schritt ausgehend von einem zulässigen (x^0, y^0, z^0) ist von der Gestalt

$$\begin{pmatrix} A & 0 & 0 \\ 0 & A^T & I \\ Z & 0 & X \end{pmatrix} \cdot \begin{pmatrix} \delta x^0 \\ \delta y^0 \\ \delta z^0 \end{pmatrix} = \begin{pmatrix} Ax^0 - b \\ A^Ty^0 + z^0 - c \\ Z^0X^0e \end{pmatrix} = \begin{pmatrix} 0 \\ 0 \\ X^0Z^0e. \end{pmatrix}$$

Damit folgt insbesondere $A\delta x^0 = 0$ und $A^T\delta y^0 + \delta z^0 = 0$. Für die nächste Iterierte,

$$(x^1, y^1, z^1) = (x^0, y^0, z^0) + (\delta x^0, \delta y^0, \delta z^0),$$

folgt somit

$$Ax^1 = b, \quad A^T y^1 + z^1 = c.$$

Abschließend kann mit einem Dämpfungsparameter $s \in (0,1]$ stets erreicht werden, dass

$$x^1 = x^0 + s\delta x^0 > 0, \quad z^1 = z^0 + s\delta z^0 > 0.$$

Bei ausreichender Dämpfung bleiben die Newton-Iterierten also stets zulässig.

Lösung A.4.13: Aus der Ungleichung zwischen arithmetischem und geometrischem Mittel ergibt sich für Zahlen $a, b \in \mathbb{R}$ mit $ab \geq 0$:

$$\sqrt{|ab|} \leq \tfrac{1}{2}|a+b|. \tag{1.4.1}$$

Aus $u^T \cdot v = 0$ folgt

$$0 = u^T \cdot v = \sum_{u_i v_i \geq 0} u_i v_i + \sum_{u_i v_i < e0} u_i v_i = \sum_{i \in \mathcal{P}} |u_i v_i| - \sum_{i \in \mathcal{M}} |u_i v_i|, \tag{1.4.2}$$

mit der (disjunkten) Zerlegung $\mathcal{P} := \{i \in I_n |\, u_i v_i \geq 0\}$, $\mathcal{M} := \{i \in I_n |\, u_i v_i < 0\}$ der Indexmenge $I_n := \{1, \dots, n\}$. Damit ergibt sich dann die Abschätzungskette

$$\begin{aligned}
\|UVe\|_2 &= \Big(\sum_{i=1}^n |u_i v_i|^2\Big)^{1/2} = \Big(\sum_{i \in \mathcal{P}} |u_i v_i|^2 + \sum_{i \in \mathcal{M}} |u_i v_i|^2\Big)^{1/2} \\
&\leq \Big(\Big(\sum_{i \in \mathcal{P}} |u_i v_i|\Big)^2 + \Big(\sum_{i \in \mathcal{M}} |u_i v_i|\Big)^2\Big)^{1/2} \\
&\leq \Big(2\Big(\sum_{i \in \mathcal{P}} |u_i v_i|\Big)^2\Big)^{1/2} = \sqrt{2} \sum_{i \in \mathcal{P}} |u_i v_i| \qquad \text{(wegen (4.5.48))} \\
&\leq \sqrt{2} \sum_{i \in \mathcal{P}} \frac{1}{4}|u_i + v_i|^2 = 2^{-3/2} \sum_{i \in \mathcal{P}} |u_i + v_i|^2 \qquad \text{(wegen (4.5.47))} \\
&\leq 2^{-3/2} \sum_{i=1}^n |u_i + v_i|^2 = 2^{-3/2}\, \|u+v\|_2^2 .
\end{aligned}$$

Dies ist gerade die Behauptung.

Lösung A.4.14: Die Abbildung $x \to 1/2\, x^T \cdot x$ ist strikt konvex und die Nebenbedingung $Ax = b$ ist linear. Die Optimierungsaufgabe ist also eindeutig lösbar. Insbesondere besitzt f ein globales Minimum und hat keine anderen lokalen Extrema. Damit hat auch das KKT-System notwendigerweise eine eindeutige Lösung. Aus der Lagrange-Funktion $L(x, \lambda) := 1/2x^T \cdot x - \lambda^T \cdot (Ax - b)$ letiet man das KKT-System her:

$$\begin{aligned}
x - A^T\lambda &= 0, \\
Ax - b &= 0.
\end{aligned}$$

Dieses wird von $A^T(AA^T)^{-1}b$ gelöst: Aufgrund des maximalen Rangs ist AA^T regulär und die Inverse existiert. Es liegt $A^T\big((AA^T)^{-1}b\big)$ im Bild von A^T (erste Gleichung), weiterhin ist $A\big(A^T(AA^T)^{-1} = I$.

A.5 Kapitel 5

Lösung A.5.1: a) Eine Funktion $f : D \subset \mathbb{R}^n \to \mathbb{R}$ heißt konvex/strikt konvex/konkav/ strikt konkav, falls zu gegebener Strecke $\overline{xy} \subset D$ mit $x \neq y$ stets gilt

$$\alpha f(x) + (1-\alpha)f(y) \,\square\, f(\alpha x + (1-\alpha)y) \quad \forall \alpha \in (0,1),$$

mit $\square \in \{\geq, >, \leq, <\}$. Beispiele sind $f(x) = \pm\|x\|^2$ für eine strikt konvexe/konkave Funktion und mit $n \geq 2$ die Abbildung $(f)x = \pm|x_1|^2$ für eine konvexe/konkave, aber nicht strikt konvexe/konkave Funktion.

b) Wir zeigen, dass f lokal Lipschitz-stetig ist. Sei $z \in D$ fest gewählt und zunächst $\overline{xy} \subset D$ beliebig mit $z \in (xy)$ betrachtet. Aufgrund der Konvexität von f ist der Differenzenquotient monoton steigend, d. h.: Mit $\xi := (y-x)/\|y-x\|$ und $\tilde{z} \in (xy)$ beliebig gilt stets:

$$s \to \frac{f(\tilde{z}+s\xi) - f(\tilde{z})}{s}, \text{ bzw. } s \to \frac{f(\tilde{z}) - f(\tilde{z}-s\xi)}{s}$$

sind monoton steigende Funktionen. Damit gilt für eine beliebige Wahl $w \in (zy)$, stets

$$\frac{f(w) - f(z)}{\|w-z\|} \leq \frac{f(y) - f(z)}{\|y-z\|} \leq \frac{f(y) - f(x)}{\|y-x\|}$$

und durch Richtungswechsel $\xi \to -\xi$:

$$\frac{f(z) - f(w)}{\|z-w\|} \leq \frac{f(x) - f(w)}{\|x-w\|} \leq \frac{f(x) - f(y)}{\|x-y\|}.$$

Mit $L := |f(y) - f(x)|/\|y-x\|$ gilt dann stets

$$\big|f(w) - f(z)\big| \leq L\big\|w-z\big\| \quad \forall w \in (x,y).$$

Damit ist aber f in $z \in D$ bereits lokal Lipschitz-stetig, da dieselbe Argumentation für ein beliebiges w für jede Komponente $e_i^T \cdot w$ unabhängig durchgeführt werden kann. Die Behauptung folgt dann unmittelbar aus der Dreiecksungleichung.

c) Anwenden der definierenden Eigenschaft auf jeden Summanden liefert die Behauptung unmittelbar.

d) Diese Behauptung folgt unmittelbar aus (e) durch Wahl von $a = \min_{x \in D} f(x)$.

e) Bezeichne $N := \{x \in D : f(x) \leq a\}$. Sei $\overline{xy} \subset N$ beliebig. Dann gilt für alle $\alpha \in (0,1)$:

$$f(\alpha x + (1-\alpha)y) \leq \alpha f(x) + (1-\alpha)f(y) \leq a,$$

also $\alpha x + (1-\alpha)y \in N$

Lösung A.5.2: Seien $x, y \in \mathbb{R}^n$ beliebig gewählt. Dann gilt für $t \in (0,1)$:

$$\begin{aligned}
&f(tx+(1-t)y)\\
&\quad = tc^T \cdot x + (1-t)c^T \cdot y + t^2x^TCx + (1-t)^2y^TCy + 2t(1-t)x^tCy\\
&\quad \leq tc^T \cdot x + (1-t)c^T \cdot y + t^2x^TCx + (1-t)^2y^TCy + t(1-t)\big\{x^tCx + y^Ty\big\}\\
&\quad = tf(x) + (1-t)f(y).
\end{aligned}$$

Hierbei wurde die Beziehung

$$2x^T \cdot Cy \leq x^T \cdot Cx + y^T \cdot Cy$$

ausgenutzt. Ist C sogar positiv definit, so folgt die strikte Ungleichung für $x \neq y$.

Lösung A.5.3: Sei x^0 Lösung von (P). Aufgrund der linearen Nebenbedingung sind alle $x \in M$ regulär. Nach dem lokalen Satz von Karush-Kuhn-Tucker gibt es also $y^0 \in \mathbb{R}^m_+$ mit

$$\begin{aligned} {y^0}^T \cdot g(x^0) &= 0, \\ \nabla f(x^0) + \sum_{i=1}^{m} y_i^0 \nabla g_i(x^0) &= 0. \end{aligned}$$

In diesem Fall also:

$$\begin{aligned} {y^0}^T \cdot (Ax^0 - b) &= 0, \\ c - A^T y^0 &= 0. \end{aligned}$$

Weiterhin ist

$$b^T \cdot y^0 = (Ax^0)^T \cdot y^0 = (A^T y^0)^T \cdot x^0 = c^T \cdot x^0.$$

Somit ist nach Satz 1.1 (Dualtitätstheorie) y^0 bereits eine Lösung von (P^*).

Seien nun x, y zwei zulässige Punkte, die das KKT-System erfüllen. Dann gilt $Ab \geq b$ (Zulässigkeit), sowie $A^T y = c$ (zweite Gleichung), und die erste Gleichung wird äquivalent zum Gleichgewichtssatz:

$$\begin{aligned} y^T \cdot (Ax - b) = 0 \quad &\Leftrightarrow \quad \Big[y_i > 0 \Rightarrow (Ax)_i = b_i \, \forall \, i \Big] \\ &\Leftrightarrow \quad x, y \text{ sind Lösung von } (P) \text{ und } (P^*). \end{aligned}$$

Lösung A.5.4: (Kovexitätskriterium)

Nicht verfügbar.

Lösung A.5.5: (Sattelpunktskriterium)

Nicht verfügbar.

Lösung A.5.6: (Anwendung Dualitätstheorie)

Nicht verfügbar.

Lösung A.5.7: a) Mit

$$f(x) = -c^T \cdot x, \quad g(x) = \begin{bmatrix} A \\ -I_n \end{bmatrix} x - \begin{bmatrix} b \\ 0_n \end{bmatrix}$$

lautet die Optimierungsaufgabe in Standardform für nichtlineare Programme:

$$f(x) \to \min!, \quad g(x) \leq 0. \tag{P}$$

b) Die Aufgabe (P^*) wird über die Lagrange-Funktion hergeleitet:

$$\begin{aligned} L \,&:\, \mathbb{R}^n \times (\mathbb{R}^m \times \mathbb{R}^n) \to \mathbb{R} \\ L(x, \tilde{y}) &= -c^T \cdot x + y^T \cdot \big(Ax - b\big) - z^T \cdot x \\ &= -x^T \cdot \big(A^T y - c\big) - b^T \cdot y - x^T \cdot z \end{aligned}$$

mit der Notation $\tilde{y} = (y, z)$. Es folgt

$$L_*(\tilde{y}) = \inf_{x \in \mathbb{R}^n} L(x, \tilde{y}) = \begin{cases} -\infty, \text{ falls } A^T y - c \neq z, \\ -b^T \cdot y, \text{ falls } A^T y - c = z. \end{cases}$$

Somit hat die duale Aufgabe

$$\tilde{y} \in \mathbb{R}_+^{m+n} \,:\, L_*(\tilde{y}) \to \max! \tag{P^*}$$

die konkrete Gestalt

$$y \in \mathbb{R}^m \,:\, b^T \cdot y \to \min!, \quad A^T y \geq c, \, y \geq 0.$$

c) Man rechnet nach, dass für das primale Problem (P) mit

$$f(x) = b^T \cdot y, \quad g(y) = \begin{bmatrix} -A^T \\ -I_m \end{bmatrix} y - \begin{bmatrix} c \\ 0_m \end{bmatrix}$$

und Lagrange-Funktion

$$\begin{aligned} L \,&:\, \mathbb{R}^m \times (\mathbb{R}^n \times \mathbb{R}^n) \to \mathbb{R} \\ L(y, \tilde{x}) &= b^T \cdot y + x^T \cdot \big(- A^T y + c\big) - z^T \cdot y \\ &= y^T \cdot \big(- Ax + b\big) + c^T \cdot x - y^T \cdot z \end{aligned}$$

mit der Notation $\tilde{x} = (x, z)$. Analog ergibt sich

$$L_*(\tilde{x}) = \inf_{y \in \mathbb{R}^n} L(y, \tilde{x}) = \begin{cases} -\infty, \text{ falls } - Ax + b \neq z, \\ c^T \cdot x, \text{ falls } - A^T x + b = z. \end{cases}$$

Somit hat die duale Aufgabe (P^*) die konkrete Gestalt

$$x \in \mathbb{R}^n \,:\, c^T \cdot x \to \max!, \quad Ax \leq b, \, x \geq 0.$$

Dies ist gerade (I*).

d) Nach dem globalen Karush-Kuhn-Tucker-Satz folgt für eine Lösung x^0 von (I) die Existenz von $\tilde{y}^0 \in \mathbb{R}_+^{m+n}$, so dass $x^0, \tilde{y}^0$ Sattelpunkt von $L(x, \tilde{y})$ ist (und umgekehrt). Dabei gilt nach (c) und der Sattelpunktseigenschaft

$$L^*(x^0) = L_*(\tilde{y}^0) = -b^T \cdot y^0.$$

Somit ist y^0 Lösung von (I*).

Lösung A.5.8: (lokaler KKT-Satz)

Nicht verfügbar.

Lösung A.5.9: Aufstellen der Lagrange-Funktion

$$L(x, y) = f(x) + y^T \cdot g(x), \text{ mit}$$
$$f(x) = x_1^2 + x_1 x_2 + x_2^2 - x_1 - x_2, \quad g(x) = \begin{pmatrix} -1 - x_1 \\ 1 + x_2 \end{pmatrix}.$$

Die Funktion $f(x)$ hat die Hessematrix $\nabla^2 f(x) = \begin{pmatrix} 2 & 1 \\ 1 & 2 \end{pmatrix}$ und ist strikt konvex, $g(x)$ ist linear. Der lokale Karush-Kuhn-Tucker-Satz ist damit anwendbar. Die Karush-Kuhn-Tucker-Bedingungen lauten:

$$\begin{cases} (y^0)^T \cdot g(x^0) = 0, \\ \nabla f(x^0) + \sum_i y_i^0 \nabla g_i(x^0) = 0. \end{cases}$$

$$\Leftrightarrow \quad \begin{cases} -y_1^0(1 + x_1) + y_2^0(1 + x_2^0) = 0, \\ \begin{pmatrix} 2x_1^0 + x_2^0 - 1 \\ x_1^0 + 2x_2^0 - 1 \end{pmatrix} + y_1^0 \begin{pmatrix} -1 \\ 0 \end{pmatrix} + y_2^0 \begin{pmatrix} 0 \\ 1 \end{pmatrix} = 0 \end{cases}$$

Ansatz: $y_1^0 = 0$, $y_2^0 > 0$. Dies führt sofort auf $x_2^0 = -1$ (erste Gleichung), $x_1^0 = 1$ (zweite Gleichung) und $y_2^0 = 2$ (dritte Gleichung).

Der Vektor $x^0 = (1, -1)^T$ genügt also den Karush-Kuhn-Tucker-Bedingungen und ist zulässig. Damit ist x^0 die gewünschte (eindeutige) Lösung aufgrund der strikten Konvexität.

Lösung A.5.10: Setze

$$\tilde{g}(x) = \begin{pmatrix} g(x) \\ -x \end{pmatrix} \in \mathbb{R}^{m+n}.$$

Dann existiert nach dem lokalen Karush-Kuhn-Tucker-Satz ein $\tilde{y}^0 \in \mathbb{R}_+^{m+n}$ mit

$$\tilde{y}_0^T \cdot \tilde{g}(x^0) = 0, \qquad (\alpha)$$

$$\nabla f(x^0) + \sum_1^{m+n} \tilde{y}_i^0 \nabla \tilde{g}_i(x^0) = 0. \qquad (\beta)$$

Mit der Zerlegung $\tilde{y}^0 = (y^0, z^0)^T$, $y^0 \in \mathbb{R}_+^m$ und $z^0 \in \mathbb{R}_+^n$ überführt man die erste Gleichung in:

$$\alpha) \quad \Leftrightarrow \quad \underbrace{y^{0^T} \cdot g(x^0)}_{\leq 0} - \underbrace{z^{0^T} \cdot x^0}_{\geq 0} = 0 \quad \Rightarrow \quad y^{0^T} \cdot g(x^0) = 0.$$

Und die zweite Gleichung in:

$$\beta) \quad \Leftrightarrow \quad \underbrace{\nabla f(x^0) + \sum_{i=1}^m y_i^\nabla g_i(x^0)}_{\nabla_x L(x^0, y^0)} - \underbrace{z^{0^T} \cdot 1_n}_{\geq 0} = 0 \quad \Rightarrow \quad \nabla_x L(x^0, y^0) \geq 0.$$

Lösung A.5.11: (Regulariätskriterium)

Nicht verfügbar.

Lösung A.5.12: Zunächst formt man die Aufgabe in Standardform um. Für die Nebenbedingung gilt hierbei:

$$Ax = b, x \geq 0 \quad \Leftrightarrow \quad \begin{array}{c} Ax \leq b \\ -Ax \leq -b \\ -x \leq 0 \end{array} \quad \Longleftrightarrow \quad g(x) := \begin{bmatrix} A \\ -A \\ -I \end{bmatrix} x - \begin{bmatrix} b \\ -b \\ 0 \end{bmatrix} \leq 0.$$

Aufgrund der strikten Konvexität von $f(x) = x^T \cdot Cx + c^T \cdot x$ und der Linearität von $g(x)$ untersucht man analog zu einer früheren Aufgabe die Karush-Kuhn-Tucker-Bedingungen. Seien $(\hat{y}, \hat{z}, \hat{u})^T \in \mathbb{R}_+^{m+m+n}$ die Lagrange-Multpiplikatoren zu obigen Ungleichungsnebenbedingungen. Dann ist die Existenz eines Sattelpunktes äquivalent zu:

$$i) \quad \begin{bmatrix} A \\ -A \\ -I \end{bmatrix} \hat{x} - \begin{bmatrix} b \\ -b \\ 0 \end{bmatrix} \leq 0,$$

$$ii) \quad (\hat{y}^T, \hat{z}^T, \hat{u}^T) \cdot \left(\begin{bmatrix} A \\ -A \\ -I \end{bmatrix} \hat{x} - \begin{bmatrix} b \\ -b \\ 0 \end{bmatrix} \leq 0 \right)$$

$$= \hat{y}^T \cdot (A\hat{x} - b) - \hat{z}^T \cdot (A\hat{x} - b) - \hat{u}^T \cdot \hat{x} = 0$$

$$iii) \quad 2C\hat{x} + c + \begin{bmatrix} A^T & -A^T & -I \end{bmatrix} \begin{bmatrix} \hat{y} \\ \hat{z} \\ \hat{u} \end{bmatrix} = 0.$$

Dies ist äquivalent zu:

$$\begin{aligned} i) &\quad A\hat{x} = b, \quad \hat{x} \geq 0, \\ ii) &\quad \hat{u}^T \cdot \hat{x} = 0, \\ iii) &\quad -2C\hat{x} + \hat{u} - A^T \underbrace{(\hat{z} - \hat{y})}_{\in \mathbb{R}^m} = C. \end{aligned}$$

Lösung A.5.13: Die Argumentation ist analog zu frheren Aufgaben. Die Funktion $f(x) = 2x_1^2 + x_2^2 - 48x_1 - 40x_2$ ist strikt konvex, die Darstellung der Nebenbedingungen,

$$g(x) = \begin{bmatrix} x_1 \\ x_2 \\ 8 - x_1 - x_2 \\ 6 - x_1 \\ 18 - x_1 - 3x_2 \end{bmatrix} \geq 0$$

(affin) linear. Die Karush-Kuhn-Tucker-Bedingungen reduzieren mit der Wahl $x_1 = 4$, $x_2 = 4$ auf die folgenden Gleichungen für den Lagrange-Multiplikator $y \in \mathbb{R}^5, y \geq 0$:

$$\begin{aligned} i) &\quad 4y_1 + 4y_2 + 2y_4 + 2y_5 = 0 \\ ii) &\quad \begin{aligned} -32 + y_1 + y_3 + y_4 + y_5 &= 0 \\ -32 + y_2 + y_3 + 3y_5 &= 0 \end{aligned} \end{aligned}$$

In der Ungleichungsnebenbedingung $g(x) \geq 0$ ist die Gleichheit in der 1., 2., 4. und 5. Gleichung verletzt. Dies motiviert den Ansatz $y_1 = y_2 = y_4 = y_5 = 0$. Und damit nach Gleichung (ii): $y_3 = 32$. Wir haben also einen Sattelpunkt $(x, y)^T$ mit $x = (4, 4)^T$ und $y = (0, 0, 32, 0, 0)^T$ gefunden.

Lösung A.5.14: (Quadrat. Optimierungsaufgabe)

Nicht verfügbar.

A.6 Kapitel 6

Lösung A.6.1: Wir haben im vorliegenden Fall

$$g_1(x) = x_1^2 + x_2^2 - 4x_1 - 5, \quad \nabla g_1(x) = \begin{pmatrix} 2x_1 - 4 \\ 2x_2 \end{pmatrix},$$

$$g_2(x) = x_1^2 + x_2^2 - 2x_2 - 3, \quad \nabla g_2(x) = \begin{pmatrix} 2x_1 \\ 2x_2 - 2 \end{pmatrix},$$

$$g_3(x) = x_1^2 + x_2^2 + 2x_1 + 2x_2 - 2, \quad \nabla g_3(x) = \begin{pmatrix} 2x_1 + 2 \\ 2x_2 + 2 \end{pmatrix}.$$

Konstruktion von S_0: Es soll gelten $g_i(\bar{x}) + (x - \bar{x})^T \cdot \nabla g_i(\bar{x}) \leq 0$ $(i = 1, 2, 3)$ mit $\bar{x} = (0, 0)^T$. Dies liefert die Ungleichungen

$$x_1 \geq -\frac{5}{4}, \quad x_2 \geq -\frac{3}{2}, \quad x_1 + x_2 \leq 1.$$

Offenbar ist S_0 beschränkt.

Das Startproblem lautet nun

$$-x_1 + x_2 = \min!, \quad -x_1 \leq \frac{5}{4}, \quad -x_2 \leq \frac{3}{2}, \quad x_1 + x_2 \leq 1. \qquad (P_0)$$

Grafisches Ablesen liefert die Lösung $x^0 = (5/2, -3/2)^T$. Damit ist

$$g_1(x^0) = -\frac{13}{2}, \quad g_2(x^0) = \frac{17}{2}, \quad g_3(x^0) = \frac{17}{2}$$

und man selektiert $k = 2$. Der erste Schnitt ist also

$$g_2(x^0) + (x - x^0)^T \cdot \nabla g_2(x^0) \leq 0 \quad \Leftrightarrow \quad x_1 - x_2 - \frac{23}{10} \leq 0.$$

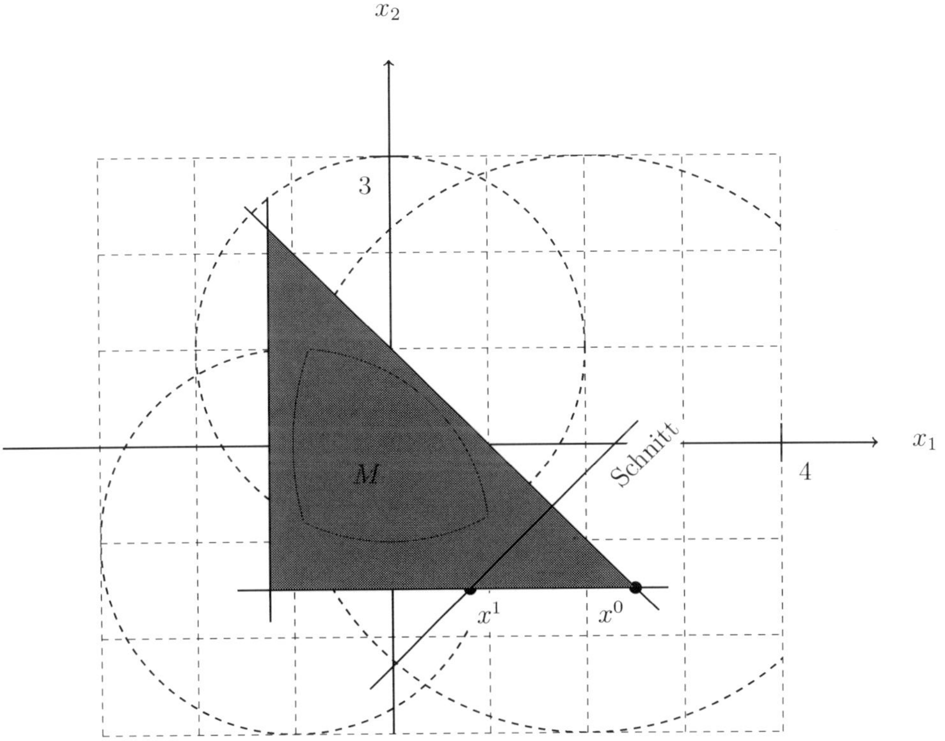

Lösung A.6.2: Das Endtableau hat die Gestalt

	x_k	x_{k_0}			
x_i	α_{ik}	$\vdots$		x_i^0	$i \in I^0$
	γ_k	γ_{k_0}			

$$k \notin I^0$$

mit $\gamma_{k_0} < 0$ und $\gamma_k \geq 0$ für $k \neq k_0$. Es gilt aufgrund der Konstruktion des Simplextableaus:

$$x_i = \sum_{k \notin I^0} \alpha_{ik} x_k + x_i^0 \quad (i \in I^0),$$

$$Q(x) = \sum_{k \notin I^0} \gamma_k x_k + Q(x^0).$$

Wegen $x_{k_0} = 0$ ist x^0 auch zulässige Ecke des reduzierten Problems. Die Ecke x^0 ist nach der zweiten Gleichung unter der Nebenbedingung $x_{k_0} = 0$ bereits optimal, da durch einen Basiswechsel $Q(x)$ nicht mehr verringert werden kann (die einzige Abstiegsrichtung mit $\gamma_k < 0$ wird gerade festgehalten).

Es gilt weiterhin

$$x_i = \sum_{k \notin I^0, k \neq k_0} \alpha_{ik} x_k + x_i^0 \quad (i \in I^0),$$

$$Q(x) = \sum_{k \notin I^0, k \neq k_0} \gamma_k x_k + Q(x^0).$$

Damit ist x^0 ein Optimum des reduzierten Problems

$$\tilde{c}^T \cdot \tilde{x} = \min!, \quad \tilde{A}\tilde{x} = b, \quad \tilde{x} \geq 0,$$

wobei $\tilde{c}$ aus c, $\tilde{x}$ aus x und $\tilde{A}$ aus A durch Streichung der k_0-ten Spalte entstehen. Das zu der entsprechend verkürzten Ecke $\tilde{x}^0$ gehörende Tableau entsteht offenbar aus dem obigen durch Streichung der Spalte zum Index k_0. Es ist „optimal".

Lösung A.6.3: (Dualitätsverfahren von Wolfe 1)

Nicht verfügbar.

Lösung A.6.4: (Dualitätsverfahren von Wolfe 2)

Nicht verfügbar.

Lösung A.6.5: (Abstiegsverfahren von Frank und Wolfe)

Nicht verfügbar.

Lösung A.6.6:

1. Mit $c \in \mathbb{R}^n$, $A \in \mathbb{R}^{m\times n}$, $b \in \mathbb{R}^m$, $b \geq 0$ lautet ein lineares Programm in Normalform
$$x \in \mathbb{R}^n \;:\; c^T \cdot x \to \min!, \quad x \geq 0, \quad Ax = b.$$
Die hierzu duale Aufgabe lautet
$$y \in \mathbb{R}^m \;:\; b^T \cdot y \to \max!, \quad A^T y \leq c.$$

2. Eine Schlupfvariable z ist ein künstlich eingeführter Freiheitsgrad um eine Ungleichungsnebenbedinung, z. B. $Ac \leq b$ in eine Gleichungsnebenbedingung
$$Ax + z = b, \quad z \geq 0,$$
zu überühren. Dies ist notwendig zur Überführung von allgemeinen linearen Programmen auf Normalform.

3. Im Endtableau zu einer zulässigen und optimalen Ecke sind alle $\gamma_k \geq 0$ (Optimalität) und alle $x_i^0 \geq 0$ (Zulässigkeit). Die primale Auswahlregel (R) sichert die Zulässigkeit der neuen Ecke nach einem Auswahlschritt.

4. Das primale Simplexverfahren optimiert den Funktionalwert durch Eckenwechsel unter Beibehaltung der Zulässigkeit. Der duale Simplexalgorithmus überführt sukzessive auf eine zulässige Ecke unter Beibehaltung der Optimalität. Letzteres wird beim Gomory-Schnittverfahren benötigt.

5. Ein Matrixspiel A heißt fair, falls für die zugeordnete Wertigkeit μ_A des Spiels gilt: $\mu_A = 0$. Die Wertigkeit μ_A kann über das Lösen der Optimierungsaufgaben
$$x_0 \in \mathbb{R},\, x \in \mathbb{R}^n \;:\quad x_0 \to \max!, \quad x \geq 0,\; \sum_{i=1}^m x_i = 1,\; \sum_{i=1}^m x_i a_{ik} \geq x_0, \qquad \text{(P)}$$
oder
$$y_0 \in \mathbb{R},\, y \in \mathbb{R}^n \;:\quad y_0 \to \min!, \quad y \geq 0,\; \sum_{k=1}^n y_k = 1,\; \sum_{k=1}^n a_{ik} y_k \leq y_0, \qquad \text{(P*)}$$
bestimmt werden. Es ist dann $\mu_A = \hat{x}_0 = \hat{y}_0$.

6. Die Lagrange-Funktion zu
$$c^T \cdot x \to \max!, \quad x \geq 0, \quad Ax \leq b$$
hat die Gestalt
$$L(x, y, z) = -c^T \cdot x + y^T \cdot (Ax - b) + z^T \cdot x.$$
Ein Sattelpunkt $(\hat{x}, \hat{y}, \hat{z})^T$ erfüllt
$$L(\hat{x}, y, z) \leq L(\hat{x}, \hat{y}, \hat{z}) \leq L(x, \hat{y}, \hat{z}) \quad \forall\, x \in \mathbb{R}^n,\ \forall\, y \in \mathbb{R}^m\ \forall\, z \in \mathbb{R}^n.$$

7. Der Ausgangspunkt des Innere-Punkte-Verfahrens ist die äquivalente Darstellung einer Lösung $(x, y, z)^T$ des primalen und dualen Problems (mit z als Schlupfvariable) als Nullstele von $\Psi_0 = 0$ mit

$$\Psi_\mu(x, y, z) := \begin{bmatrix} Ax - b \\ A^T y + z - c \\ XZe - \mu e \end{bmatrix}.$$

Hierbei heißt die Größe

$$n_\mu := x_\mu^T \cdot z_\mu = c^T \cdot x_\mu - b^T \cdot y_\mu$$

Dualtitätslücke.

8. Das Sattelpunktskriterium zu einer Lagrange-Funktion $L(x, y)$ lautet

$$L^*(\hat{x}) = L_*(\hat{y}),$$

mit

$$L^*(x) := \sup_{y \in \mathbb{R}^m_+} \{L(x, y)\}, \quad L_*(x) := \inf_{x \in \mathbb{R}^n} \{L(x, y)\}.$$

Korrekt ist auch die äquivalente Formulierung:

$$L(\hat{x}, y) \leq L(\hat{x}, \hat{y}) \leq L(x, \hat{y}) \quad \forall x \in \mathbb{R}^n, \ \forall y \in \mathbb{R}^m_+.$$

Für einen Sattelpunkt $(\hat{x}, \hat{y})^T$ gilt stets, dass $\hat{x}$ Lösung des primalen Problems (P) und $\hat{y}$ Lösung des dualen Problems (P*) ist.

9. Seien die Funktion f und die Nebenbedingungen g_i konvex sind und $M^0 \neq \emptyset$. Dann besagt der globale KKT-Satze, dass zu einer Lösung $\hat{x}$ von

$$x \in \mathbb{R}^n : \quad f(x) \to \min!, \quad g(x) \leq 0,$$

stets ein $y \in \mathbb{R}^m_+$ gibt, so dass $(\hat{x}, \hat{y})^T$ ein Sattelpunkt von $L(x, y) = f(x) + y^T \cdot g(x)$ ist. Hierbei ist

$$M^0 := \{x \in M \ : \ g(x) < 0\} \neq \emptyset$$

die sogenannte *Slater-Bedingung.*

10. Die Idee des Schnittebenenverfahrens besteht aus der Approximation der zulässigen Menge M durch ein Polyeder S_0 mit $M \subset S_0$ und der Lösung des linearen Programms (o.B.d.A. ist f linear)

$$f(x) \to \min!, \quad x \in S_0.$$

Es werden nun, so lange $x_t \notin M$, zuksessive kleinere Polyeder $S_1, \ldots$ durch „Schnitte" erzeugt, so dass $M \subset S_t$, aber $x_{t-1} \notin S_t$ (x_t sei stets Lösung des linearen Programms zu S_t).

Lösung A.6.7:

1. Mit $c \in \mathbb{R}^n$, $A \in \mathbb{R}^{m\times n}$, $b \in \mathbb{R}^m$, $b \geq 0$ lautet ein lineares Programm in Standardform:

$$x \in \mathbb{R}^n \,:\, c^T \cdot x \to \max!, \quad x \geq 0, \quad Ax \leq b.$$

Überführung in Normalform duch Einführen einer Schlupfvariablen $z \in \mathbb{R}^m_+$:

$$x \in \mathbb{R}^n \,:\, \begin{pmatrix} -c^T & 0_m \end{pmatrix} \cdot \begin{pmatrix} x \\ z \end{pmatrix} \to \min!, \quad x \geq 0, \quad \begin{pmatrix} A & I_m \end{pmatrix} \begin{pmatrix} x \\ z \end{pmatrix} = b.$$

2. Die Normalform liegt dem Simplexverfahren zugrunde. Liegt für x_i keine Vorzeichenbedingung vor, zerlegt man x_i in einen positiven und negativen Anteil mit Vorzeichenbedingung:

$$x_i = x_i^+ - x_i^- \quad \text{mit } x_i^\pm \geq 0.$$

(Bemerkung: Es kann gezeigt werden, dass es stets ein Optimum mit entweder $x_i^+ = 0$ oder $x_i^- = 0$ gibt.)

3. Im Endtableau zu einer zulässigen und optimalen Ecke sind alle $\gamma_k \geq 0$ (Optimalität) und alle $x_i^0 \geq 0$ (Zulässigkeit).

Eine Basis der Ecke $\hat{x}$ is gegeben durch die Menge $B(\hat{x}) := \{a_k \mid k \in I(\hat{x})\} = \{a_k \mid k \text{ aktiver Index}\}$. (Bzw. im Fall einer entarteten Ecke durch eine Vervollständigung von $B(x)$ mit Spaltenvektoren von A.)

4. Eine Ecke $\hat{x}$ ist entartet, falls $\dim B(\hat{x}) < m$.

Das Simplexverfahren mit einfacher Auswahlregel (R) muss beim Auftreten entarteter Ecken nicht notwendigerweise terminieren, ein Zyklus kann auftreten.

5. Ein Matrixspiel ist ein Zweiparteienspiel bestehend aus dem gleichzeitigen Ziehen beider Parteien aus einer fixen Menge an Zugmöglichkeiten und anschließender Gewinnfeststellung mit Hilfe einer Auszahlungsmatrix. Diese gibt hierbei den Gewinn bzw. Verlust der ersten Partei in Abhängigkeit von der Zugwahl beider Parteien an. Die Wertigkeit des Matrixspiels ist die mittlere Gewinnerwartung des ersten Spielers bei optimaler Strategie beider Parteien. Einem Matrixspiel kann stets eine Wertigkeit mit optimalen Strategien zugeordnet werden.

6. Der Alternativsatz für das Standardproblem der linearen Optimierung besagt, dass genau einer der beiden Alterantiven gilt:
i) $M \neq \emptyset$ und $M^* \neq \emptyset$ und primales und duales Problem sind lösbar mit $\max_I = \min_{I^*}$.
ii) $M = \emptyset$ oder $M^* = \emptyset$ und beide Aufgaben sind unlösbar.

Eine analoge Aussage gilt auch für das kanonische Problem.

7. Unter dem zentralen Pfad versteht man die wohldefinierte Abbildung $\mu \to (x_\mu, y_\mu, z_\mu)$ mit $\mu > 0$, wobei x_μ Lösung des primalen und $(y_\mu, z_\mu)^T$ Lösung des dualen Problems ist.

   Die Regularisierung dient dazu, das ursprüngliche Problem $\Psi_0(x, y, z) = 0$ in ein modifiertes Problem $\Psi_\mu(x, y, z) = 0$ zu überführen, dessen Optimum im Inneren der zulässigen Menge liegt. Dies sichert eine eindeutige Lösung und Regularität der zugeh. Jakobi-Matrix für das Newton-Verfahren.

8. Zur konvexen Optimierungsaufgabe (f, g_i konvex)

   $$x \in \mathbb{R}^n \ : \ f(x) \to \min, \quad g(x) \leq 0$$

   lauten die KKT-Bedingungen (lokaler KKT-Satz): $\hat{x} \in \mathbb{R}^n$ und $\hat{y} \in \mathbb{R}^m$ erfüllen

   $$\begin{aligned} \hat{y}^T \cdot g(\hat{x}) &= 0, \\ \nabla f(\hat{x}) + \hat{y}^T \cdot \nabla g(\hat{x}) &= 0. \end{aligned}$$

   Ist $M^0 \neq \emptyset$ (Slater-Bedingung), so sind die KKT-Bedingungen hinreichend und notwendig für die Existenz einer Lösung $\hat{x}$ obiger Optimierungsaufgabe.
   (Alternative Antwort: Optimallösungen sind auch Lösungen des KKT-Systems, aber nicht notwendig umgekehrt; die Umkehrung erfordert $M^0 \neq \emptyset$.)

9. Eine effiziente Bestimmung ist mit Hilfe des Gleichgewichtssates möglich: Zunächst ist notwendig $y_j = 0$ für alle j mit $(Ax)_j \neq b_j$. Weiterhin ergibt sich ein LGS

   $$\begin{aligned} (A^T y)_i &= c_i \quad \forall i \text{ mit } x_i^0 > 0 \\ b^T \cdot y &= c^T \cdot x. \end{aligned}$$

10. Seien $B_1, B_2 \subset \mathbb{R}^m$ nichtleer, konvex und disjunkt. Weiterhin sei B_2 offen. Dann exisitert eine Hyperebene, die beide Mengen trennt. Formal: $\exists a \in \mathbb{R}^m \setminus \{0\}$, so dass

    $$a^T \cdot y > a^T \cdot x, \quad x \in B_1,\ y \in B_2.$$

Index